3D列印

萬丈高樓「平面」起，21世紀必懂的黑科技

徐旺

編著

3D列印，是未來的黑科技！
列印生活小用品、
更廉價的樣品、降低製造成本、
為舊機器生產零部件......
甚至，測試你的idea，讓你的想像力成為超能力！

目錄

第一章
3D 列印：
列印世界，列印未來

1.1 什麼是 3D 列印 12
1.2 3D 列印的十大優勢 17
1.3 3D 列印的限制因素 20
1.4 3D 列印的十大趨勢 22
1.5 為何要關注 3D 列印 26
1.6 3D 列印的未來發展 29

第二章
列印設備：
改變未來的炫酷機器

2.1 十五家試圖改變世界的硬體公司 34
2.2 3D 列印機的硬體設備 38
2.3 3D 列印機的軟體技術 48
2.4 3D 列印機的列印材料 55

第三章
醫療行業：
3D 列印推動醫療革命

3.1 3D 列印與醫療行業 64
3.2 3D 列印在醫療行業的案例 72

第四章
科學研究考古：
讓夢想逐步成為現實

4.1 3D 列印與科學研究考古 94
4.2 3D 列印在科學研究領域的案例 98
4.3 3D 列印在考古研究領域的案例 109
4.4 3D 列印在文物保護領域的案例 114

第五章
建築設計：
房子也能用 3D 列印了

5.1 3D 列印與建築設計 124
5.2 3D 列印在設計領域的案例 130
5.3 3D 列印在建築領域的案例 140

第六章
製造行業：
帶來第三次工業革命

6.1 3D 列印與製造業 152
6.2 3D 列印在模具製造領域的應用 159
6.3 3D 列印在家電製造領域的應用 164
6.4 3D 列印在玩具製造領域的應用 169
6.5 3D 列印在航太領域的應用 176

第七章
食品產業：
好玩的 3D 食物列印

7.1 3D 列印與食品產業 182

7.2　認識 3D 食物列印機　185
7.3　3D 列印在飲食方面的案例　187
7.4　3D 列印在食品餐具的應用　194

第八章
交通工具：
勾勒出奇特的外出移動工具

8.1　3D 列印與交通工具　202
8.2　3D 列印與汽車的應用案例　207
8.3　3D 列印與飛機的應用案例　217
8.4　3D 列印與其他交通工具案例　223

第九章
服飾配件：
玩轉無限創意的生活

9.1　3D 列印在服裝領域的應用　230
9.2　3D 列印在鞋業領域的應用　237
9.3　3D 列印與飾品設計的案例　245
9.4　3D 列印與創意配件的案例　253

第十章
教育創業：
用 3D 列印創造未來

10.1　3D 列印顛覆傳統教育　262
10.2　3D 列印帶來團隊創業機會　269
10.3　3D 列印的創業與機遇　273
10.4　3D 列印小成本創業的誤區　276

內容簡介

一百九十多個精彩應用案例，精美的圖片，仔細的闡述，在學習中找到賺錢商機，3D 列印從入門到精通，一本在手，輕鬆玩轉 3D 列印！掌握原理與技術，實現從平面到立體，從新手成為 3D 列印高手！

本書主要特色：最全面的 3D 列印內容介紹＋最豐富的 3D 列印應用實例＋最完備的 3D 列印功能查詢。

本書細節特色：八種主流行業領域應用＋十章 3D 列印專題精講＋六十多個經典專家提醒＋一百九十個 3D 列印應用案例＋三百多張圖片全程圖解，幫助讀者在最短的時間內掌控 3D 列印的祕密。

全書共分為十章，具體內容包括 3D 列印：列印世界，列印未來；列印設備：改變未來的炫酷機器；醫療行業：3D 列印推動醫療革命；科學研究考古：讓夢想逐步成為現實；建築設計：房子也能用 3D 列印了；製造行業：帶來第三次工業革命；食品產業：好玩的 3D 食物列印；交通工具：勾勒出奇特的外出移動工具；服飾配件：玩轉無限創意的生活；教育創業：用 3D 列印創造未來。

本書適合廣大圖文設計、產品設計、列印印刷等工作人員，如製造業技術人員、產品開發人員、產品設計師，以及企業高階管理者、創業者、大學生等愛好及想要了解 3D 列印的讀者。

前言

寫作背景

（一）基本概念：3D列印是具有代表性的基於加工製造原理的自由成型技術之一，實現這種成型的設備稱為3D列印機。3D列印機採用多種多樣的噴頭操控和配送成型用原材料，使其按照預定的3D電腦輔助設計模型，一層層的沉積於工作台上，逐步堆積成立體工件。3D列印機非常適合快速製作各種功能器件，這些器件是用戶真實可用的器件，其材質及其機械、電氣、力學、物理、化學、生物特性切實符合用戶的要求，而不僅僅是只用於形體觀測的樣品。

（二）市場規模：二〇一〇年全球3D列印設備市場規模達十三點二五億美元，其中服務收入六點五一億美元，到二〇一五年全球市場規模已經超過三十億美元。美國政府將人工智慧、3D列印、機器人作為重振美國製造業的三大支柱，其中3D列印是第一個得到政府扶持的產業。目前全球有兩家3D列印機製造巨頭，分別是Stratasys公司和3D Systems公司，這兩個公司均在美國那斯達克上市，二〇一一年營業收入分別為一點七億美元和二點九億美元，二〇一二年股價分別翻了兩倍和三倍。

（三）市場前景：3D列印可以跨越虛擬世界與實體世界的鴻溝；規模經濟的鐵律從此被打破；3D列印將把人工智慧從電腦拓展到現實世界，機器人將成為過去式。3D列印機與當今發達的數位技術相結合，再加上網際網路的普及以及微小而成本低廉的電子電路的廣泛使用，技術和社會革新由此爆發。

（四）應用領域：將二〇一二年稱作是 3D 列印年一點也不為過。憑藉在材料和成本上相對節約的優勢，3D 列印技術的應用早已從普通的生活用品，慢慢滲透到了醫療、航空及軍事等各個高階、精密、尖端的領域。3D 列印不僅改變了製造業方面的成品，還改變了人類創新思維的方式。三十多年來，隨著技術的不斷發展，3D 列印也已逐步應用於製造業的各個領域。據悉，從近十年 3D 列印設備下游應用行業的分布來看，個人消費品和交通運輸設備占據主要比重；同時，醫療方面的占比在持續提升；而 3D 列印設備在航空及太空領域的應用也穩中有升。

本書緊緊圍繞當前大家所關注的 3D 列印技術，理論與案例「雙管齊下」，為讀者提供全方位的 3D 列印行業現狀解讀，為廣大的科普愛好者提供最全面的 3D 列印寶典。

本書特色

最全面的內容介紹：本書集合了 3D 列印的神奇之處、主要功能、工作原理、賺錢之道、自由成型工藝、未來趨勢等內容，對 3D 列印進行了全面的剖析。

最豐富的案例說明：書中安排了一百九十個精彩的 3D 列印應用實例，以實例加上理論的方式，對 3D 列印進行了非常全面、詳細的講解。

最完備的功能查詢：書中囊括了八種主流行業的 3D 列印應用案例，講解非常詳細、具體，讓讀者看透 3D 列印從平面到立體背後的「魔法」。

本書內容

全書共分為十章，具體內容如下。

第一章 3D 列印：列印世界，列印未來

第二章 列印設備：改變未來的炫酷機器

第三章 醫療行業：3D 列印推動醫療革命

第四章 科學研究考古：讓夢想逐步成為現實

第五章 建築設計：房子也能用 3D 列印了

第六章 製造行業：帶來第三次工業革命

第七章 食品產業：好玩的 3D 食物列印

第八章 交通工具：勾勒出奇特的外出移動工具

第九章 服飾配件：玩轉無限創意的生活

第十章 教育創業：用 3D 列印創造未來

本書聲明

本書中所採用的圖片、模型等素材，均為所屬公司、網站或個人所有，本書引用僅為說明之用，絕無侵權之意，特此聲明。

第一章
3D 列印：
列印世界，列印未來

章節預覽

積層製造（3D 列印）技術綜合了材料、機械、控制及軟體等多學科知識，是一種先進的製造技術。作為個性化製造的象徵，3D 列印技術是創新開發的有力工具，加強對 3D 列印技術的了解，能夠促進新的工業革命的到來。

重點提示

» 了解 3D 列印
» 3D 列印的十大優勢
» 3D 列印的限制因素
» 3D 列印的十大趨勢
» 為何要關注 3D 列印
» 3D 列印的未來發展

1.1 什麼是 3D 列印

相對於普通列印技術，3D 列印即快速成型技術的一種，這是一種新的列印技術，也可以稱為新型產品製造技術。

簡單的說，3D 列印是斷層掃描的逆過程，斷層掃描是把某個東西「切」成無數疊加的片，3D 列印就是一片一片的列印，然後疊加到一起，成為一個立體物體。因此 3D 列印更像是一個產品製造機器，隨著越來越多的 3D 列印應用案例的出現，3D 列印從一個概念走向到越來越追求實用價值，未來應用前景十分廣泛。

1.1.1 3D 列印在不斷興起

鴻海董事長郭台銘曾經如此評論 3D 列印未來市場：「如果 3D 列印興起，那我的『郭』字倒過來寫。」如此語出驚人的抨擊目前人氣十足的 3D 列印機，不免讓很多讀者都感到咋舌。

對於此言論，郭台銘表示，3D 列印技術絕不等於第三次工業革命，只是噱頭而已。他一針見血的指出了這項技術的缺點：其無法量產並商業化，不具備商業價值。他以電話為例指出，3D 列印機可以將電話列印出來，但只能看，不能用。因此，3D 列印商品無法加上電子零件進行組裝，也無法成為電子產品進行量產。

我們暫且不論 3D 列印技術的缺陷，僅從郭台銘的身分——全球最大的電子專業製造商鴻海集團的總裁來看，郭台銘的言論更像是在自我安慰，也許心裡正擔心 3D 列印會讓鴻海受到威脅。

雖然郭台銘不看好 3D 列印技術，但該技術近日在全球仍好消息不斷。在二〇一三年台灣平面顯示器展會上，3D 列印機成為 4K2K 及大尺寸電視機的一大亮點。近日，日本家電巨頭松下也傳出計劃用 3D 列印機來量產家電產品的消息。

據國外媒體報導，松下已經和日本工具機製造商松浦機械製作所等廠商合作，共同研發「金屬積層造型機」3D 列印機產品，初期以縮短「模具」製作時間為主。

在日本家電大廠搶進下，3D 列印技術再度引發市場高度關注。二〇一三年初，美國總統歐巴馬就對 3D 列印技術稱讚有加，英國《經濟學人》雜誌也將 3D 列印技術喻為「第三次工業革命技術」，再加上未來將推動 3D 列印產業化，各國熱炒 3D 題材，也讓 3D 技術再次成為討論的熱潮。

此外，3D 列印正在興起的另一個訊號是：3D 列印設備價格在不斷下降。全球最大的 3D 列印公司 Stratasys 創始人史考特· 克倫普透露，MakerBot 的收購完成後將推出單價五千美元以下的 3D 列印機，拓展普通消費者的市場，「大家看 Stratasys 的發展歷程就可以知道，3D 列印設備的價格一定會不斷下降。」

至於如何讓普通消費者都能用上 3D 列印技術，克倫普表示 Stratasys 將打造一套硬體和軟體結合的生態系統，比如在網際網路上設立一個線上平台，用戶可以從網路上下載 3D 列印的內容，在家裡就可以列印各種有意思的東西，「這個生態系統會是一個開放的，就好像 Google 的 Android 平台。」

1.1.2 3D 列印沒那麼神祕

看似神祕的 3D 列印其實並不是新事物，早在二十世紀九〇年代中期就已出現。3D 列印實際上是利用光固化和紙層疊等技術的快速成型裝置，它與大家平時使用的列印機有相似之處。比如列印一份文件，要先在電腦上編輯完這份文件，再輕點電腦螢幕上的「列印」按鈕，一份數位文件便被傳送到一台噴墨列印機上，列印機將一層墨水噴到紙的表面以形成一幅平面圖像。

不同的是，在 3D 列印時，首先要透過電腦建模軟體建模，然後透過 SD 卡或 USB 隨身碟把其複製到 3D 列印機中，進行列印設置後，軟體透過電腦輔助設計技術（CAD）完成一系列數位切片，並將這些切片的資訊傳送到 3D 列印機上，列印機則會將連續的薄型層面堆疊起來，直到一個固態物體成型。也就是說，設計師的圖紙可以快速變成實體的模型，然後開模，進行規模化大生產。3D 列印技術的意義，更在於設計環節的時間成本的節約。

3D 列印機與傳統列印機還有一個最大的區別：3D 列印機使用的是實實在在的原材料。如今可用於列印的介質種類多樣，包括塑料、金屬、陶瓷及橡膠類物質，有些列印機甚至能結合不同介質。

如圖 1.1 所示的這款名叫「Strvct」的高跟鞋由美國時尚工作室 Continuum Fashion 設計，是一款網格狀、充滿未來感的鞋子，整個鞋面和鞋跟都用尼龍材料列印生成，內襯一個鞋墊即可穿著。

圖 1.1 利用尼龍材料列印的鞋子

1.1.3 3D 列印的三大行業

3D 列印的實際應用並不遙遠，商用 3D 列印產業主要在以下三個行業。

1．3D 列印機的研發和生產

此前大量媒體報導都集中在此類企業上，其商業模式很簡單：生產 3D 列印機，然後賣掉。但是，這類企業生產的列印機並不是工業級 3D 列印機，而是集中在玩具式的桌面列印機上，這是因為在技術上，他們暫且做不出可以量產的工業級 3D 列印機來。

2．3D 列印服務商

這其實是 3D 列印最有活力的行業，相當於各種專業服務的外包商一樣，3D 列印服務商承接的就是各類客戶的 3D 列印需求。

此類企業更像是人們常見的印刷影印店，他們採購進口的工業級 3D 列印機，然後為客戶（主要是設計公司）執行 3D 列印需求。對於大部分消費者所驚嘆的諸如多材料混合列印、軟硬材料混合列印、多色成型列印等，在此類企業中都可以輕易實現。

3．工業設計機構

工業設計機構是商用 3D 列印最直接的買單者，並且在這三個行業中，工業設計機構與 3D 列印服務商在產業鏈上是緊扣在一起的。

1.1.4 3D 列印的哲學思想

如果要形容 3D 列印的哲學思想，把 3D 列印對於工業製造的革命描述為「無招勝有招」，可以說是完全沒有問題。

3D 列印的哲學思想，也就是 3D 列印的邏輯所在，即是取消所有的工藝環節，直接從圖紙到成品。這種理念被那些不擅長於中間工藝環節的國家所推崇，譬如美國。

以富士康為例，我們可以斷言：即便蘋果在美國自己組織工廠，他們也生產不出 iPhone 來——至少生產不出大家手上這個樣子的 iPhone。這不是錢的事，而是許多關鍵的工藝環節的專利和技術都在富士康手裡：蘋果既沒有量產 iPhone 4 背板玻璃的工藝和能力（如圖 1.2 所示），也沒有量產 iPhone 5 蜂窩鋁殼的工藝和能力。即便蘋果投入巨資和時間研發出替代富士康現有工藝的技術，但如何大批量培養技術工人又成為了一個難題。

於是美國開始大力發展 3D 列印技術，因為理論上 3D 列印不需要任何工藝，連顏色都可以實現設定好後使用相應顏色的材料列印到相應的位置上。而去掉工藝環節，使得缺乏大規模技術工人的美國也具備了在本土大批量生產工業產品的能力。

但是如果要生產一千個橡皮鴨玩具，3D 列印或許要比造出模具再批量生產便宜，如果要生產十萬個，使用 3D 列印就不划算了。這句話也許在美國成立，但事實上，如果把這一千個鴨子玩具交給中國生產，算上運費後還是比在美國用 3D 列印便宜。

圖 1.2 iPhone 4 背板玻璃工藝

「精確、快速、可微調」可以說是 3D 列印的理念所在，但也是它的致命缺陷。

所以說，按照蒸汽機火車最早跑得比馬車慢這個故事，3D 列印也許有一天會變革各國的製造業，但這段路還要走很遠。

1.1.5 3D 列印用來做什麼

一台 3D 列印機究竟能夠創造什麼？微觀下的 3D 列印，可以讓真正的奈米材料變得很便宜；至於宏觀的 3D 列印，涉及的領域則很多。可食用的曲奇餅乾、摩登的混合動力汽車、方便耐用的太陽眼鏡，甚至還有結合了先進生物技術的人造耳……這些各式各樣的新奇物品都已經由研究人員和廠商用 3D 列印機製造。

當然，3D 列印並不僅僅是一部玩具，它被廣泛的應用於製造、醫療、建築等諸多行業，毫不誇張的說從高跟鞋到火箭，3D 列印都能做。

以 3D 列印商用環節為例，最常見的就是「手板列印」，根據深圳的 3D 列印服務商透露的消息，他們九九％的訂單都是手板列印（如圖 1.3 所示）。

什麼是「手板」呢？手板亦被稱為「首板」，是指在沒有開模具的情況下，根據產品圖紙做出的若干個產品樣板，主要用來驗證產品，包括外觀、結構和功能。由於最早這種樣板只能靠經驗豐富的技師手工製作，所以學名「手板」。3D 列印天生不需要模具，無疑是手板製作的理想方式。

此外，玩具、服裝、汽車，甚至房子，都能透過 3D 列印製造出來。總之，由 3D 列印技術而帶來的大規模商機是最豐盛的，而且，現在就可以為之準備。

1.1.6 3D 列印的六種猜想

目前，3D 列印仍處在發展初期，能夠實現的功能較少。不過 3D 列印的未來仍有無限想像空間，下面分享幾種關於 3D 列印的商業猜想，供讀者參考。

圖 1.3 3D 手板列印

1．製成品的減少

商品不再透過製造和物流的環節來到達用戶的手中，用戶將購買從杯子到房子等所有產品的設計，然後就地 3D 列印出來，這種方式的成本將比供應鏈產品便宜。

2．列印生活小用品

用 3D 列印機列印生活小用品是個不錯的想法，我們可以用它列印丟失的鈕扣，或是電器上缺少的螺絲。

3．更廉價的樣品

時裝界成本最高的部分之一就是生產樣品，價格從兩百至四百美元不等。而 3D 列印可以幫助年輕設計師更順利的進行樣品生產，特別是越來越多的穿戴材料成為了 3D 列印原料。

4．降低製造成本

3D 列印將大幅降低製造成本，隨著這一技術逐漸找到立足點，它將會替代初創企業的製造部門。

5．測試你的 idea

產品製造一直是限制小企業發展的一個因素，由於對最低產量的要求很高，因此啟動成本讓人望而卻步。隨著 3D 列印技術的發展，科技初創企業希望能夠在製造出高品質產品之前測試小批量的產品。

6．為舊機器生產零部件

作為一個製造業者，3D 列印最直接的影響是，能夠為不再生產的機器列印零部件。例如用壞了的機器，想要更換零部件修好它，但零部件的成本比這台機器的價格還要高，這時就可以透過 3D 列印來解決了。

1.2 3D 列印的十大優勢

3D 列印已經成為一種潮流，並開始廣泛應用在設計領域，尤其是工業設計、數位產品開模等，總結起來，3D 列印的優勢主要體現在以下十點。

1.2.1 設計空間，突破局限

傳統製造技術和工匠製造的產品形狀有限，製造形狀的能力受制於所使用的工具。例如，傳統的木製車床只能製造圓形物品，軋機只能加工用銑刀組裝的部件，製模機僅能製造模鑄形狀。3D 列印機可以突破這些局限，開闢巨大的設計空間，甚至可以製作目前可能只存在於自然界的形狀。

1.2.2 複雜物品，不加成本

就傳統製造而言，物體形狀越複雜，製造成本越高。對 3D 列印機而言，製造形狀複雜的物品成本並不增加，製造一個華麗的形狀複雜的物品，並不比列印一個簡單的方塊消耗更多的時間、技能或成本。如圖 1.4 所示為利用 3D 技術列印出來的複雜物品。

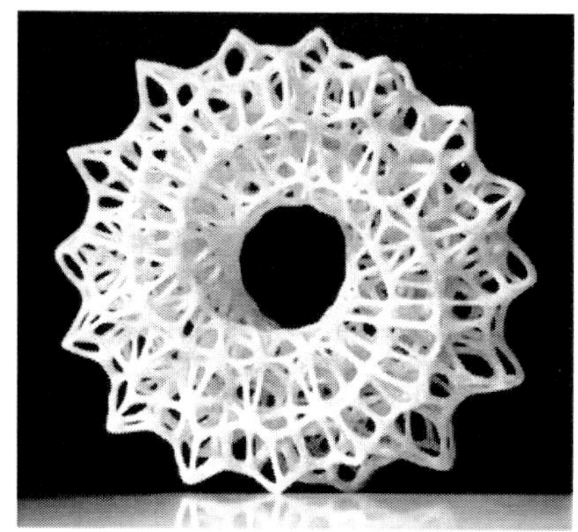

圖 1.4 3D 列印複雜物品

1.2.3 即拆即用，無須組裝

3D 列印能使部件一體化成型。傳統的大規模生產建立在組裝線基礎上，在現代工廠，機器生產出相同的零部件，然後由機器人或工人組裝，這樣產品組成部件越多，組裝耗費的時間和成本就越多。3D 列印機透過分層製造可以同時列印一扇門及上面的配套鉸鏈，不需要組裝，省略組裝就縮短了供應鏈，節省在勞動力和運輸方面的花費。如圖 1.5 所示為 3D 列印扳手，可以直接使用，不需要組裝或打磨。

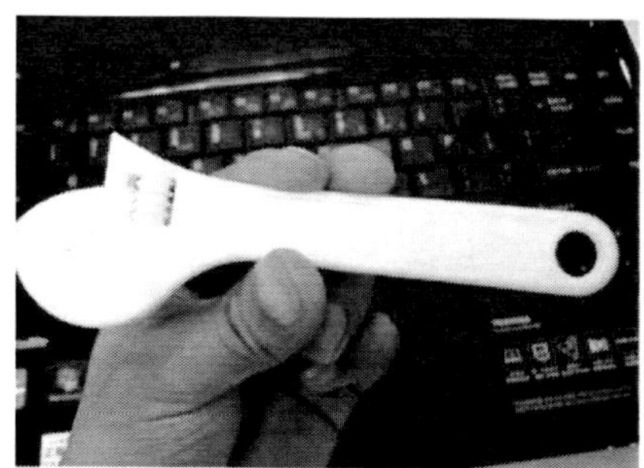

圖 1.5 3D 列印扳手

1.2.4 不占空間，便攜製

就單位生產空間而言，與傳統製造機器相比，3D 列印機的製造能力更強。例如，注塑機只能製造比自身小很多的物品，與此相反，3D 列印機卻可以製造和其列印台一樣大的物品。3D 列印機調試好後，列印設備可以自由移動，並且可以製造比自身還要大的物品。較高的單位空間生產能力使得 3D 列印機適合家用或辦公使用，因為它們所需的物理空間小。

1.2.5 混合材料，無限組合

對當今的製造機器而言，將不同原材料結合成單一產品是一件難事，因為傳統的製造機器在切割或模具成型過程中不能輕易的將多種原材料融合在一起。隨著多材料 3D

列印技術的發展，我們有能力將不同原材料融合在一起。以前無法混合的原料混合後將形成新的材料，這些材料色調種類繁多，具有獨特的屬性或功能。如圖 1.6 所示為採用混合材料直接列印的全尺寸高爾夫球桿。

圖 1.6　3D 列印混合材料高爾夫球桿

1.2.6　實體物品，精確複製

數位音樂檔案可以被無休止的複製，音檔品質並不會下降。未來，3D 列印將數位精度擴展到實體世界。掃描技術和 3D 列印技術將共同提高實體世界和數位世界之間形態轉換的分辨率，我們可以掃描、編輯和複製實體對象，創建精確的副本或升級原件。

1.2.7　零時間交付，減少庫存

3D 列印機可以按需列印。即時生產減少了企業的實物庫存，企業可以根據客戶訂單，使用 3D 列印機製造出特別的或訂製的產品滿足客戶需求，所以新的商業模式將成為可能。如果人們所需的物品按需就近生產，零時間交付式生產能最大限度的減少長途運輸的成本。

1.2.8　產品多樣，不增加成本

一台 3D 列印機可以列印許多形狀，它可以像工匠一樣每次都做出不同形狀的物品，傳統的製造設備功能較少，做出的形狀種類有限。3D 列印省去了培訓機械師或購置新設備的成本，一台 3D 列印機只需要不同的數位設計藍圖和一批新的原材料。

1.2.9　直接操作，零技能製造

傳統工匠需要當幾年學徒才能掌握所需要的技能。批量生產和電腦控制的製造機器降低了對技能的要求，然而傳統的製造機器仍然需

要熟練的專業人員進行機器調整和校準。3D 列印機從設計檔案裡獲得各種指令，做同樣複雜的物品，3D 列印機所需要的操作技能比注塑機少。非技能製造開闢了新的商業模式，並能在遠端環境或極端情況下為人們提供新的生產方式。

1.2.10 降低浪費，減少副產品

與傳統的金屬製造技術相比，3D 列印機製造金屬時產生較少的副產品。傳統金屬加工的浪費量驚人，九〇%的金屬原材料被丟棄在工廠產線裡。3D 列印製造金屬時浪費量減少。隨著列印材料的進步，「淨成形」製造可能成為更環保的加工方式。

1.3 3D 列印的限制因素

3D 列印最近幾年開始用於民用，有了走入尋常百姓家的可能。不過，3D 列印的現狀遠沒有人們看到的那樣樂觀，諸多限制因素也阻礙了 3D 列印的普及應用。

1.3.1 技術的限制

3D 列印確實還是一種讓人心潮澎湃的技術，但是目前的發展並不完善，集中表現在成像精細度即分辨率太低。如圖 1.7 所示為一個 3D 列印出的手機殼，從這個圖片中可以看到：3D 列印在工藝上還有很大的進步空間。

圖 1.7　3D 列印出的手機殼

1.3.2 材料的限制

除了技術問題外，材料問題是 3D 列印遇到的最大的瓶頸，目前 3D 列印支援的材料有尼龍、鋁、樹脂、ABS（一種強度高、硬度好並擁有最好尺寸精度的材料）、鈦、不鏽鋼等十多種能夠溶解又可重新塑形的材料，十分有限。如圖 1.8

所示為 3D 列印的常用材料。

圖 1.8 3D 列印常用材料

在中國，這種材料的限制更明顯：自主研發的 3D 列印機大多只能列印金屬、ABS 這兩種材料，而且一台機器只能列印一種材料，無法實現列印材料的自由切換。

1.3.3 機器的限制

3D 列印技術在重建物體的幾何形狀和機能上已經獲得了一定的成績，幾乎任何靜態的形狀都可以被列印出來，但是列印那些運動的物體和它們的清晰度就難以實現了。這個困難對於製造商來說也許是可以解決的，但是 3D 列印技術想要進入普通家庭，每個人都能隨意列印想要的東西，那麼機器的限制就必須得到解決。

3D 列印物品的大小受到列印機的限制，如圖 1.9 所示為某製造中心研發的大型 3D 列印機，雖說「個頭」已經不算小了，但是對於一些大型機械的列印還是有心無力。

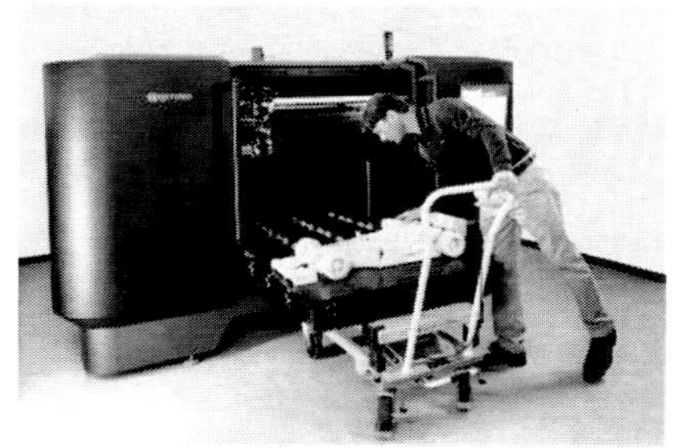

圖 1.9 大型 3D 列印機

1.3.4 智慧財產權問題

在過去的幾十年裡，音樂、電影和電視產業中對智慧財產權的關注變得越來越多。3D 列印技術也會涉及這一問題，因為現實中的很多東西都會得到更加廣泛的傳播。人們可以隨意複製任何東西，並且數量不限。如何制定 3D 列印的法律法規用來保護智慧財產權，也是我們面臨的問題之一，否則就會出現泛濫的現象。

1.3.5 道德的挑戰

如圖 1.10 所示為一把由美國人利用 3D 技術列印出的手槍。製造者列印出該手槍的部分組件，並結合真槍其他部件製作成這把槍，還在一個農場進行了試槍。這種做法已經觸碰到了道德底線。對於 3D 列印，什麼樣的東西會違反道德規律是很難界定的，如果有人列印出生物器官和活體組織，在不久的將來會遇到極大的道德挑戰。

圖 1.10　利用 3D 列印技術列印出的手槍

1.3.6　花費的承擔

3D 列印技術需要承擔的費用是高昂的，如果想要普及到大眾，降價是必須的，但又會與成本形成衝突。

每一種新技術誕生初期都會面臨著這些類似的障礙，如果找到合理的解決方案，3D 列印技術的發展將會更加迅速，就如同任何渲染軟體一樣，不斷的更新才能達到最終的完善。

1.4　3D 列印的十大趨勢

按需訂製、以相對低廉的成本製造產品，3D 列印曾一度被認為是科幻想像，而現在已經變成現實。以下就是未來 3D 列印領域值得關注的十大趨勢。

1.4.1　工業：3D 列印工業產品

3D 列印原先只能用於製造產品原型及玩具，而現在它將成為工業化力量。你乘坐的飛機將使用 3D 列印製造的零部件，這些零部件能夠讓飛機變得更輕、更省油。

事實上，一些 3D 列印的零部件已經被應用於飛機上。該技術也將被國防、汽車等工業應用於特種零部件的直接製造。總之，在你不知不覺的情況下，透過 3D 列印製造的飛機、汽車乃至家電的零部件數量將越來越多，如圖 1.11 所示。

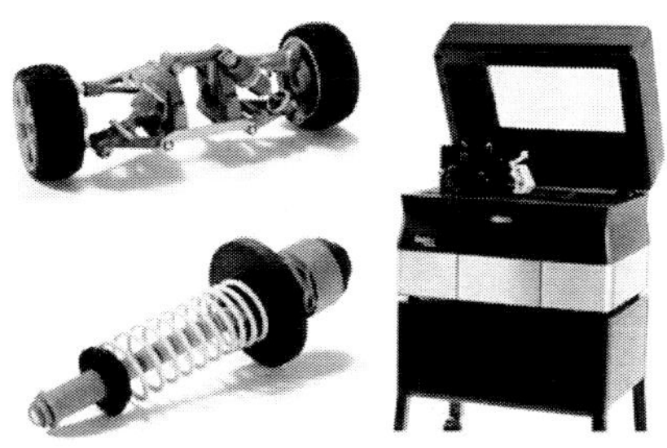

圖 1.11　3D 列印製造汽車零件

1.4.2　醫療：3D 列印治病救人

透過 3D 列印製造的醫療植入物將提高你身邊一些人的生活品質，因為 3D 列印產品可以根據確切體型配對訂製，如今這種技術已被應用於製造更好的鈦質骨植入物、義肢及矯正設備，如圖 1.12 所示。

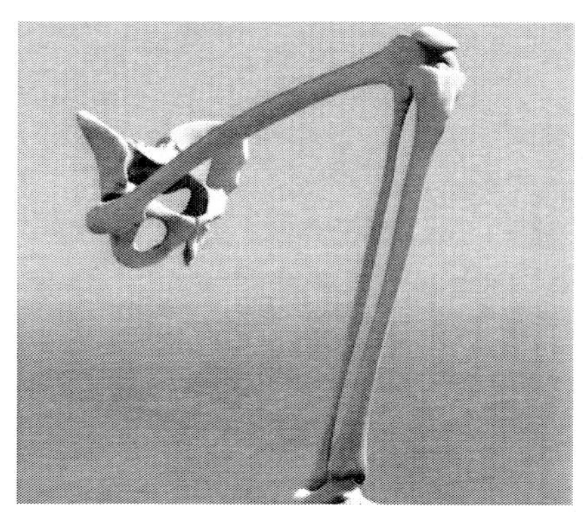

圖 1.12　3D 列印人體骨骼

列印製造軟組織的實驗已在進行中，很快的，透過 3D 列印製造的血管和動脈就有可能應用於手術中。目前，3D 列印技術在醫療應用方面的研究涉及奈米醫學、製藥乃至器官列印。

最理想的情況是，3D 列印技術在未來某一天有可能使訂製藥物成為現實，並緩解（如果不能消除的話）器官供體短缺的問題。

1.4.3　訂製：個性化生產成為常態

今後購買的產品將根據自己確切的具體資訊進行訂製，該產品透過 3D 列印製造並直接送到你的家門口。透過 3D 列印技術，創新公司將憑藉與競爭對手的標準化產品的相同價格，為用戶提供客製化體驗，以此獲得競爭優勢。

起初，這種體驗可能包括製造訂製智慧手機外殼這樣的新奇物品，或為標準化工具進行符合人體工程學的改造，但它很快就會擴張到新的市場，如圖 1.13 所示為 3D 列印的手機外殼。

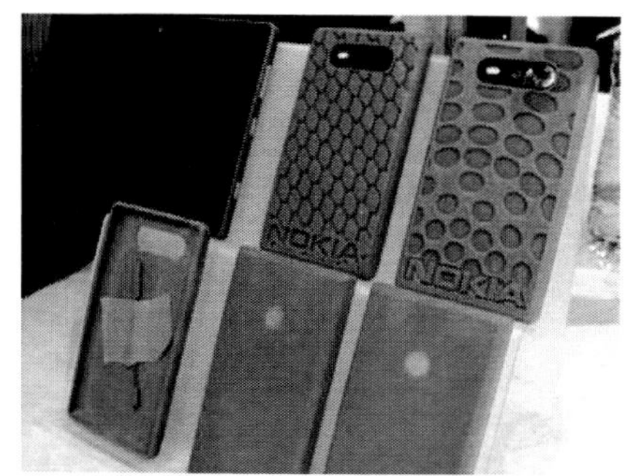

圖 1.13 3D 列印訂製手機外殼

相關創新產業的公司領導者將對銷售、分銷及行銷管道進行調整，以充分利用其直接向消費者提供客製化體驗的能力。客製化同樣也將在醫療器械領域發揮重要作用，比如透過 3D 列印製造助聽器和義肢。

1.4.4 創新：產品創新速度加快

從新車型到更好的家電，一切產品的設計速度都將加快，從而將創新更快的推向消費者。由於運用 3D 列印的快速原型製造技術，能夠縮短把概念產品轉化為成熟產品設計的時間，設計人員將能夠專注於產品的功能。

雖然使用 3D 列印的快速原型製造技術並不是新鮮事物，但迅速降低的成本、功能得到改進的設計軟體，以及越來越多的列印材料，意味著設計人員將更方便的使用 3D 列印機，使他們在設計的早期階段就可列印出原型產品、進行修改及重新列印等，從而加速創新，其結果將是設計出更好的產品及更快的設計速度。

1.4.5 商機：開發出新的商業模式

你今後將有機會投資購買一家 3D 列印公司的 IPO。新一代公司將作為發明家、駭客及「製造者」大量湧現，利用 3D 列印技術創造新的產品，並向蓬勃發展的 3D 列印機市場提供服務。一些公司將走向失敗，並有可能出現一個盛衰循環，但 3D 列印將催生出創造性的新商業模式。

1.4.6 創業：3D 列印店在購物商場開張

3D 列印店開始出現，它們最初憑藉高品質的 3D 列印技術為當地市場提供服務。一開始是快速原型製造及其他利基功能，但這些列印店也會轉移到消費市場，如圖 1.14 所示為芝加哥的 3D 列印店。

零售商開始「運送設計，而不是產品」，在這種情況下，當地的 3D 列印店有一天將成為你獲取自己訂製的當地製造產品的地方，就像如今你在當地沃爾瑪商場內沖印照片一樣。

1.4.7 衝突：關於智慧財產權歸屬

3D 列印機可以很容易的複製擁有版權的產品設計，隨著製造商和設計者開始應對這種情況，未來將出現關於產品設計智慧財產權歸屬的高調訴訟案例。

檔案共享網站使音樂的複製和共享變得簡單，從而撼動了整個音樂行業。與此類似，3D 列印技術輕鬆複製、共享、修改及列印 3D 產品的能力，將引發新一波智慧財產權問題。

1.4.8 神奇：具備神奇特性的新產品

跟如今製造的產品相比，那些只能透過 3D 列印機製造的新產品將融合新材料、奈米尺度及印刷電子器件於一體，從而展示出堪稱神奇的新特性。這些透過 3D 列印製造的產品令人喜愛，並具備明顯的競爭優勢。

圖 1.14 3D 列印店

某專業分析師認為其祕訣在於，3D 列印技術可以在製造過程中控制所用材料，精度可達分子和原子級別。隨著目前對未來可行的商用 3D 列印機的研究不斷完善，我們可以期待令人興奮和嚮往的新產品攜帶驚人的特性出現在人們面前。現在的問題是：這些產品都是什麼？誰將銷售它們？

1.4.9 助力：3D 列印機與製造工廠

我們將有望在製造工廠裡看到 3D 列印機。一些特殊的零部件已經由 3D 列印機更經濟的生產出來了，但僅僅是在小規模範圍內。對於 3D 列印技術，很多製造商將開始嘗試原型製造以外的應用。

隨著 3D 列印機的性能不斷提高，製造商將其整合進生產線和供應鏈的經驗也變得更加豐富，我們有望看到整合了 3D 列印零部件的混合製造工藝。而消費者渴望的那些需要透過 3D 列印機製造的產品將進一步加速此進程。

1.4.10 教育：讓孩子思維更開放

在學校，包括網頁和應用程式開發、使用電子設備、協作及 3D 設計的能力在內的數位素養的培育，將得到 3D 列印機的支援。很多學校已經裝備了 3D 列印機，隨著 3D 列印技術的成本持續下降，更多的學校將開始使用它。數位素養將不僅關乎「字節」，還關乎實物。

1.5 為何要關注 3D 列印

想像一下，如果你活在一個你想要什麼就有什麼的世界， 你可以做出任何你想做的東西；作為一個設計師，你可以把自己設計的任何東西變成產品；作為一個製造商，你可以在本地生產任何產品，不用為了等待某批進口零件而拖延整體進程。

所以說，3D 列印是適合全民的一項活動，不需要科技背景，這也是為什麼 3D 列印如此受歡迎的原因。

1.5.1 3D 列印機變得越來越便宜

和任何其他技術類似，3D 列印機功能越來越強大，價格卻變得越來越便宜。在美國，五年前一台標準的 3D 列印機的價格是兩萬五千至五萬美元，而目前，3D Systems 和 Autodesk 公司推出了 DIY 的一千五百美元左右的產品，最簡單的 3D 列印機的價格甚至已經降價到了八百美元。由此可見，未來每個家庭都有一台 3D 列印機的時代將不太遙遠。那麼，是哪些因素促使 3D 列印機不斷降價呢？

1．尺寸越來越小

比如之前 MakerBot 的 Replicator 2 3D 列印機，如圖 1.15 所示，售價二千二百美元，可以列印出的東西最大尺寸 49 公分 ×42 公分 ×38 公分，總體積七萬八千立方公分。而 Makibox A6 LT 二百美元的列印機，列印出的最大尺寸為 29 公分 ×23.5 公分 ×23.5 公分，總體積一萬六千立方公分。

但現在一台列印機就能搞定很多種尺寸，最小的已經到了零點一公分的級別。以前 Bukobot 和 MakerBot 能列印的尺寸，現在一台 Printrbot 機也能搞定。現在大家關心的問題只剩下：什麼樣的熱塑性材質才是想要列印的。

2．組件成本降低

一些小的 3D 列印公司慢慢向一些大的硬體公司直接購買組件，設備的成本越來越低。其他公司受了影響也不得不降低列印機價格。整個列印機的設計風格趨向簡單化和便宜化，當有些列印機使用皮帶和滑輪的時候，有些則開始重新用上滾動的絲槓螺帽了，類似於數控機床中使用的東西。這樣整個機器的設計更簡單，做工不那麼費力，成本自然跟著降低。

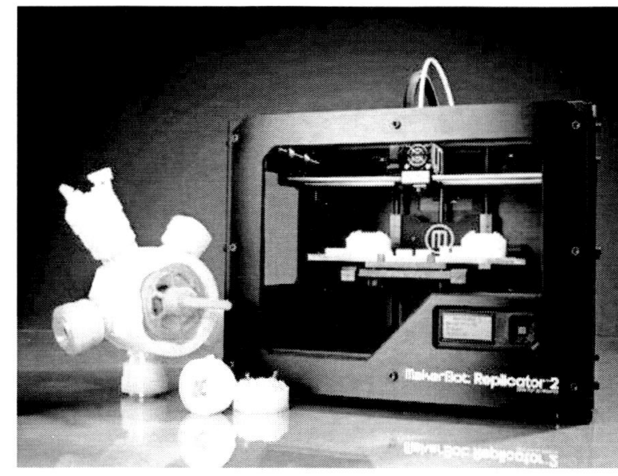

圖 1.15　MakerBot Replicator 2 3D 列印機

1.5.2　3D 列印顛覆傳統製造行業

有人將 3D 列印的出現稱為「第三次工業革命」，3D 列印技術在工業領域，尤其是製造業中展現出來的強大生命力，隱約有著顛覆傳統製造行業的趨勢。

從應用的領域來看，目前 3D 列印主要應用於原型製造、模具製造和直接製造三大領域印刷聯盟。其中，原型製造主要是指應用 3D 列印技術製造用於產品設計、測試和評估的模型物資行情。模具製造主要是指應用 3D 列印技術製作蠟模或砂型物資行情。直接製造包括兩類，一是應用 3D 列印技術製造玩具、飾品、鞋類、陶瓷製品、簡單服裝與教育器材等消費品；二是製造金屬、塑料、生物構料塊等複雜難加工、小批量的功能部件印刷市場。

與這種先製作模具然後才能把設計原型製作出來的生產方式相比，3D 列印機擁有相當的優異性，它能夠一次性、直接的把客戶所需要的設計原型製作出來。由於無須經過製作模具這一步驟，客戶能夠節約時間，工廠能夠節約成本，同時所製作出來的物體也將和設計圖紙一樣，能夠更加精確，如圖 1.16 所示。

既然 3D 列印技術具有如此神奇的實用價值，那麼這項技術對於推動工業產業，尤其是製造業的進步有何意義？

在 3D 列印技術得到廣泛運用的情況下，現代製造業也許不再運用工廠這種將人力、資金、設備等生產要素大規模集中化的生產方式，而轉變為一種以 3D 列印機為基礎的，更加靈活、所需要投入更少的生產方式。這種趨勢被稱之為「社會化製造」（Social Manufacturing），當這種方式得到廣泛的運用時，那麼每個人都可以是一家工廠。

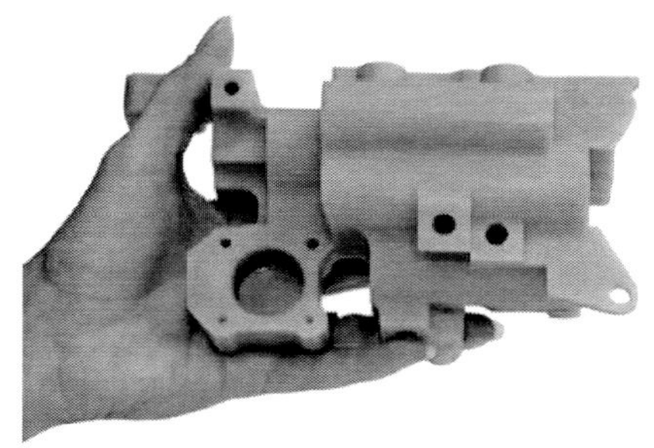

圖 1.16　3D 列印工業模具模型

專·家·提·醒

3D 列印對製造業的衝擊集中在它降低了創業的門檻，3D 列印技術的應用改變了現有的生產模式和商業模式，區別於集中大規模的生產製造，變為社會化分散式的製造，遍布分散的小微企業，甚至讓個體勞動者承擔眾多的零部件元器件的加工，與整機組裝相配套，形成了上下關聯的產業群。

1.6 3D 列印的 未來發展

服裝鞋飾、飛船部件、胎兒模型、活體組織、電子元件成品……3D 列印機就像一台可造萬物的機器，觸動了科技界、產業界的敏感神經。立志「列印世界」的 3D 列印開闢了新的領域，在未來的 3D 列印世界裡，無論何時何地，人們需要什麼就可以列印什麼。

1.6.1 下一代 3D 列印機要解決的問題

下一代 3D 列印機要解決的問題並不是實現更高超的列印技術，而是如何面向更廣泛的受眾。其實真正的普及並不意味著每個人、每個家庭都必須擁有一台 3D 列印機，理想的普及是人們更容易用上 3D 列印機，因為你的鄰居中就可能有一台，或者街邊就有一家 3D 列印店。如圖 1.17 所示為未來家用 3D 列印機。

在基礎的設計教學中，我們也可以預見列印機的前景——它們能讓抽象的設計變成有形的事物。

圖 1.17　未來家用 3D 列印機

對傳統的 STEM（科技、工程和數學等）教學來說，3D 列印對於學生入門學習非常有效，能在虛擬的 3D 視圖中思考，並且看得到、摸得到實物。在這個過程中學習如何更新設計，無疑對教育者和學生來說都是非常有益的。

在學校之外，可靠的 3D 列印機對於中小公司的產品試驗更有意義。因為當下的流程會是這樣：設計一個我想要的東西，如果它在 3D 列印時「掛了」，那麼我不會想要更改設計來讓它實現成功列印，而是轉向其他的試驗方式。

專·家·提·醒

事實證明，具備工業級的可靠性，同時價格低廉的 3D 列印機，對於設計師和工程師們是非常有吸引力的。

1.6.2 看看 MIT 推出的 4D 列印機

4D 列印機就是在 3D 列印的基礎上增加時間元素，也就是說，被列印物體可以隨著時間的推移而在形態上發生自我調整。在洛杉磯舉行的科技、娛樂、設計（TED）大會上，麻省理工學院（MIT）自我組裝實驗室的科學家斯凱拉· 蒂比茨首次對這款產品進行了展示。

在展示過程中，一根複合材料在水中完成了自動變形，如圖 1.18 所示。據介紹，這根複合材料由 3D 列印機「列印」，繩狀物體中複合了兩種核心材料，一種合成聚合物在水中可膨脹至超過原體積的兩倍，另一種聚合物則在水中可變得剛硬。按照設計圖將兩種材料複合，吸水的物質膨脹，驅動接頭處移動，從而創造出預先設定的幾何變形。變形速度主要取決於水溫和吸水材料的屬性。

如圖 1.19 所示是一件利用 4D 技術列印出的裙子。4D 列印的優點是能將形狀擠壓成它們最小的布局並 3D 列印出來，這樣列印出來的產品將沒有冗餘的東西，這是 3D 列印無法比擬的。而 4D 列印技術的成熟，讓人們看到了「變形金剛」成真的希望。

圖 1.18　複合材料

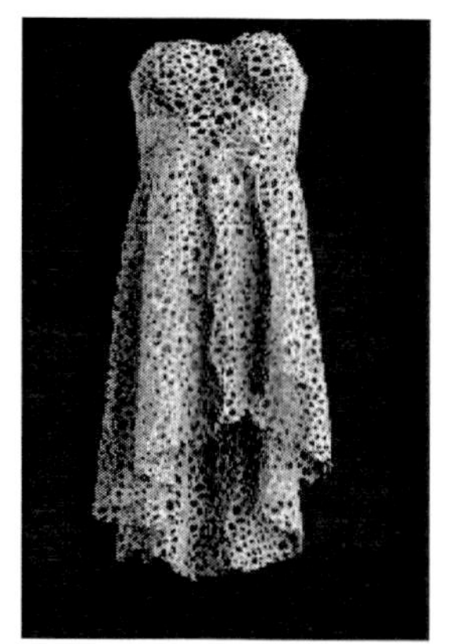
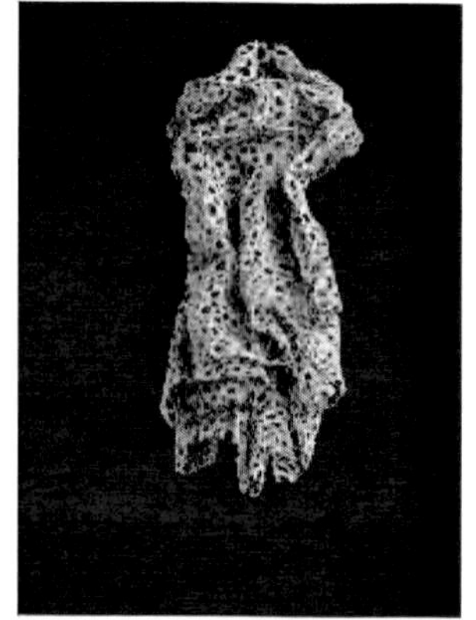

圖 1.19　4D 列印出的裙子

1.6.3 二〇一四年，3D 列印爆發

一直以來，核心專利技術權阻礙著 3D 列印的發展，但是二〇一四年二月，阻礙 3D 列印技術快速發展的核心專利正過期，3D 列印技術的春天或將真正來臨。

來自 QUARTZ（特殊化學品製造公司）的消息稱，這項過期的專利中包含了一種名為「選擇性雷射燒結」（SLS）的技術，而它同時也是成本最低的一種 3D 列印技術。SLS 工作原理如圖 1.20 所示。

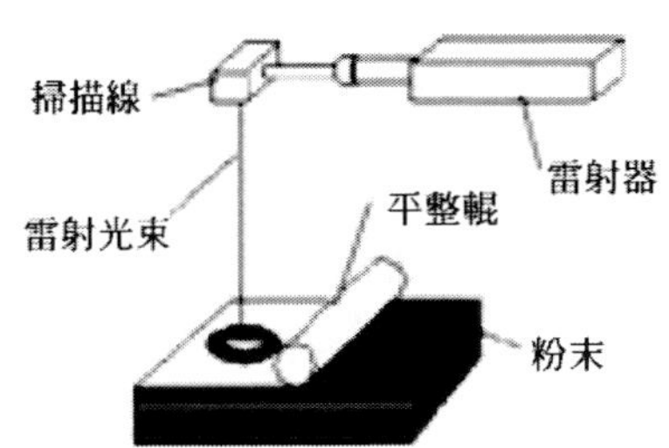

圖 1.20 SLS 工作原理

眾所周知，工業級 3D 列印機通常造價不菲，每個列印機甚至需要花費上萬美元的成本。對於一般的工業設計師、藝術家和創業團隊來說，這樣的價格實在有點高不可攀。雖然隨著 3D 列印機的大量生產，3D 列印機的價格正在急劇下降，但對於大範圍快速推廣來說，「選擇性雷射燒結」技術則是完全可以勝任的。

這項技術的特點在於可採用多種材料；可採用加熱時黏度降低的任何粉末，透過材料或各類含黏結劑的塗層顆粒製造出任何造型，特別是可以製造金屬零件。相比工業級 3D 列印機所生產出的產品，這項技術的優勢在於精度高，材料利用率高，價格便宜，生產成本低。

專·家·提·醒

選擇性雷射燒結又稱為雷射選區燒結，它的原理是預先在工作台上鋪一層粉末材料（金屬粉末或非金屬粉末），雷射在電腦控制下，按照介面輪廓資訊，對實心部分粉末進行燒結，然後不斷循環，層層堆積成型。

第二章
列印設備：
改變未來的炫酷機器

章節預覽

如果說 3D 列印理念是指引其發展的風向標，那麼 3D 列印的硬體設備、軟體技術及列印材料，才是真正實現從平面到立體的根本所在。3D 列印技術的不斷發展，也集中體現在這三點之上。

重點提示

» 試圖改變世界的硬體公司
» 3D 列印機的硬體設備
» 3D 列印機的軟體技術
» 3D 列印機的常用材料

2.1 十五家試圖改變世界的硬體公司

科技是看不見的生產力，雖然我們不曾留意，但是它確實在慢慢的改變世界。下面介紹十五個正在試圖利用科技改變世界的硬體公司，以及他們的領導性產品。

2.1.1 Grand St.：網路精品店

創立於二〇一二年的Grand St.總部位於紐約州紐約市，創始人包括阿曼達·佩頓（Amanda Peyton）、亞倫·韓德韶（Aaron Hendhsaw）和喬伊·拉婁茲（Joe Lallouz）。

Grand St.是一個銷售創新技術的網路精品店，並且是發現新產品的途徑之一，因為該網站只銷售它的員工親自測試過的新產品，如圖2.1所示。

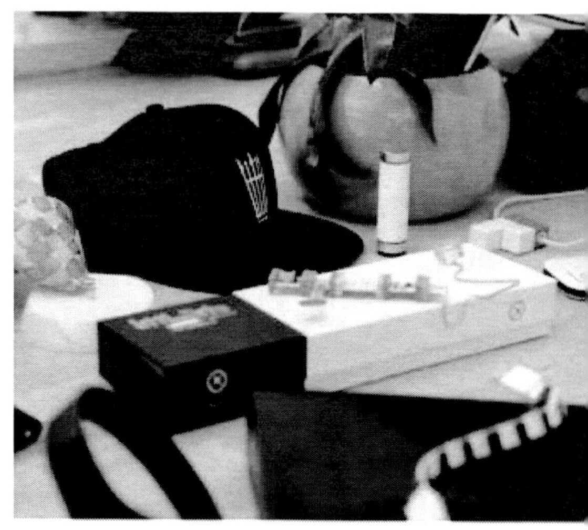

圖2.1 Grand St.產品

2.1.2 Pebble：運動智慧手錶

Pebble創立於二〇一二年，位於加州舊金山市，曾是Kickstarter網站上籌資規模最大的項目之一，它在大約三十天的時間裡籌集到一千萬美元以上的資金。Pebble智慧手錶是一款完全可客製的電子墨水智慧手錶，如圖2.2所示，具有運動和健身功能，可以接收到用戶智慧型手機發出的通知，Pebble電子墨水智慧手錶還可以透過無線方式與智慧型手機相連。

圖 2.2　Pebble 電子墨水智慧手錶

2.1.3　Ouya：新型電子遊戲機

由茱麗葉· 尤爾曼（Julie Uhrman）與伊凡· 貝哈爾（Yves Behar）創辦的 Ouya，在二〇一二年成立於加州洛杉磯市。

Ouya設計了一款售價僅九十九美元、基於 Android 系統的開放原始碼電子遊戲機，改變了我們玩電子遊戲的方式。以前，遊戲機的價格通常在三百美元以上，但是這款產品卻小巧得多，而且價格便宜。Ouya 訂製了自己的 Android 操作系統，現在正在開發獨家內容。

2.1.4　Leap Motion：動作感應器

位於加州舊金山市的 Leap Motion 公司製作了一種小巧的動作感應器，可以讓用戶透過無線方式與電腦互動。這家公司的靈感來自於失敗的、基於滑鼠游標和鍵盤的環境 3D 建模技術。這種創新的技術將我們從滑鼠游標和鍵盤的束縛中解放出來，將平板電腦的體驗引入了桌上型電腦。

2.1.5　Olloclip：外接攝影鏡頭

Olloclip 使用了一種簡單和輕度設計的照相技術。公司主要生產能夠安裝在智慧型手機上的專業鏡頭，以便用戶能夠用智慧型手機拍攝出帶有各種特效的照片，如圖 2.3 所示。

圖 2.3　Olloclip 專業鏡頭

2.1.6 LittleBits：多樣電子元件

LittleBits 是紐約市一家銷售模組化電子元件的公司，那些模組化電子元件可以透過細小的磁鐵連接在一起，用於建模、學習和娛樂，如圖 2.4 所示。

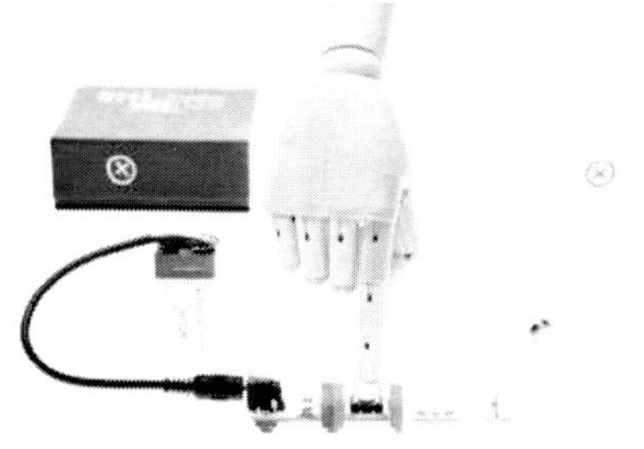

圖 2.4 LittleBits 電子元件

例如，一位 LittleBits 用戶自己製作了一台鬧鐘，在太陽升起時叫醒他，當他在家中時，鬧鐘就不會工作。可以說，你能想到什麼，就能利用它做出什麼。

2.1.7 Lapka：環境感應器

Lapka 是一組由四個設計精美的環境感應器組成的設備，這些環境感應器與用戶的 iPhone 相連，與 iPhone 中的應用程式配套使用，它們可以檢測周圍環境的各項指標，記錄下輻射量、濕度、EMF，甚至某種事物的有機組成成分，如圖 2.5 所示。

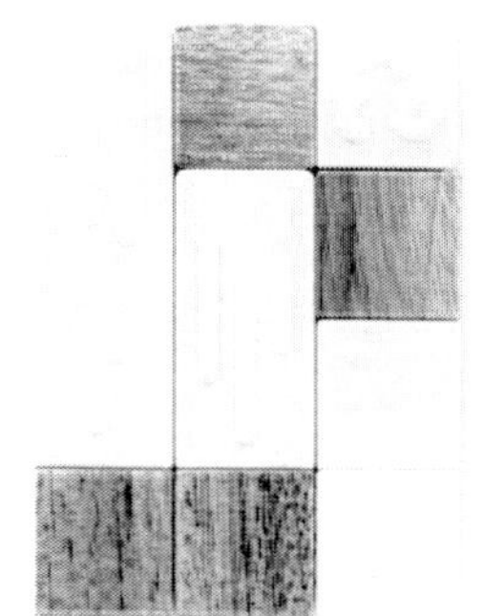

圖 2.5 Lapka 環境感應器

2.1.8 Ploom：攜帶式菸草蒸發器

Ploom 設計和製造了攜帶式菸草蒸發器，這款產品改變了傳統的吸菸體驗。Ploom 最流行的產品 Pax 融合了現代化技術、材料、工藝及精美簡約的設計，如圖 2.6 所示。

圖 2.6 Ploom 攜帶式菸草蒸發器

2.1.9 SpaceMonkey：儲存設備

SpaceMonkey 每年收費一百二十美元，提供 1TB 的雲端儲存容量。SpaceMonkey 設備將雲端移動到了用戶的家中，使儲存、共享和點閱包括照片、影片、文件和音樂等在內的所有數位內容變得比以前更加容易，如圖 2.7 所示。

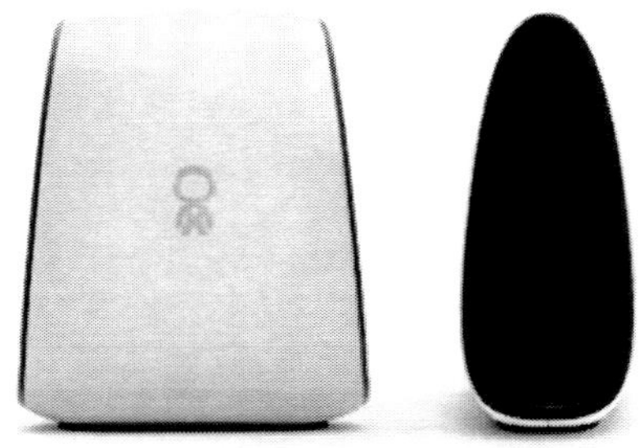

圖 2.7 SpaceMonkey 儲存設備

一旦你將某個檔案儲存到 SpaceMonkey 上，SpaceMonkey 就會保證它的安全。你無須對檔案進行備份，SpaceMonkey 會將檔案副本保存到本地的 SpaceMonkey 設備上，同時將另一份加密後的副本保存到它的儲存網路上。

2.1.10 Makerbot：消費級 3D 列印機

著名的 Makerbot 公司生產的一種消費者級的 3D 列印機，這種列印機的價格相對低廉，零售起步價為一千九百九十九美元。另外，Makerbot 的全職員工還提供支援服務和相對廉價的製作材料，這樣就在競爭中獲得了一定的優勢。

2.1.11 Amiigo：可佩戴運動手環

Amiigo 是一家可佩戴運動手環和鞋子感應器廠商，它生產的產品可以感知用戶正在進行的運動。它可以與安裝 iOS 和 Android 操作系統的手機連接在一起，還配備了記憶體，可以將資料保存數個小時，如圖 2.8 所示。

圖 2.8 Amiigo 可佩戴運動手環

2.1.12 ChargeCard：薄型卡片充電線

ChargeCard 是一種外形怪異的薄卡片形充電線，該產品可以插在錢包當中。ChargeCard 可以兼容所有支援 Micro USB 接口的智慧型手機、支援三十針接口的蘋果產品，甚至最新 Lightning 接口的蘋果產品，如圖 2.9 所示。

圖 2.9 ChargeCard 充電線

2.1.13 Ninja Blocks：設備的自動化

使用 Ninja Blocks，你可以實現設備的自動化。例如，利用 Ninja Blocks，當你的好友在玩 Xbox Live，它就會向你發出一則提示訊息；或者當有人在敲你家的門時，它就可以給你的手機發送一則條簡訊訊息。

2.1.14 Lockitron：遠端控制

Lockitron 設計精美，可以打開大多數的彈子門鎖。它配備了內置 WiFi，因此可以用它遠端開鎖和關鎖。你還可以透過專用的 iPhone 應用程式檢查門鎖的狀態。Lockitron 最大的特點是整合了藍牙技術，因此它具有感應功能，當用戶的 iPhone 4S 或 iPhone 5 在門鎖附近時，它就可以自動打開門鎖。

2.1.15 Everpurse：新型充電方式

Everpurse 公司打算開發出一款強大和易用的產品。只要將你的手機放在你的錢包裡的一個特殊口袋裡，它就可以進行充電。這款產品不但採用了強大的技術，而且設計精美，形式多樣。

2.2 3D 列印機的硬體設備

層出不窮的新硬體公司一直是初創企業界最亮麗的一道風景線，它們開發的產品不是應用程式，也不是網路服務，而是看得見摸得著的硬體產品。3D 列印技術的發展同樣如此，硬體設備的開發，能夠使 3D 列印技術變得更強大，同時價格越來越低廉。

2.2.1 Zeus：全球第一款 3D 列印一體機

如圖 2.10 所示，這款名為「宙斯」（Zeus）的 3D 列印傳真機由 AIO Robotics 公司出品，配有一個七英吋的觸摸螢幕，以及四個極易操作的按鈕。「宙斯」是一台獨立設備，不必與桌上型電腦相連即可使用，它是全球第一款全能 3D 一體機。

圖 2.10 Zeus 3D 一體機

什麼叫「3D 列印一體機」呢？Zeus 背後的創業團隊解釋說，這是一台同時具備 3D 掃描和 3D 列印兩大功能的機器，這意味著 3D 影印將變成一種司空見慣的操作，就像我們去文具店影印紙質材料一樣。

Zeus 的尺寸並不大，甚至比現有的一些商用影印機還要小，能掃描和列印最大體積為 26×18×15 公分的物品。目前，Zeus 已經製造出了原型機並且已經募資成功，並預計上市發售。

2.2.2 Peachy Printer：一百美元的雷射 3D 列印機

Peachy Printer 是 Peachy 公司於二〇一三年發表在著名的眾籌平台 Kickstarter 上的一款新型 3D 列印機，其售價僅為一百美元。雖然，Peachy Printer 的價格極具優勢，但並不代表在產品性能上輸給了其他產品。

在功能上，Peachy Printer 是一種光刻列印機，它區別於我們常見的採用的是 FDM 方案的 3D 列印機，常見的 3D 列印機一般是把塑性材料熔化，然後一層層的塗上去，最後構造成用戶想要的模型。Peachy Printer 採用的是能夠控制的光束，並將能夠進行光固化的光敏樹脂作為列印材料，最終透過雷射凝固成型。

Peachy Printer 的具體操作也很簡單，首先用戶需要透過該團隊編寫軟體，在電腦上把 3D 建模轉換成音檔輸出（該 3D 列印機需要連接到音檔介面），從而控制雷射在 X、Y 軸上的走動。Z 軸上的變動是怎麼實現的呢？這款設備頂上有一個小水箱，它採用滴灌的方式把鹽水送到底部，然後讓材料浮起來。每個小水滴在落下的過程中都會接觸到兩個「電極」，3D 列印機會把相應的數據資料透過麥克風介面反饋到電腦上，從而計算 Z 軸上的高度，工作原理如圖 2.11 所示。

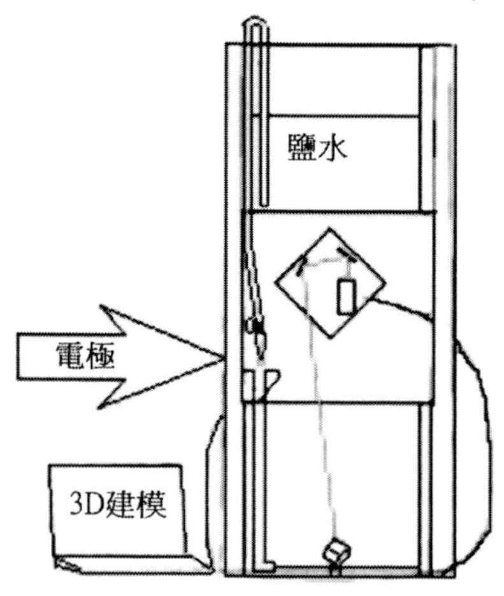

圖 2.11　Peachy Printer 3D 列印機工作原理

2.2.3　FABtotum：離自我複製又近了一步

FABtotum 是二〇一三年八月在 Indiegogo 上線籌資的一款多功能個人製造工具，它擁有 3D 列印、3D 掃描、銑削等功能，讓數位世界和物理世界實現無縫互動。Indiegogo 可以進行列印、切割、銑削、掃描、操縱、清洗這一系列的功能，而且可以重複進行。

1．3D 列印

FABtotum 擁有使用 FFF（熔絲加工）技術的 3D 列印功能，和市面上多數的低價3D 列印機一樣。它可以進行高速的 PLA/ABS 材質列印，對設計來說很方便，另外它的 Z 精度高達零點四七微米，也可以對樣品原型進行拋光。

2．3D 掃描

FABtotum 內建有雷射掃描儀和觸摸探針數字變換器，使得它可以掃描固態物體。用戶可以掃描複製一個固態物體，然後用泡沫或塑形黏土把它列印出來，接著再掃描列印出來的物體，用軟體對其進行修改，再用附加模式把修改的部分列印上去，或是進行進一步的切割、銑削。

3．精細加工

用戶可以用 FABtotum 掃描一個物體，然後立刻使用它列印出來，之後還可以運用它的雙頭雕刻、銑削工具對物體進行精細的打磨，還可以為電路板進行 PCB 銑削。

2.2.4 MakerBot：在全美微軟商店投放 3D 列印機

MakerBot 3D 列印機公司被知名科技媒體 SAI 評為「二十家最具創新力的科技公司」之一。MakerBot 3D 列印使用 CAD 軟體創建物品，也可以從 MakerBot 的一萬多種現成物品中選擇，比如浴簾環、眼鏡鏡框、微縮建築等，將原料噴塗在多個塑料薄層上，最終形成精準率極高的立體實物，如圖 2.12 所示。

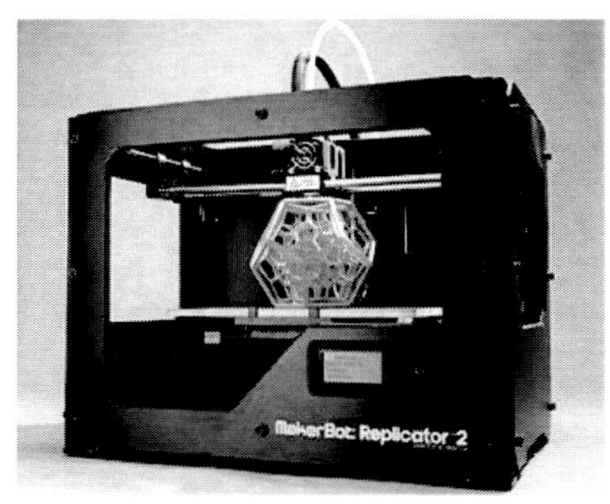

圖 2.12 MakerBot 3D 列印機

二〇一三年八月，MakerBot 提出在全美的微軟零售店內逐步投放 3D 列印機，供消費者體驗和購買。第一批的計劃將在原有舊金山、西雅圖和帕洛阿爾托店址的基礎上，增加十五個分店設點。

對於此舉，微軟零售店的營運長大衛·麥克奧格漢（David McAughan）這樣表示：「3D 列印是一項重大的技術創新，我們希望我們所有的顧客都能獲得親身的體驗，了解如何使用相關產品，以及如何在生活中從中獲益。」

2.2.5 CADScan 3D：廉價的桌面式 3D 掃描儀

目前市場上的 3D 掃描儀，要麼非常昂貴動輒上萬美元，要麼就得發揮極大的 DIY 精神，事倍而功半。近日一家來自英國的 CADScan 公司就認為這中間存在一個市場空缺，他們針對這個空缺開發了一種彩色 3D 掃描儀，並在 Kickstarter 上發表。

CADScan 志在為專業人員和愛好者們開發一種廉價易用的 3D 掃描儀，能捕獲全色彩，能在數分鐘內得到準確的 3D 模型。

他們開發的掃描儀能掃描的最大物品為 250 公釐 ×250 公釐 ×250 公釐，用戶只需將物品放入掃描區內，一鍵便能自動完成三百六十度掃描，並聲稱得到的彩色網格 3D 模型不需要進行後期校準。掃描的精度為 0.2 公釐，支援輸出主要的 3D 模型格式。

2.2.6 Portabee：開創「3D 列印的筆記型電腦時代」

此前，MakerBot 公司推出了設計精良的 Replicator 2，但二千美元的價格是普通消費者無法接受的。再看最新推出的售價僅為五百美元的 Portabee，如圖 2.13 所示，可以說是「迷你款」了。但是小身材卻能做大事，更輕便、更小巧的 Portabee 將開創「3D 列印的筆記型電腦時代」。

當然，與 Replicator 2 相比，Portabee 的列印能力有限。前者可列印的物體尺寸可達到 28.5 公分 ×15.3 公分 ×15.5 公分，Portabee 列印的物體尺寸與一個鑽頭差不多大小，大概是一個一百二十公釐的立方體。

圖 2.13 Portabee 攜帶式 3D 列印機

另外，Portabee 沒有外殼來保護暴露的電子配件。Daniel 稱是為了讓設備保持最簡化（極簡主義）及高效率。但不容置疑的是，Portabee 的出現讓我們看到了一個更加便宜、可負擔的 3D 列印未來。

2.2.7 Formlabs FORM 1：高分辨率迷你型 3D 列印機

FORM 1 是一款全新的高精度但又廉價的 3D 列印機，由一家名為 Formlabs 的公司正在推出，利用這款列印機，使用者能夠花費更少的錢來獲得更高品質的列印成果。

不同於普通 3D 列印機的生產原理，FORM 1 不是將塑料耗材放入高溫的擠壓機，然後按照設計的要求將塑料層層鋪設，直到產品成型，而是採用新工藝，使用液態光敏樹脂進行立體光刻，進而實現精準列印。

FORM 1 的列印原理和牙科材料學的基本原則差不多，簡單的說就是讓那些可塑性比較強的材料（比如液體材料）在特定波長的光線下曝光，使其迅速硬化。如圖 2.14 所示為 FORM 1 3D 列印機和部分列印測試樣品。

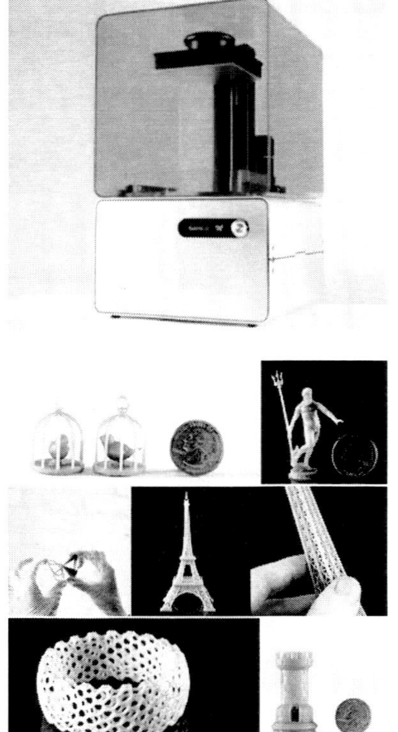

圖 2.14 FORM 1 3D 列印機和部分列印測試樣品

2.2.8 Omote 3D：世界上第一台 3D 照片列印機

二〇一二年十一月二十四日，在日本原宿的 Eye of Gyre 展廳展出了世界上第一台 3D 照片列印機。這款來自日本 Omote 3D 公司的列印機，把 3D 掃描儀和列印機結合起來，可以從頭到腳三百六十度全方位捕捉你的形象，並精確呈現出來，如圖 2.15 所示。

圖 2.15 Omote 3D 列印的照片

Omote 3D 列印機照相館拍出來的不是照片，而是微縮模型。用戶在拍攝照片之後，透過電腦將照片處理成 3D 模型，然後再列印出來即可。當然，這種 3D 列印技術的收費並不便宜，列印一個小型（十公分高，二十公克重）的模型就要二百六十四美元，而中等大小（十五公分高，五十公克重）的要四百零三美元，大型（二十公分高，二百公克重）的則需要五百二十八美元。

2.2.9 OpenReflex：3D列印的底片單眼相機

隨著3D列印技術越來越成熟，人們列印出來的東西也越來越好玩。OpenReflex就透過3D列印出了一款底片單眼相機，如圖2.16所示。

圖2.16　OpenReflex相機

這台相機的主要部件都是用ABS樹脂材料列印，分為底片艙、快門、取景器三大部分。OpenReflex的成本相當便宜，只有不到三十美元。只需要十五小時的3D列印及一小時的組裝，再裝上一三五底片和鏡頭就可以使用了。雖說OpenReflex只能使用六十分之一的快門，卻能兼容任何鏡頭，可謂相當強悍。

2.2.10 Cube 3D：家用3D列印機的代表

Cube 3D列印機價格約一千二百九十九美元，可以列印最大五點五英吋的塑料模型，列印時從噴嘴中擠出熱熔塑料，能生成十種色調，但是一次只能列印一種顏色，如圖2.17所示。

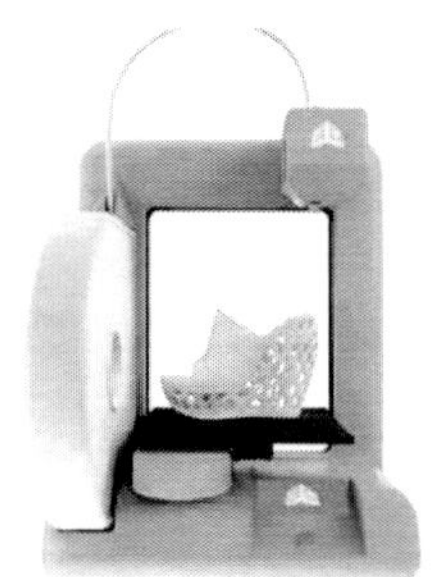

圖2.17　Cube 3D列印機

Cube 3D列印機其實非常易用，線材匣安裝簡單，內置的軟體可以把電腦模型轉換成列印機能處理的格式STL，大多數CAD軟體也都支援這個格式。此外，Cube還有一個線上模型庫，用戶可以透過不同的軟體修改一些現成的玩具或珠寶模型。

比較明顯的缺點是，Cube列印的時間非常漫長，例如，列印一個 iPhone 外殼大約需要二至三小時，每個「線材匣」的容量大約能打十三至十五個 iPhone 外殼。

2.2.11 MakerBot Replicator：雙色列印機

MakerBot Replicator 最大的優點是能支援同時列印兩種顏色，售價約一千七百四十九美元，如圖 2.18 所示。由於配備了雙噴頭，可以列印兩種顏色或者同時使用兩種材質列印。MakerBot Replicator 無須連接電腦也能操作，透過 LCD 面板和類似遊戲手柄的控制面板，用戶可以了解列印參數和監控資訊。

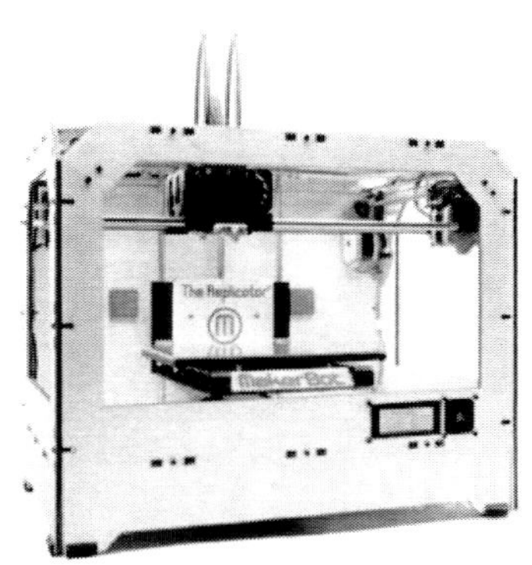

圖 2.18 MakerBot Replicator 列印機

列印機的 3D 模型以 STL 或 G-code 的格式儲存，有 SD 卡插槽，用戶可以透過 SD 卡把模型資料輸入列印機。同時，MakerBot 以成品形式發貨，用戶無須組裝，可用 ABS 或 PLA 塑料列印最大 12.6 英吋 ×18.4 英吋 ×15 英吋的模型。

2.2.12 Solidoodle 2：發展迅速的列印機

就像其他的 3D 列印機一樣，Solidoodle 2 在有電腦檔案做參照的基礎上創建出實物，實物為塑料製品。如想更換不同的顏色，只需要採用對應顏色的燈絲即可。如圖 2.19 所示為 Solidoodle 2 列印的模型。

圖 2.19 Solidoodle 2 列印的模型

Solidoodle 2 體積為 6 英呎

×6 英呎 ×6 英呎，其原型機體積為 4 英呎 ×4 英呎 ×4 英呎。Solidoodle 2 可兼容 Windows、Mac 和 Linux 系統的電腦。另外可選購的附加物品有加熱搭建平台（防止模型底部變形）、一個升級的電源、內部照明系統和丙烯酸外殼，共一千一百四十八美元。目前 Solidoodle 2 已接受預訂。

2.2.13 Rapman 3.2：DIY 愛好者的首選

Rapman 3.2 是市場上很有吸引力的一款 3D 列印機，金屬框架的 Rapman 3.2 3D Extreme 的售價約一千零三十歐元。能列印最大體積 27 公分 ×20 公分 ×21 公分的模型，但一次只能使用一種材質，如圖 2.20 所示。

該列印機需要用戶自己組裝和校準，根據廠商的資料，正式使用列印機之前，用戶需要二至三天時間組裝列印機。Rapman 列印機有一個液晶螢幕，可以讀取 USB 設備，無須連接電腦就能工作。

圖 2.20 Rapman 3.2 列印的模型

2.2.14 Panowin F320：新興 3D 列印機

磐紋科技（Panowin）是上海一家名不見經傳的科技公司，近年才開始借助開源技術涉足 3D 列印市場。目前，F320 在淘寶月銷量排名第二，採用金屬框架，成型體積擴大為 260 公釐 ×200 公釐 ×200 公釐，標準配備零點三公釐、零點四公釐、零點五公釐噴嘴各一個，對 Z 軸升降和擠出裝置均進行了改進，XY 軸的列印速度達到每秒二百公釐，列印層精度為零點零五公釐，在萬元以內的 3D 列印機中，算是 CP 值很高的一款，如圖 2.21 所示。

圖 2.21 Panowin F320

圖 2.22 3DMonstr 列印機

2.2.15 3DMonstr：桌面級列印機中的怪獸

近日，群眾募資平台 Kickstarter 上出現了一款大個頭的家用 3D 列印機 3DMonstr，其不僅列印尺寸大，而且列印速度快，精度高，可列印複雜的物件。這款 3D 列印機有三種不同的型號，其中最小的列印體積為一立方英呎，最大的列印體積是八立方英呎，如圖 2.22 所示。

3DMonstr 列印機主要包括兩個部分：龍門架和列印床。它的開放式框架由高強度的 U 槽型材構成。該列印機可以折疊，方便存放和運輸。特別設計的自動水平鎖定機制使製造商能夠反覆鎖定和解鎖列印機的水平狀態，方便運輸。

熱床是用四分之一英吋的航空級鋁合金板製成，表面是硼矽玻璃。它的擠出機是這款 3D 列印機專用的，比大多數擠出機的尺寸要小，重量減少了約一半。每台列印機可以配置多達四個擠出機，每個擠出機都有自己的溫度控制。

2.3 3D列印機的軟體技術

了解3D列印的硬體設備，只能算是3D列印領域入門，想要真正觸摸到3D列印的核心，軟體技術才是重中之重，因為軟體技術才是保證3D列印從平面到立體的根本所在。

2.3.1 Make It Stand：快速穩定3D列印件的重心

想要利用3D列印技術製作模型，首先要考慮它們是否站得住，簡單的物體還好說，一旦遇到複雜的模型，重心很難把握，失敗了就要整體修改了。

對於這個技術性難題，Make It Stand可以完美解決。通常來說，列印一個模型，都要鏤空模型的內部，一來可以節省材料，二來可以提升列印的速度。大部分3D軟體都可以做到鏤空技術，但是Make It Stand可以提供一些另外的功能，讓你選擇鏤空的量和實心的量，這樣要保持物品的平衡就容易了。如果修改內部立體像素還不足以維持平衡的話，軟體還會對模型的外部形狀作稍微修改以保持平衡。

具體操作方法如下：首先要載入一個3D檔案，標上方向和接觸面。模型的接觸面可以是底部的平面，或者是頂部懸掛口。由此可以做出一個基本的重力框架，用於計算模型質量。接著軟體把模型轉換為立體柵格，然後軟體會調整內部鏤空的立體像素，讓模型符合重力結構。

專·家·提·醒

除了鏤空之外，軟體可以透過對模型姿勢的修改來實現平衡。只要創建一個類似於骨架的東西，軟體可以修改關節的角度，做出一個平衡的姿勢。用這個軟體來設計一些公仔玩偶絕對適合。

2.3.2 小晶片：開啟數位製造的技術革命

二〇一三年四月，在全錄公司（Xerox）的帕洛阿爾托研究中心（Palo Alto Research Center，縮寫PARC）上演了一場「好戲」：在顯微鏡下，四個矽片——被稱為小晶片（chiplets）的電子電路表演了一支複雜動感的舞蹈。接著，它們按照指令精準的排列出一個電路圖案，每一個矽片都位於正確的接觸點。

這段看似由一個隱藏的木偶大師操控的表演，其實是借鑑了全錄公司在二十世紀七〇年代發明的雷射列印機的一項技術，同時它也是眾多和 3D 列印相關的技術之一。

常見的晶片是分別封裝然後再在印刷電路板上重新組合的，小晶片則不同。研究者設計出了一個類似雷射列印機的機器，能精確的將幾萬乃至幾十萬個小晶片，準確的放在一個平面的正確位置上，每個小晶片的大小不超過一粒沙子。

這項技術一旦完善，就可以成就一個桌面製造廠，為各種的電子設備「列印」電路。並且在 PARC 研究人員的設想裡，這種新型製造系統可被用來製造訂製的電腦，每次僅製造一台，也可以被用作 3D 列印系統的一部分，以製造直接內置電腦系統的智慧設備。

專·家·提·醒

這種技術可以取代需要工廠才能組裝的電路板，對現在遍布全球、需要僱傭成千上萬工人的供應鏈進行大幅壓縮。

2.3.3 預覽 3D 列印效果新擴增實境 App 推出

隨著隨身電子產品運算能力的提升，預期擴增實境的價值越來越明顯，3D 軟體雖然因為成本等原因還未能大範圍的普及，但其威力大家已經看到了：可以列印槍枝、房子甚至牛肉。但也因為成本昂貴，電腦上看到的模型和最終的實物是有差距的，這就催生了一款新的 App——Augment。透過軟體使用的顯示增強技術，用戶可以在手機和平板電腦上預覽出最終的效果。

目前，Augment 軟體支援安裝 iOS 或 Android 操作系統的手機和平板設備，用戶添加 3D 檔案後，Augment 能自動生成 3D 模型，透過攝影鏡頭和背景模擬出現實模型，用戶可以三百六十度全方位觀察，非常實用。

專·家·提·醒

擴增實境（AR）是一種即時的計算攝影機影像的位置及角度並加上相應圖像的技術，這種技術的目標是在螢幕上把虛擬世界套在現實世界並進行互動。

2.3.4 BumpyPhoto：變普通照片為 3D 浮雕

只要提供一張普通的照片，就能將其變成 3D 浮雕版，這不是什麼魔術戲法，這是 BumpyPhoto 公司最近推出了一項新技術：利用 3D 列印技術，可將 2D 照片製作成全彩 3D 浮雕，如圖 2.23 所示。

用戶將普通照片上傳至 BumpyPhoto 公司網站後，相關軟體便可自動創建 3D 深度圖，該深度圖支援用戶預覽。值得注意的是，包含多個人物或物體的圖片需花費更長時間，成本也相對較高。BumpyPhoto 系統支援兩百萬像素以上的圖片，當然圖像的分辨率越高，製作出來的 3D 浮雕效果也就越好。

圖 2.23 BumpyPhoto 製作的 3D 全彩浮雕

在 3D 列印過程中，採用的是硬樹脂複合材料。BumpyPhoto 指出，某些特定內容的圖片製作出來的 3D 浮雕效果會相對較好，如大頭照、全身照、寵物照、汽車照等，而戴眼鏡的圖片通常都不甚理想。

2.3.5 光固化成型技術

立體光固化成型法簡稱光固化成型（SLA），是 Stereo Lithography Appearance 的縮寫，即用特定波長與強度的雷射聚焦到光固化材料表面，使之由點到線，由線到面順序凝固，完成一個層面的繪圖作業，然後升降台在垂直方向移動一個層片的高度，再固化另一個層面，這樣層層疊加構成一個立體實體，如圖 2.24 所示。

圖 2.24 光固化成型模型

在當前應用較多的幾種快速成型工藝方法中，光固化成型由於具有成型過程自動化程度高、製作原型表面品質好、尺寸精度高，以及能夠實現比較精細的尺寸成型等特點，使之得到最廣泛的應用。不過，SLA 也存在一些缺憾。

（一）SLA 系統造價高昂，使用和維護成本過高。

（二）SLA 系統是要對液體進行操作的精密設備，對工作環境要求苛刻。

（三）成型件多為樹脂類，強度、剛度、耐熱性有限，不利於長時間保存。

（四）預處理軟體與驅動軟體運算量大，與加工效果關聯性太高。

（5）軟體系統操作複雜，入門困難；使用的檔案格式不被廣大設計人員所熟悉。

專·家·提·醒

光固化成型廣泛應用於航空航天、工業製造、生物醫學、大眾消費、藝術等領域的精密複雜結構零件的快速製作，精度可達零點零五公釐。

2.3.6 雷射選區燒結技術

選擇性雷射燒結（Selective Laser Sintering）又叫雷射選區燒結（SLS），採用 CO2 雷射器對粉末材料（塑料粉、陶瓷與黏合劑的混合粉、金屬與黏合劑的混合粉等）進行選擇性燒結，是一種由離散點一層層堆積成立體實體的工藝方法，如圖 2.25 所示。

圖 2.25 雷射選區燒結模型

該成型方法適合中小件，並能直接得到塑料、陶瓷或金屬零件，由於它可以採用各種不同成分的金屬粉末進行燒結，進行滲銅處理後產生的產品可具有與金屬零件相近的力學性能，故可以用於製作 EDM 電極或直接製造金屬。

專·家·提·醒

雷射選區燒結技術的工藝特點在於成形材料廣泛，包括高分子、金屬、陶瓷、砂等多種粉末材料；應用範圍廣，涉及航空航天、汽車、生物醫療等領域；材料利用率高，粉末可以重複使用。

2.3.7 雷射選區熔化技術

雷射選區熔化（SLM）的工作方式與雷射選區燒結類似，採用了快速成型的基本原理，即先在電腦上設計出零件的立體實體模型，然後透過專用軟體對該立體模型進行切片分層，得到各截面的輪廓資料，將這些資料導入快速成型設備，設備將按照這些輪廓資料，控制雷射束選擇性的熔化各層的金屬粉末材料，逐步堆疊成立體金屬零件。如圖 2.26 所示為雷射選區熔化技術工作原理示意圖。

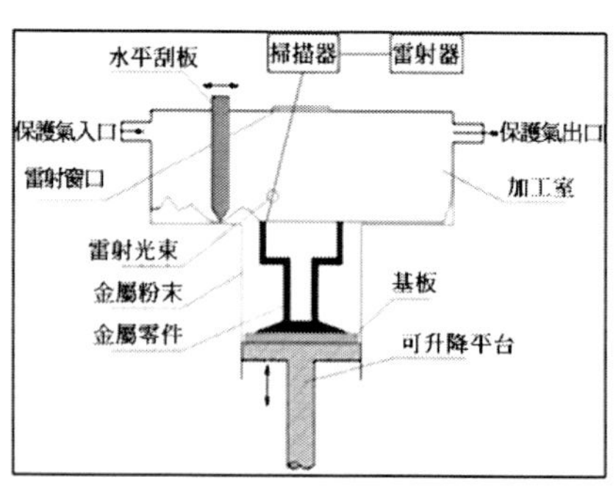

圖 2.26 雷射選區熔化技術工作原理

SLM 技術因其能夠成型任意複雜幾何形狀的零件，使得其在複雜曲面、少量生產零件方面具有很大的優勢，如個性化醫學植入體、客製化義齒、航空小零件、注塑模具的直接製造。但是，SLM 金屬零件成型研究存在如下難點。

（一）整套設備昂貴，實驗過程耗費較大，原因是其系統整合度高，包括雷射器與光路系統、機械與控制單元、電腦軟體學、密封成型室等。

（二）技術整合度高，包括光學、機械、控制、材料及軟體等。

（三）SLM 工藝複雜，需要考慮的因素多。

專·家·提·醒

與 SLS 工藝相比較，SLM 最大的優勢是直接製造高性能金屬零件，甚至是模具，在難加工複雜結構和難加工材料、複雜模具、個性化醫學零件、航空航天和汽車等領域，以及異形零部件的製造方面具有突出的技術優勢。

2.3.8 熔融沉積造型技術

絲狀材料選擇性熔覆（FDM），又稱熔融沉積造型。FDM 快速模型工藝是一種不依靠雷射作為成型能源，而將各種絲材加熱熔化的成型方法。此工藝透過熔融絲料的逐層固化構成立體產品，以該工藝製造的產品，目前的市場占有率約為六．一%，如圖 2.27 所示為熔融沉積造型模型。

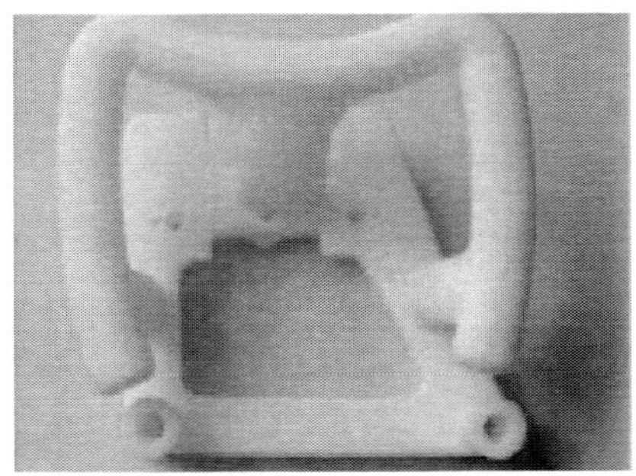

圖 2.27 熔融沉積造型技術

FDM 工作原理類似裱花蛋糕的製作。第一步，絲狀熱塑性材料由供絲機構送進噴頭，在噴頭中加熱到熔融態。第二步，熔融態的絲狀材料被擠壓出來，按照電腦給出的截面輪廓資訊，隨加熱噴頭的運動，選擇性的塗覆在工作台的製件基座上，並快速冷卻固化。第三步，一層完成後噴頭上升一個層高，再進行下一層的塗覆，如此循環，最終形成立體產品。

專·家·提·醒

成形的 ABS 等塑料零件具有較高的強度，在產品設計、測試與評估等方面得到廣泛應用，涉及汽車、工藝品、仿古、建築、醫學、動漫和教學等領域，精度約為零點二公釐。

2.3.9 雷射近淨成型技術

雷射近淨成型（LNSF）又稱為直接雷射製造，該技術利用雷射等高能束流熔化金屬材料，在基體上形成熔池的同時將沉積材料（粉末或絲材）送入，隨著熔池移動實現材料在基體上的沉積，工藝過程如下。

（一）在電腦中生成零件的立體 CAD 模型。

（二）將模型按照一定的厚度切片分層，即將零件的 3D 形狀資訊轉換成一系列平面輪廓資訊。

（三）在數控系統控制下按照一定的填充路徑，利用雷射束輻照，在基體形成熔池，同時將金屬粉末同步送入熔池中進行逐點雷射熔覆，直至填滿給定的平面形狀，重複過程，即可完成產品，如圖 2.28 所示。

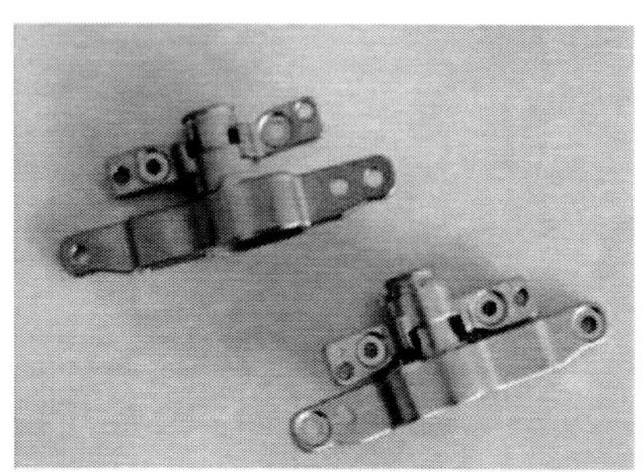

圖 2.28 雷射近淨成型製作的金屬零部件

專·家·提·醒

採用雷射近淨成型技術可以利用金屬零件的CAD模型，直接製作出全致密的金屬零件，相比較於傳統切屑方法，材料利用率大幅度提高，生產週期大大縮短，且具有優異的綜合力學性能。

2.3.10 分層實體製造技術

分層實體製造（Laminated Object Manufacturing，縮寫LOM）工藝或稱為疊層實體製造，其工藝原理是根據零件分層幾何資訊切割箔材和紙等，將所獲得的層片黏接成立體實體。

其工藝過程如下：首先鋪上一層箔材，然後用CO2雷射器在電腦控制下切出本層輪廓，非零件部分全部切碎以便去除。當本層完成後，再鋪上一層箔材，用滾子碾壓並加熱，以固化黏結劑，使新鋪上的一層牢固的黏接在已成型體上，再切割該層的輪廓，如此反覆直到加工完畢，最後去除切碎部分以得到完整的零件，流程如圖 2.29 所示。

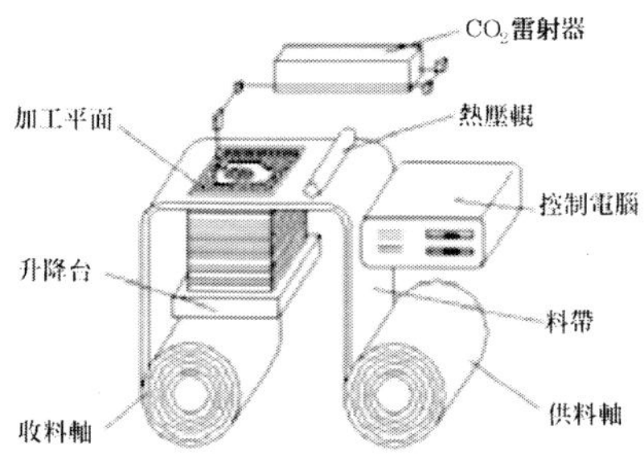

圖 2.29 分層實體製造技術

該工藝的特點是工作可靠，模型支撐性好，成本低，效率高；缺點是前、後處理費時費力，且不能製造中空結構件。

2.3.11 立體噴印技術

立體噴印（3DP）是一種利用微滴噴射技術的積層製造方法，過程類似於列印機。3DP 工藝與 SLS 工藝類似，採用粉末材料成型，如陶瓷粉末，金屬粉末。所不同的是，材料粉末不是透過燒結連接起來的，而是透過噴頭用黏接劑將零件的截面「印刷」在材料粉末上面。用黏接劑黏接的零件強度較低，還需要後期處理。如圖 2.30 所示為立體噴印示意圖。

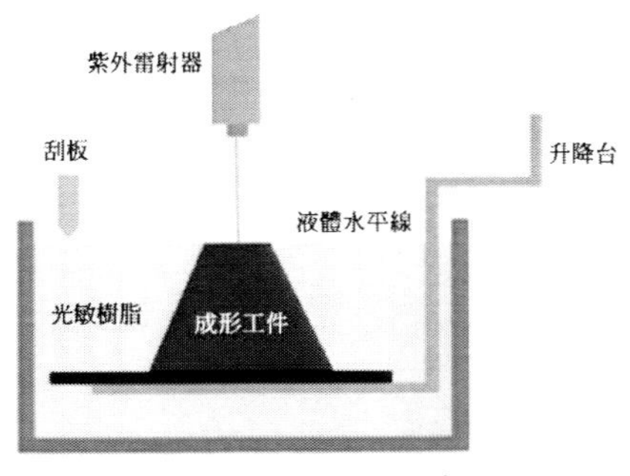

圖 2.30　立體噴印示意圖

具體工藝過程如下：上一層黏結完畢後，成型缸下降一個距離（等於層厚：零點零一三至零點一公釐），供粉缸上升一個高度，推出若干粉末，並被鋪粉輥推到成型缸，鋪平並被壓實。噴頭在電腦控制下，按下一個建造截面的成型資料有選擇的噴射黏結劑建造層面。鋪粉輥鋪粉時多餘的粉末被集粉裝置收集。

如此周而復始的送粉、鋪粉和噴射黏結劑，最終完成一個立體粉體的黏結。未被噴射黏結劑的地方為乾粉，在成型過程中起支撐作用，且成型結束後，較易去除。

2.4　3D 列印機的列印材料

在 3D 列印機的列印過程中，透過一台電腦的輔助設計，3D 列印軟體把圖像分解為一系列數位切處，並把描述這些數位切片的資訊輸送到 3D 列印機中，列印機便連續不斷的增加薄層，直到一個堅固的物體出現為止。

在操作上，3D 列印機與普通列印機列印一份文件並無不同。兩者最大的區別就是，所使用的材料不同，而材料也是限制 3D 列印發展的重要因素之一。下面介紹幾種常用的列印材料。

2.4.1　ABS 樹脂

ABS 樹脂是一種強度高、韌性好、易於加工成型的熱塑型高分子材料，是目前產量最大、應用最廣泛的聚合物。它將 PS、SAN、BS 的各種性能有機的統一起來，兼具韌、硬、剛相均衡的優良力學性能，同時也是 3D 列印中常用的材料之一。

圖 2.31 利用 ABS 樹脂製作的手槍

如圖 2.31 所示，為一把由美國支持擁槍權組織「分散防禦」利用 3D 列印技術製造的手槍。除了一顆用來做撞針的釘子外，這把名為「解放者」的手槍原型，其所有十六個部件均以 ABS 塑料為原料，使用來自 3D 列印公司 Stratasys 的 Dimension SST 列印機進行列印。該槍設計成可以發射多種口徑的手槍子彈，只需要根據不同口徑子彈更換槍管即可。

2.4.2 PLA 聚乳酸

二〇一三年六月，一家名為天津微深科技的公司推出一款桌面 3D 列印機，該列印機利用的 3D 立體掃描系統極為先進，具備次畫素標記點識別技術，兼具少噪點及較強抗干擾性等能力，且具有立體曲面「真彩自動拼接貼圖功能」，而許多 3D 掃描儀並不具備該功能。

這部3D列印機的操作原理是，列印機內部溫度超過攝氏兩百度，其中的聚乳酸材料不斷加溫成型，最終形成立體模型。列印機所使用的聚乳酸材料是 3D 列印常用的材料之一。

作為一種新型的生物分解材料，聚乳酸使用可再生的植物資源（如玉米）所提出的澱粉原料製成，具有良好的生物可分解性，使用後能被自然界中微生物完全分解，最終生成二氧化碳和水，不汙染環境。並且強度、透明度及對氣候變化的抵抗能力超過傳統生物可分解塑料。

聚乳酸同時具備良好的機械性能及物理性能，適用於吹塑、熱塑等各種加工方法，加工方便，應用廣泛。憑藉最良好的抗拉強度及延展度，聚乳酸產品可以各種普通加工方式生產，例如熔化擠出成型、射出成型、吹膜成型、發泡成型及真空成型。

專·家·提·醒

聚乳酸薄膜具有良好的透氣性、透氧性及透二氧化碳性，也具有隔離氣味的特性，是唯一具有優良抑菌及抗霉特性的生物可分解塑料。並且，焚化聚乳酸絕對不會釋放出氮化物、硫化物等有毒氣體，安全性強。

聚乳酸使用範圍較為廣泛，用於汽車、電子、醫療等領域。

（一）日本東麗公司結合聚乳酸樹脂改性技術、纖維製造技術和染色加工技術，開發了以高性能聚乳酸纖維為主要成分的車用腳墊、備用輪胎箱蓋。備用輪胎箱蓋已經在豐田汽車公司二〇〇三年推出的全面改進小型車 Raum 上使用。

（二）聚乳酸對人體絕對無害的特性使得聚乳酸在一次性餐具、食品包裝材料等一次性用品領域具有獨特的優勢。其能夠完全生物分解也符合世界各國，特別是歐盟、美國及日本對於環保的高要求。

（三）聚乳酸在電子領域的應用也取得了卓越的成效。電腦方面，二〇〇二年日本富士通公司在上市的 FMV-BIBLO NB 系列筆記本電腦的紅外線接收部分，採用了質量零點二的純聚乳酸配件。

（四）生物醫藥行業是聚乳酸最早發展應用的領域。除了一次性點滴工具、免拆型手術縫合線等用品之外，高分子量的聚乳酸憑藉非常高的力學性能，在歐美等國已被用來替代不鏽鋼，作為新型的骨科內固定材料，如骨釘、骨板，而被大量使用，其可被人體吸收代謝的特性，使病人免受了二次開刀之苦。

2.4.3 PVA 聚乙烯醇

聚乙烯醇（PVA）是一種水溶性高聚合物，性能介於塑料和橡膠之間，用途相當廣泛。除了作維綸纖維外，還被大量用於生產塗料、黏合劑纖維漿料、紙品加工劑、乳化劑、分散劑等。聚乙烯醇在 3D 列印中也被廣泛使用。

目前，先進的 3D 列印機已開

始被醫院所採用。全球最大的兩家工業3D列印機製造商美國的Stratasys和3D Systems公司，已提供能夠複製人體器官的設備。使用CT掃描等醫學圖像，這些列印機能夠做出由各種丙烯酸樹脂製造成的半透明模型，從而讓醫務工作者了解肝臟和腎臟的內部結構，如血管方向或是腫瘤的準確位置，如圖2.32所示。

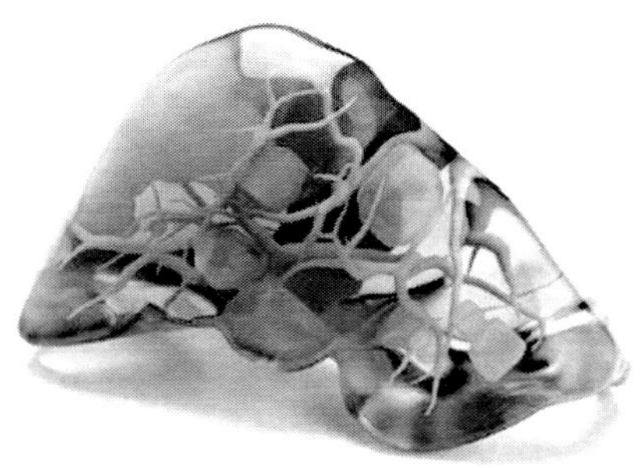

圖2.32　使用了聚乙烯醇的肝臟的3D列印複製品

在複製人體器官製造中，部分的材料使用聚乙烯醇，能夠讓器官複製品的外觀更為逼真，同時還像器官一樣濕潤並帶有紋理。這也讓醫務工作者在使用手術刀切割器官複製品時更加逼真。

2.4.4　彈性塑料

日前，一家名為Shapeways的3D列印公司，發明了一種Elasto Plastic的新型彈性3D列印塑料。Elasto Plastic為乳白色的顆粒物狀，支援3D雷射列印機層層燒結成型。而與普通的3D列印材料不同，其最大的特點是，即使成型之後，仍然具有一定的柔韌性，支援外界用力擠壓、扭曲，甚至是拉扯等，並且彈性十足，回彈效果十分出色，如圖2.33所示。

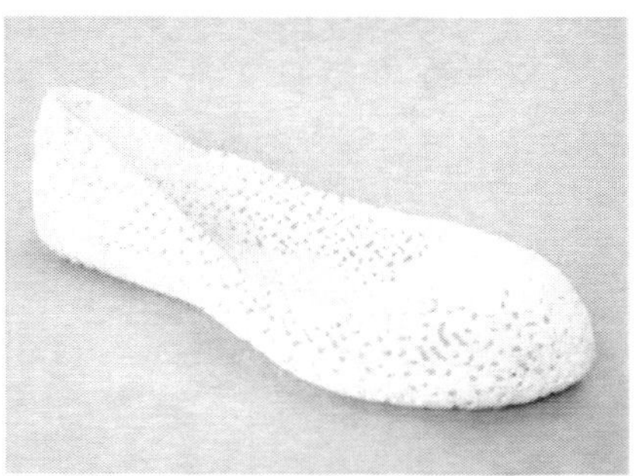

圖2.33　Elasto Plastic製作的彈性鞋子

有趣的是，它還能夠防水，可以作為容納液體的容器使用。目前，Elasto Plastic仍然處於實驗階段，還有不少問題有待解決，不過市場前景已初見崢嶸。

2.4.5　SL樹脂

為醫療行業開發出更先進的生物相容性SL樹脂變得日益重要。自二〇〇七年被推出以來，DSM Somos的WaterShed XC樹脂就以其透明性、耐久性和較高的尺寸穩定性，而快速成為 SL 市場中的暢銷產品。目前， WaterShed XC 11122 樹脂是一種具有抗水性能的透明材料，已通過了美國藥典標準 USP Class VI 的檢驗，可廣泛的用於醫療器材領域中，包括生物醫療產品及與皮膚接觸的應用中。

透過添加這種生物相容性的組分，現在醫療器材的設計工程師們可以生產出像 ABS 一般的原型產品，並且這些原型產品是 USP Class VI 許可的。由於可提供更多的功能性及具有良好的尺寸穩定性，WaterShed XC 可用於製造各種原型醫療器材的透明外殼及流體分析模型。

2.4.6 光敏樹脂

光敏樹脂又稱 UV 樹脂，由聚合物單體與預聚體組成，其中加有光（紫外光）引發劑（或稱為光敏劑），在一定波長的紫外光照射下立刻引起聚合反應，完成固化。光敏樹脂一般為液態，用於製作高強度、耐高溫、防水等的材料，光敏樹脂模型如圖 2.34 所示。

圖 2.34 光敏樹脂模型

2.4.7 Laywoo-D3

Laywoo-D3 是一種以木材為基礎的木頭聚合物複合 3D 列印材料，發明者是德國設計師 Kai Parthy。Laywoo-D3 含有四〇%的回收木材和無害的聚合物，這種材料擁有與 PLA 的耐久性，可以在攝氏一百七十五度至兩百五十度之間進行 3D 列印。如圖 2.35 所示為利用 Laywoo-D3 列印的物品。

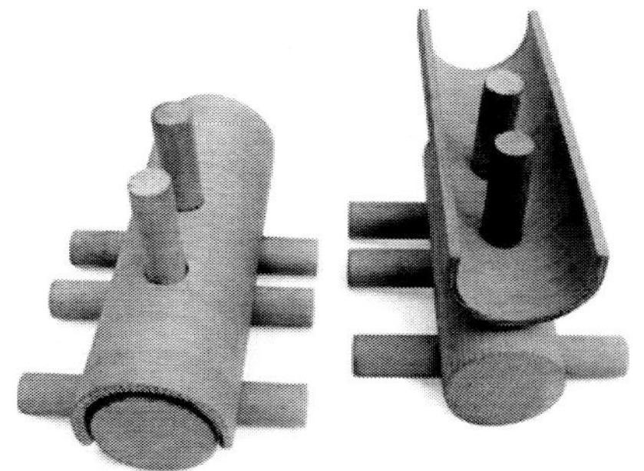

圖 2.35 Laywoo-D3 材料列印的物品

用 Laywoo-D3 材料列印的物品，不僅看起來像木頭，聞起來也像木頭。最大的特點就是可以在不同的溫度下，列印出不同的顏色，比如在攝氏一百八十度下，列印出的顏色更鮮亮，而在攝氏兩百四十五度下列印變得更暗。活用這種特性，可以列印出類似年輪的東西，讓作品更加真實。Laywoo-D3 以線圈形式出售，重量約零點二五公斤，直徑為三公釐，價格在二十五美元左右。

2.4.8 聚碳酸酯

聚碳酸酯（PC）是一種強韌的熱塑性樹脂，也是 3D 列印常用的材料之一。聚碳酸酯是常見的一種材料，由於其無色透明和優異的抗衝擊性，常見的應用有 CD ／ VCD 光碟、桶裝水瓶、嬰兒奶瓶、防彈玻璃、樹脂鏡片、銀行防彈玻璃、車頭燈罩、動物籠子、登月太空人的頭盔面罩、智慧型手機的機身外殼等，如圖 2.36 所示。

圖 2.36　聚碳酸酯材料

2.4.9 大理石粉

自古以來，大理石就是常見的建築材料。大理石生產過程中的主要廢棄物——顆粒很細的大理石粉，已經成為世界各地都要面對的環境問題之一。在大理石切割過程中產生的廢料約二五％都是大理石粉，這些粉塵對環境造成汙染，並威脅到農業和公眾健康。

3D 大理石生態設計項目就是在這種情況下，誕生在義大利拉齊奧南部的 Coreno Ausonio 大理石採石場，以減少或消除當地興旺的大理石製造業對環境的影響。該項目的目標是大理石生產過程中產生的廢料再利用。如果作為工業垃圾處理的話，對大理石粉的處理既複雜又昂貴，但如果混合特殊樹脂並使用紫外線催化，這些材料就獲得了新生，成為 3D 列印的理想原料，可以用於產品設計、藝術創作和時尚行業。如圖 2.37 所示，為使用大理石粉製作的機械零件。

圖 2.37 大理石粉製作的機械零件

第三章
醫療行業：
3D 列印推動醫療革命

章節預覽

如今，3D 列印機在醫學方面的應用已不再是空想，用 3D 列印機列印的機械手臂安裝在殘障人士身上並能正常活動，也不再是特例。隨著 3D 列印器官、細胞、骨骼等技術的成功，3D 列印技術將成為「醫學界的神器」。

重點提示

» 3D 列印在醫療行業的應用
» 3D 列印在醫療行業的案例

3.1 3D 列印與醫療行業

伴隨著 3D 列印技術的發展，其應用的領域也在不斷擴大。3D 列印代表著製造業發展的方向之一，多數時候，我們把目光都集中在它的工業應用上，對於其他領域關注不多，但是在醫學領域它卻不斷創造佳績。

3.1.1 3D 列印進軍醫療領域

眾所周知，由於 3D 列印技術具備傳統製造技術沒有的技術特點，在醫療領域有著獨有的優勢。我們可以透過 3D 列印製造的醫療植入物，提高身邊一些人的生活品質，因為 3D 列印產品可以根據確切體型搭配及客製，如今這種技術已被應用於製造更好的鈦質骨植入物、義肢以及矯正設備。

如今，3D 列印可應用到的領域已經超過了我們的想像。之前，就有很多 3D 列印技術被應用到生物工程的實例，比如列印血管、肝臟、肌肉組織，還有新鮮牛肉；而現在，人體很多器官組織也已經有了很多突破：3D 列印一個耳朵或鼻子，為那些災難中受嚴重傷害的病人恢復容顏，也是不錯的選擇！

列印製造軟組織的實驗已在進行當中，很快透過 3D 列印製造的血管和動脈就有可能應用於手術中。目前，3D 列印技術在醫療應用方面的研究涉及奈米醫學、製藥乃至器官列印。最理想的情況是，3D 列印技術在未來某一天有可能使訂製藥物成為現實，並緩解（如果不能消除的話）器官供體短缺的問題。

另外，美國研究人員利用 3D 列印機開發骨骼列印技術，造出類似骨骼的材料，它可被用於骨科、牙科治療或開發治療骨質疏鬆症藥物。

3.1.2 什麼是生物 3D 列印

在美國，平均每天有十八個人因為等不到合適的器官移植而死亡；在中國，每年約有三十萬人等待器官移植挽救生命，但每年僅有約一萬人可以獲得器官並接受移植手術。同樣的情況，在全球各地都普遍存在，並且已經成為一個全球性的難題。

長久以來，醫療行業投入了大

量的資源進行研究，以期解決移植器官不足的難題。而近期 3D 列印肝臟、3D 列印腎臟、3D 列印仿生耳等醫療領域取得的突破，正讓整個醫療行業興奮不已，3D 生物列印機如圖 3.1 所示。

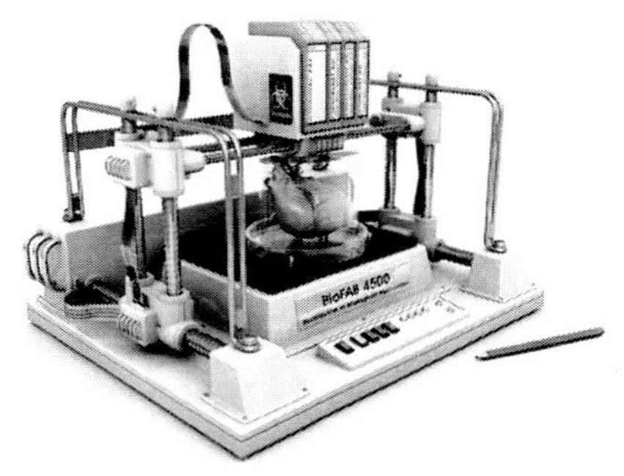

圖 3.1 3D 生物列印機

3D 生物列印機基於現有技術發明，這些技術當前被用以製造工業零部件的 3D 模型。生物列印機的不同之處在於，它不是利用一層層的塑料，而是利用一層層的生物構造塊去製造真正的活體組織。這一技術尚處於初級階段，但是第一台 3D 生物列印機的原型機已在二〇〇九年底製造出來並用以測試。

3D 生物列印機有兩個列印頭，一個放置最多達八萬個人體細胞，被稱為「生物墨水」；另一個可列印「生物紙」。據介紹，這種機器首先「列印」器官或動脈的 3D 模型，接著將一層細胞置於另一層細胞之上。列印完一圈「生物墨水」細胞以後，接著列印一張「生物紙」凝膠。

然後不斷重複這一過程，直至列印完成新器官。隨後，自然生成的細胞開始重新組織、融合，形成新的血管。每個血管大約需要一小時形成，而融合在一起需要數天時間。

專·家·提·醒

所謂生物紙其實主要成分是水的凝膠，可用作細胞生長的支架。3D 生物列印機使用來自患者自身的細胞，所以不會產生排異反應。

3.1.3 生物墨水 3D 列印機

大家都知道 3D 列印機能夠直接以液體或粉狀塑料製造出立體物體，而生物墨水 3D 列印機使用的是一些特殊的材料，包括用人體細胞製作的生物墨水，以及同樣特別的生物紙。列印的時候，生物墨水將在電腦的控制下透過某種方式被噴到生物紙上，最終形成器官。如圖 3.2 所示為真實器官（左）與生物墨水 3D 列印器官（右）的對比圖。

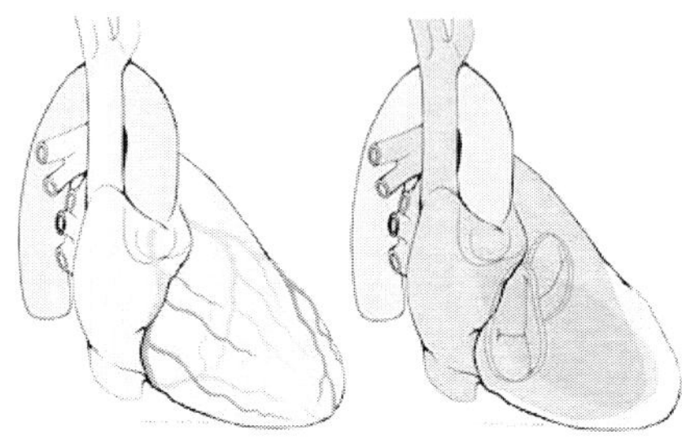

圖 3.2　真實器官與生物墨水 3D 列印器官對比

此外，美國威克森林大學再生醫學研究所教授安東尼· 阿塔拉，也曾利用生物墨水 3D 列印技術列印出了一個「人類腎臟」。列印「腎臟」時，研究人員首先從成年病人的骨髓和脂肪中提取出幹細胞，透過採用不同的成長因子，這些細胞能夠被分化成不同類型的其他細胞；然後他們再將這些細胞轉化成液滴，製成「生物墨水」。然後針筒一層一層的將「生物墨水」噴塗到凝膠支架上，直到器官的立體結構完成。

3.1.4　3D 列印人體器官

醫療界對生物 3D 列印技術在醫療行業的應用抱有相當高的期望，目前的生物 3D 列印技術已經能夠實現小塊細胞組織的「列印」。然而事實上，3D 列印人體器官還有相當長的路要走，3D 列印技術在人體器官的應用僅僅包括以下五個方面。

1．耳朵

生物工程師們使用一副孩童耳朵的 3D 掃描圖，在 SolidWorks 電腦輔助設計（CAD）程式的幫助下，設計出一個由七部分組成的模型，並分別列印出這些部分。隨後，科學家們將一種高密度的凝膠灌入該模型內，這些凝膠由二點五億個牛的軟骨細胞和從鼠尾提取的膠原蛋白（作為支架使用）製成。十五分鐘後，研究人員將得到的耳朵移出並在細胞培養皿中培育。三個月的時間內，軟骨就可以取代膠原蛋白，如圖 3.3 所示。

這項成果帶來的好處是：全球每一點二五萬名兒童中就有一名兒童罹患先天性小耳畸形（Microtia），患者由於外耳發育不良或畸形會喪失聽力。與合成植入物不同的是，由人體細胞培育而成的耳朵能更容易與人體相結合。

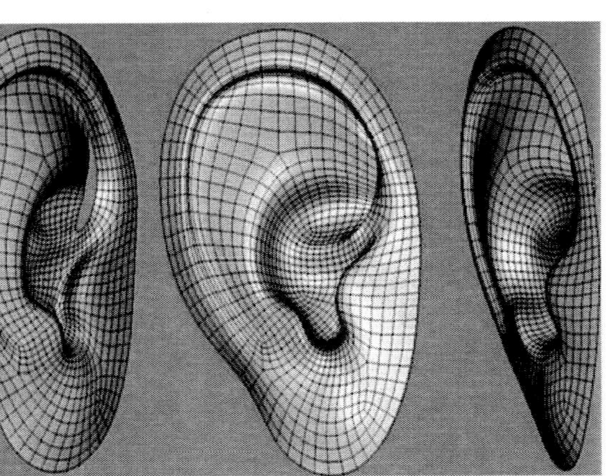

圖 3.3 3D 列印耳朵

2・腎臟

一台 3D 生物列印機放置多種類型的腎臟細胞（由活體組織提取出的細胞培育而成）並同時使用可生物分解的材料製造出一個支架。得到的產品接著被放在培養皿中進行培育。支架在被植入患者體內後，會隨著功能組織的逐漸生長而逐步分解。

據調查，美國排隊等候器官移植的病人中，有八〇%的病人等待的器官是腎臟。目前透過生物列印方法製造的腎臟仍然無法發揮作用，但一旦它們開始發揮作用，醫生們將有望使用病人自己的細胞，培育出能與身體其他部位完美搭配的器官。

3・血管

研究人員使用一台開放原始碼的 RepRap 列印機和訂製軟體，在一個模型內列印出一個糖絲網絡，並使用從玉米裡提取出的化合物覆蓋這些糖絲。接著，他們將包含有組織細胞的凝膠放入模型內，然後將準備妥當的結構在水中清洗。一旦入水，糖溶解在水中，只留下組織中空空的管道。

研究人員已經證明，朝這一管道打入營養物質能增加周圍細胞的存活率。因為血管是組織的健康守衛，維持著組織的健康，了解如何對這一系統進行升級並列印出更大的、更柔韌的血管系統，是最終列印出整個器官的關鍵。

4・骨頭

研究人員利用一種用來列印電動汽車零件的 3D 列印機，使用陶瓷粉末列印出一個支架。隨後，一台噴墨列印機噴出一層塑料黏合劑覆蓋這些陶瓷。接著，科學家們將這一結構在攝氏一千兩百五十度的高溫下烘烤一百二十分鐘後，再將其與人體骨頭細胞一起放入培養皿中進行培育。一天後，支架就可以支持骨頭細胞的生長，如圖 3.4 所示。

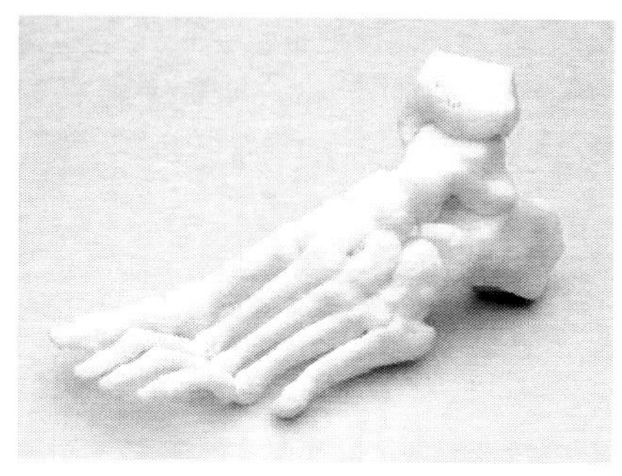

圖 3.4　3D 列印骨骼

每年，有數百萬人因為交通事故導致骨折和骨裂，傳統方法很難讓其修復。現在，醫生們可以使用核磁共振成像作為參考，列印出特製的移植物，其能與碎裂的骨頭完美的吻合在一起。

5．皮膚移植片

首先，一個訂製的生物列印機對病人的傷口進行掃描，並標示出需要進行皮膚移植的部位。隨後，一個噴墨閥噴出凝血酶；另一個噴墨閥噴出細胞、膠原蛋白及纖維蛋白原（凝血酶和纖維蛋白原會相互反應製造出凝結劑血纖維）組成的混合物。然後，生物列印機列印出一層人體成纖維細胞，隨後再列印出一層名叫角化細胞的皮膚細胞。

在傳統的皮膚移植手術中，醫生們會從身體的某個部位提取細胞並將其膠結在另一個部位。威克森林大學的研究人員希望能將新的皮膚直接列印在傷口部位。最終，他們計劃製造出一台能在戰場和災區使用的攜帶式列印機。

儘管 3D 列印機有望製造出更多的人體器官，但有科學家警告稱，從人體細胞、組織乃至器官被「列印」出來，到真正應用於臨床，還有相當長的一段路要走。

3.1.5　3D 列印醫用藥物

想像這樣一幅畫面：在未來的某一天，你在野外旅行時不小心著涼感冒了，於是你拿出一台 3D 分子列印機，根據自己的基因從網路上下載某種感冒藥的圖紙，然後將自己所需的藥物列印出來，吃完藥之後很快就康復了。隨著 3D 列印技術和化學技術的不斷進步，這樣的日子或許距離我們並不遙遠。

目前，土耳其工業設計師 Ali Akay 和印度工業設計師 Bharat Joshi，聯手設計了一個名為「數位藥品（DIGIMEDIC）」的項目，將 3D 列印技術和製藥技術融為一體，透過把藥品配方轉化為二進制資訊，醫生可以根據診斷情況為病人提供 3D 列印藥品，需要多少，列印多少，不需要則不列印，實現了製藥零庫存，如圖 3.5 所示。

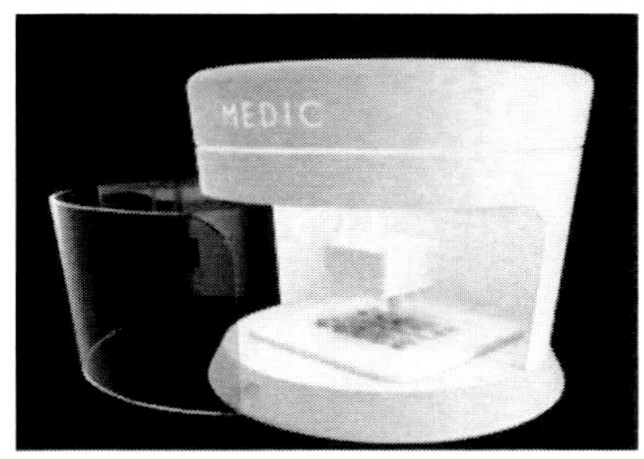

圖 3.5 數位藥品（DIGIMEDIC）

透過圖 3.5，我們不難想像整個看病過程大致如下：首先病人到醫院接受醫生診斷，然後醫生根據病情開具藥方，並且把藥方轉化為二進制資訊，並最終將資訊簡化為一個條碼，病人憑藉條碼就可以透過 3D 列印機列印藥物，最後服藥治療。

為了方便治療，設計師還針對開業醫師和醫院設計了不同的使用場景。第一種場景是開業醫師，這時醫生可以在診斷現場透過小型藥品 3D 列印機列印藥品，然後讓病人帶走，或者郵寄給病人；另一種情景是在醫院等公共場所提供類似 ATM 的藥品 3D 列印機，病人手持醫生提供的條碼在列印機上列印藥品。

總而言之，藥品 3D 列印機對藥品進行了資訊化處理，透過現場列印藥品實現了「按需製藥」，減少甚至取消了庫存問題，並且讓醫生的診斷更加精確。這項創新將大大降低藥品製作成本，使更多癌症患者能接受之前負擔不起的昂貴治療費。

專·家·提·醒

關於 3D 列印醫用藥物還有一個更大膽的設想：把藥品列印指南加入智慧型手機應用程式，加上提前包裝好的化學列印材料，系統將為缺醫少藥的偏遠社區帶去急需的藥品，比如止痛藥片、抗瘧疾藥，甚至列印出一些製藥公司知道如何生產，但由於需求不高而沒有投入市場的藥物。

3.1.6 3D 列印醫學模型

二〇一三年十一月十四日，馬來西亞吉隆坡斯特塔西公司（SSYS）與馬來西亞大學生物醫學和技術整合中心（CBMTI）合作展示了使用 Stratasys 3D 列印技術製作的仿真多材料生物實體模型，並用該模型模擬了神經外科內視鏡手術。

將3D列印技術應用於醫學模型，可以說是其在醫療行業的一大進步，訂製生物實體模型，可以精確模擬人體部位，不斷改善外科醫生的培訓體驗。

在3D列印製作生物實體模型時，需要先將CT和核磁共振（MRI）掃描資料轉換為帶有模型各部分材料特性的圖像資料。之後，3D列印機將使用這些資料列印製造實體模型，並使模型達到空間和結構上的精確性。

利用3D列印技術製作生物實體模型，不僅是醫療行業的一大進步，同時也為傳統模型訂製工藝指明了方向。因為在以前，訂製生物實體模型是一項費時費力的工藝。為了精確仿製人體器官，整個製模過程往往要花數週時間，速度緩慢且代價不菲。然而，利用3D列印技術，可以高效率、低成本的製作出逼真的模型，如圖3.6所示為一些利用3D列印技術製作的醫學模型。

雖然這些3D列印醫學模型、骨頭關節、牙床，不像3D列印食物、3D列印面具、3D列印耳機等那麼討喜，但能夠為外科醫生提供複雜手術前更好的準備。不僅如此，一部分3D列印髖關節置換器，在歐洲已經被運用在超過一百次髖關節外科手術中。這些髖關節置換器結實的內部構造，使得新的髖關節能夠靈活的進行如坐下等活動，證明了3D列印醫療器械的勢在必行。同時，其多空滲水的外部構造更為關鍵，它能夠讓患者現有的髖骨穿過猶如蜂窩的小孔而很好的生長。

此外，3D列印技術可以幫助訓練醫生。比如如何準確的切除腫瘤，只需要對腫瘤所在區域進行掃描，然後列印出一個腫瘤的複製品，醫生就可以在複製品上練習手術了。

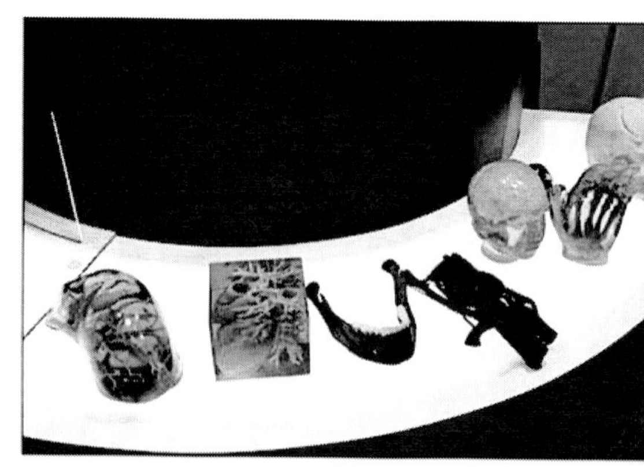

圖3.6　3D列印醫學模型

3.1.7 3D 列印醫療器械

醫療器械涵蓋範圍非常廣，包括保健器材、醫療康復設備、護理設備、新型醫療器械等產品。隨著人們生活水準的提高和國家政府的大力倡導，醫療器械產業的發展空間十分巨大。

越來越多的醫療器械設計、生產企業開始學習歐美國家的同行，採用快速成型或快速製造工藝來實現產品外觀設計、結構測試、裝配驗證、矽膠模具設計製作、少量模具設計製作等目的，提高新產品推陳出新的效率，提升產品品質，並有效減少人力、物力成本。

3.1.8 3D 列印醫療工程服務

日前，在日本太平洋橫濱國際會展中心舉行的「MEDTEC JAPAN 2012」展會上，以色列的歐貝傑 (Objet Geometries) 公司在日本的銷售代理商 FASOTEC，介紹了二〇一二年四月剛剛開始在日本提供的醫療工程服務。

所謂「醫療工程服務」，是指一項根據圖像診斷設備拍攝的圖像資料來製作逼真 3D 人體模型的服務，其特點在於由專業的醫生對醫療機構提供的資料進行加工。這項服務主要針對想利用 3D 人體模型實施模擬手術及培訓的醫療機構。

3D 人體模型利用歐貝傑 3D 列印機來製作。特點是可混合兩種材料進行造型，只要其中一種材料選用透明材料，便能製成可從外部確認人體內部骨骼及腫瘤等的模型。另外，使用各種硬度不同的材料，還可再現不同人體部位的不同觸感。

其實，這項技術在二〇一一年六月舉辦的「MEDTEC JAPAN 2011」展會上已經展出。日本神戶大學醫學部附屬醫院將利用 3D 列印機製成的生物模型應用於實際的手術現場，成功的完成了多個手術。手術中採用的是使用可混合兩種材料進行造型的 3D 列印機製成的生物模型，利用這種生物模型協助手術尚為「全球首次」。

透過使用生物模型，手術的準確度會有明顯提高。比如，在實際處理內臟器官之前，不僅能夠模擬處理方法，還能在手術中根據生物模型與同事進行討論，以選擇最佳手術方法。另外，還有利於對年輕醫生進行培訓。

3.2 3D 列印在醫療行業的案例

3D 生物列印技術能夠幫助科學家去研究、掃描和複製病人所需要的器官，並能改進現在的醫學研究及醫療服務方式。世界各地已經有了 3D 生物列印運用的成功案例，顯示了其在醫療領域的廣闊前景。

3.2.1【案例】3D 列印助陣器官移植

二〇一二年四月，日本一家醫院的醫務工作者為一位兒童進行肝臟移植手術時遇到了困難：如何裁製器官讓其適合兒童更小的腹腔，同時又保留肝臟的功能？

對於如何解決這個問題，3D 列印立了大功：醫生先使用刀具切割了一個由類似於辦公室列印機設備製造的捐贈者肝臟的立體複製品。這個模型幫助醫生計算出了如何準確的切割肝臟，並成功進行了肝臟移植手術。

其實，3D 列印助力器官移植只是第一步，科學家目前正使用 3D 列印機來製造胚胎幹細胞和人體組織，目標是製造出的人體部位能夠直接移植或埋入人體內。

不過，透過 3D 列印機製造出人體部位可能仍需要許多年才能成熟，但是，先進的 3D 列印機目前已開始被醫院所採用。全球最大的兩家工業 3D 列印機製造商，美國的 Stratasys 和 3D Systems 公司，目前已提供能夠複製人體器官的設備。使用 CT 掃描等醫學圖像，這些列印機能夠做出由各種丙烯酸樹脂製造成的半透明模型，從而讓醫務工作者了解肝臟和腎臟的內部結構，如血管方向或是腫瘤的準確位置。

在製造中，部分的使用聚乙烯醇，能夠讓器官複製品的外觀更為逼真，同時還像器官一樣濕潤並帶有紋理。這也讓醫務工作者使用手術刀切割器官複製品時更加逼真。通常情況下，依據器官的大小，製造其複製品需要數個小時至半天時間。但是整個過程，包括把原始醫療圖像轉換為可列印的 3D 資料，則需要幾天時間。

3.2.2【案例】向器官訂製時代邁進

3D 生物列印技術可讓科學研究人員另闢蹊徑的製造人體替換器官，雖然將其應用於醫療服務領域還需要很長一段時間，但是科學家相信，隨著 3D 生物列印技術及再生醫學的發展進步，將最終實現人體器官的個性化訂製。

3D 列印技術的原理與普通列印機的原理基本相同，將裝有液體或細胞等「生物材料」與電腦連接後，透過電腦控制把「列印材料」一層層疊加起來，最終把電腦上的藍圖變成實物。二〇一〇年，3D 生物列印機被《時代》週刊評為二〇一〇年五十項最佳發明之一。

近日，英國牛津大學研究出最新 3D 列印技術，將水和液體分子連接在一起，形成了具有人體細胞功能的「液滴」（仿生組織），這些列印出「功能液滴」可用於替換受損的人體組織，或者作為新方法為人體投遞新藥，如圖 3.7 所示。

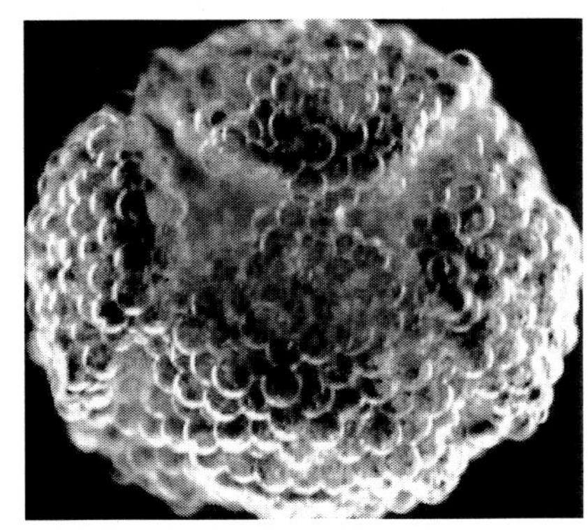

圖 3.7 液滴網絡折疊形成的中空球

這種完全人工合成的「液滴」不需要基因組及其轉錄表達，從而避免了其他方法在合成人工組織上所遇到的問題，例如幹細胞使用。研究表明，創建的數千個「集合液滴」能利用蛋白孔列印出神經元的訊號途徑，並能從訊號網絡的一端向另一端傳遞電子訊號。

每個液滴是直徑約為 50μm 的透明空腔，儘管它的體積約是活細胞的五倍，但研究人員有理由相信他們能將其合成得更小。值得肯定的是，在數週內液滴形成的訊號網絡能保持穩定。

帶領這一研究的 Bayley 教授稱：「傳統的 3D 列印機無法列印出有功能的『液滴』，具有突破意義的是，牛津大學的研究人員列印出三點五萬個液滴，從體積上看，由於時間和資金的制約，它還不算很大。其中的一個原因是，研究人員在實驗中僅使用了兩種不同類型的『液滴』，不過後續的實驗會採用五十種或者更多。」

Bayley 研究小組的哲學博士生 Gabriel Villar 是這篇論文的通訊作者之一，組裝了這台特殊的 3D 列印機，他說：「列印出來的液滴網絡可以設計成不同的外型，例如，扁平體可折疊成類似花卉的花瓣並形成中空結構，這是列印機無法實現的。折疊之後的結構可模擬肌肉運動，在液滴之間產生水傳輸。我們可以建立具有伸縮性的新型軟質材料，進一步實現人體活細胞和組織。」

利用 3D 列印技術，蘇格蘭科學家率先研製出利用人體細胞列印人造肝臟組織的技術。研究發現，在生理性更強的 3D 培養物中成長起來的細胞和 2D 培養物中的表現截然不同，在此基礎上，愛丁堡赫瑞瓦特大學的研究人員研製出了基於瓣膜的細胞列印流程，可以生產特定的細胞種類。這個技術面臨的一大挑戰是研發更易控和更精細的列印噴嘴，以有效保護細胞和組織的生存能力。

人造器官的研發困難重重，因為它包含了多種不同的細胞種類和複雜的血管結構。研究人員想利用 3D 列印技術，製造出構造相對簡單的一公釐迷你肝臟和各種幹細胞，還需要幾年時間，但這是人們在向人體器官訂製時代邁進的一大步。

專·家·提·醒

突破性的新藥從開發到面市需要十至十五年及超過十億美元的投資。3D 列印人體器官能把這一時間縮短到十年以下，而成本僅僅是原來的一半。所有的藥物都需要對肝臟的毒性進行測試，所以這項技術能造福所有藥物。

3.2.3 【案例】3D 列印挽救毀容者

3D 列印技術如今如日中天，受到越來越多的關注，並被廣泛應用在醫療、汽車等領域。然而，3D 列印技術的用途遠不只這些。《雪梨晨鋒報》日前報導了一位因為腫瘤切除了左半邊臉的患者，透過 3D 列印技術重獲新生的故事。

艾瑞克· 莫杰（Eric Moger）是一家餐館的老闆，二〇〇九年，醫生發現在他臉部的皮膚下面有一個網球大小的惡性腫瘤。之後莫杰進行了緊急手術，手術切除了他的整個左半邊臉，包括他的眼睛、面頰骨和下巴，並在他的臉上留下了一個大洞。從此，他無法正常飲食，只能借助一個直接通向胃中的管子。

然而，在毀容數年後，外科醫生採用最先進的 3D 列印技術，為六十歲的莫杰創建了一個面具。首先醫生利用 CT 和臉部掃描技術掃描莫杰的頭骨，然後根據掃描的圖像，在電腦中建構正常的臉部 3D 模型，最後利用 3D 列印技術將模型列印出來。

透過使用特殊的尼龍塑料，醫生可以列印出與莫杰臉部完美貼合並且栩栩如生的假臉。而且，這項革命性的技術注重細節，就連用來固定假臉的螺絲也是 3D 列印的產物。這面新的矽膠面具利用磁鐵覆蓋在莫杰的臉部，這樣當莫杰睡覺時，他可以很輕易的將面具摘下來。對於他來說，這半邊假臉使其生活有了品質的提升，他又能正常的飲食了。

其實，3D 列印技術早就可以列印面具了，由 DO THE MUTATION 開發的 collagen 項目，曾經將臉部的局部解剖結構作為輸入的算法，用纖維來製作面具，創造了一種 3D 列印的材料成型技術製作出的面具，可以完美的與人臉相融合，如圖 3.8 所示。

圖 3.8 3D 列印炫酷面具

這些面具是用 3D 列印技術和 CRP GROUP 提供的 WINDFORM 材料製作的獨一無二的作品。WINDFORM LX 2.0 是用來製作最先進的應用生成設計的材料，它以黑色的聚酰胺材料為基礎，由玻璃纖維加固，通常應用在賽車運動或航空航天工業這類高性能領域中。

面具的造型也很優美，可長時間保存並始終抱有色彩特性，它重要的機械力學特點可以創造高度複雜的幾何形態不會發生折斷或變形。這種面具戴在臉上的感覺很好，可以長時間佩戴。

3.2.4 【案例】3D 列印挽救嬰兒生命

美國密西根州有一個名為卡伊巴的嬰兒，只有兩個月大的他因為患有氣管支氣管軟化導致氣管坍塌，氧氣無法順暢的進入肺部，隨時面臨窒息的危險。因為這種病，他會定期停止呼吸，每天都需要醫生復甦。

為了徹底解決卡伊巴的難題，他的主治醫師霍利斯特決定給他植入一個 3D 列印氣管來支持正常呼吸。

首先，霍利斯特對卡伊巴的胸部進行了 CT 掃描，根據掃描的氣管圖創造了一個電腦模型，然後用一個基於雷射的 3D 列印機把這個數位模型轉換成聚已酸內酯做的氣管，如圖 3.9 所示。

最終透過一次外科手術，這個脊柱狀的管子最後終於小心的縫製進了孩子的呼吸道，加上這個東西後，卡伊巴的支氣管被撐開了，而且它將作為一個支架一直伴隨著卡伊巴後來的軟骨增長方向。主治醫師指出，最理想的方式是，二至三年後，這些具有生物相容性的聚合物可以融進孩子的身體，跟氣管完全結合。

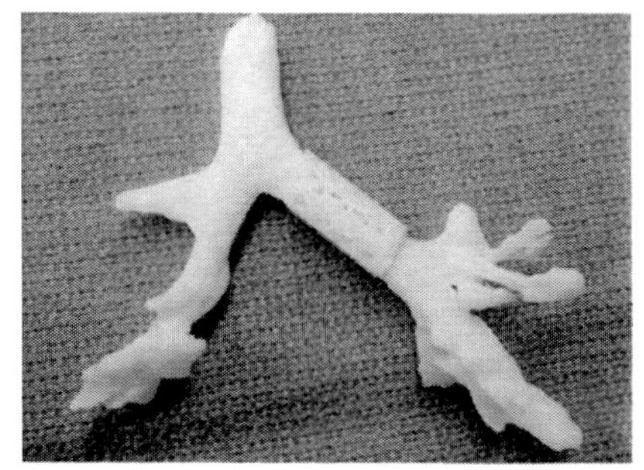

圖 3.9　3D 列印氣管模型

目前，這個十八個月大的寶寶已經完全擺脫了呼吸器，可以自主呼吸了，讓人不得不感嘆 3D 列印技術的偉大。

3.2.5 【案例】十美元可列印心臟瓣膜

瓣膜在心臟永不停止的血液循環活動中，扮演的角色既普通又關鍵：瓣膜相當於大門管理員，阻止血液回流於剛剛離開的心室。在心房與心室之間，在心室與離開心室的血管之間，都有瓣膜。血液流過後，瓣膜就會合上，發出我們在電視上聽到的心跳聲。

心臟瓣膜關係到人們的心臟安全，一旦出現問題，必須進行瓣膜置換手術，就是把病變的瓣膜置換成功能良好的瓣膜，主要是針對心臟的瓣膜出現病變以後，無法用內科保守的方法糾正的病例。

而當心臟瓣膜病變嚴重，不能用瓣膜分離手術或修補手術恢復或改善瓣膜功能時，則須採用人工心臟瓣膜置換術，這就需要使用人工心臟瓣膜。

所謂人工心臟瓣膜（Heart Valve Prosthesis）是可植入心臟內代替心臟瓣膜的人工器官，包括主動脈瓣、肺動脈瓣、三尖瓣、二尖瓣，它能使血液單向流動，具有天然心臟瓣膜功能。換瓣病例主要有風濕性心臟病、先天性心臟病、馬凡氏綜合症等。

常見的人工瓣膜的類型有機械瓣、組織瓣、人體組織瓣、動物組織瓣等，其中牛或豬的瓣膜最為常用，但是心臟瓣膜的來源一直是一個難題。而隨著 3D 列印技術的發展，這一難題被完美解決了。

二〇一一年美國康乃爾大學的生物學家巴切爾，首次利用生物高分子材料列印出了能正常工作的心臟瓣膜，如圖 3.10 所示。至今，巴切爾已經列印出了許多心臟瓣膜，將它們放置在生物反應器中，在其中，幹細胞被混合進高分子材料，並逐漸將其轉化成人體細胞。

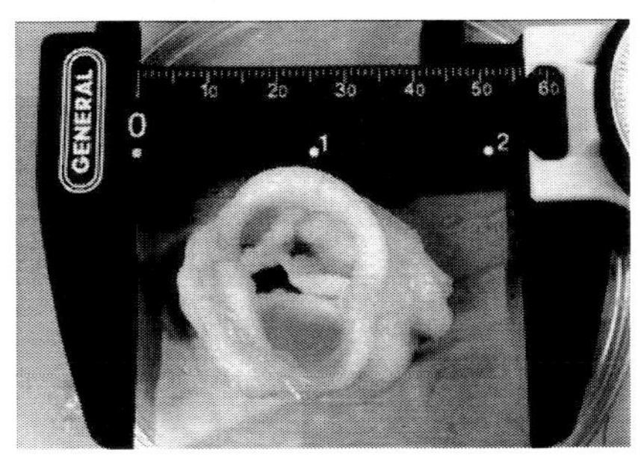

圖 3.10 3D 列印心臟瓣膜

巴切爾預測，3D 列印將大幅削減器官移植手術的成本，把這類手術引入發展中國家，「器官移植的成本主要在於器官供給有限，以及在運輸和保存中產生的費用。以 3D 列印為基礎的人體組織工程能夠利用圖紙創造出新器官，從基礎上減少此類費用。即便需要新的材料，價格也不會令人望而止步。」

專·家·提·醒

在人體器官中，皮膚、氣管、血管是最容易列印出來的，比較複雜的是囊狀器官、比如膀胱和胃，而最複雜的是實心的器官，比如腎臟、心臟和肝臟。

3.2.6 【案例】3D 列印人體仿生耳

近日，來自美國普林斯頓大學的科學家打造出，一種帶有天線的 3D 軟骨耳朵。據介紹，這只耳朵可以接收到超越人類所能聽到的無線頻率，因此也被稱為「終結者仿生耳」。

普林斯頓大學機械與航空工程助理教授、該研究項目負責人 Michael McAlpine 表示，一般情況下，要把電子材料和生物材料連接在一起，常常不得不面臨機械和熱學上的問題。現在，他們發現的這種全新方法，則可以很好的將這兩種材料融合在一起，而且還突破了 2D 的界限，而使用 3D 交織格式。

為了能夠成功的打造出這只人造耳，研發團隊首先使用水凝膠列印出一只耳朵的樣子，然後再利用相應的電腦程式將耳朵切成片。之後，再利用來自小牛身上的細胞，將這些耳朵片透過 3D 列印機列印出來，最後就能得到內嵌電線的人耳，如圖 3.11 所示。

目前，這只人造耳具備了人耳所擁有的軟骨結構，而安置在耳朵內部的旋轉天線則可以組成耳蝸螺旋。這樣，它就可以幫助聽覺神經末梢有問題的患者重新恢復或提高聽力能力。同時，這只 3D 仿生耳可以接收無線電波，研究小組計劃結合其他材料，比如壓敏電子傳感器，確保仿生耳識別聲學訊號。

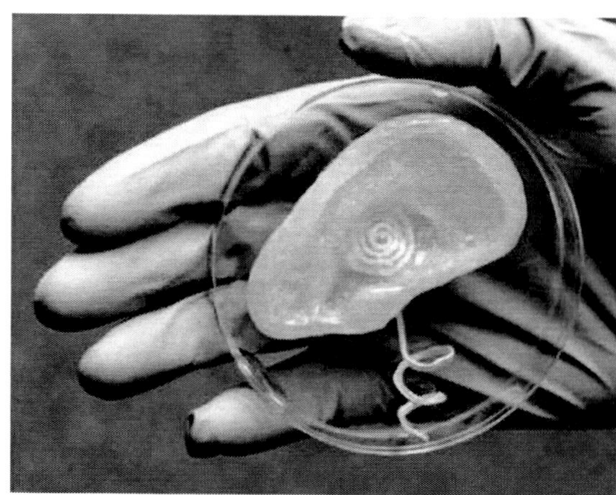

圖 3.11　3D 列印仿生耳

3.2.7 【案例】3D 列印 1 ： 1 的胚胎

對於天底下所有的父母來說，第一次在超音波檢查中看到他們未出生的寶寶影像，絕對是生命中一個非常激動人心的重要時刻。巴西工業設計師 Dos Santos 將 3D 列印與超音波掃描技術結合，讓醫生能夠為父母列印出 1：1 的胚胎。

只要將超音波取得的資料輸入 3D 列印機就可製作 3D 模型。父母如果願意保存 3D 列印的胎兒作為孩子的成長記錄，需要為十二週的胚胎 3D 模型支付約二百美元，二十四週的胚胎模型則需要三百美元。

類似 3D 列印胎兒的技術在不久的未來可能會成為主流。其實在二〇一二年，日本一家 3D 列印公司 Fasotec 就已經開始提供 3D 列印胎兒服務。這種服務被 Fasotec 稱之為「天使的形狀」，在簽下協議後，Fasotec 會對懷孕媽媽的子宮進行 CT 和核磁共振掃描，獲得子宮內胎兒的 3D 模型，然後開啟 3D 列印機，用樹脂列印出一個完全相同的胎兒 3D 模型，如圖 3.12 所示。

Fasotec 為 3D 胎兒列印服務開出的價格是十萬日元（約合八千零九十四人民幣），公司發言人稱這項服務在日本意外的受歡迎，不少新婚夫婦趨之若鶩，將 3D 胎兒模型視作婚後紀念品。

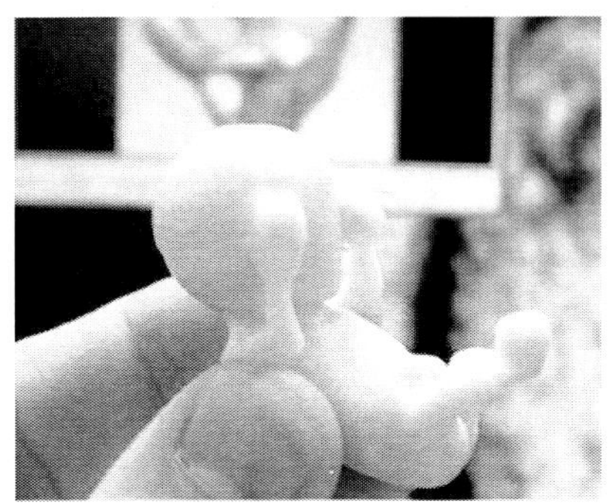

圖 3.12　3D 列印嬰兒胚胎

專·家·提·醒

該技術還可以應用於製造一系列模型中，其中包括新的醫療設備、汽車零部件、珠寶及建築模型等。

3.2.8 【案例】開創藥物研發新革命

眾所周知，治療癌症的藥物向來昂貴，這要歸結於藥物高昂的研發製造成本，比如幾個大型製藥企業每年的研發經費甚至超過蘋果及 Google。Parabon 奈米實驗室的科學家們利用 3D 列印技術，研發了一種更加快捷方便的抗癌藥製作方法。

借助於一款名為 inSequio 的 CAD 軟體，科學家們可以直覺的在電腦螢幕上拖放拼接藥物的 3D 模型，添加藥效分子基團。等到藥物的 3D 模型建立完成，奈米製造技術可以在短時間內製造出數十億個藥物分子。以往的藥物研發過程不得不借助低效的試錯法，而他們則開發了全新的工程過程。

首先，Parabon 奈米實驗室在 Parabon Essemblix 藥物開發平台上，進行了對抗「多形性成膠質細胞瘤」的藥物試驗。使用名叫 inSequio 的電腦輔助設計軟體，科學家們透過簡單的拖放操作介面，設計出能「發現」、「纏繞」並「攻擊」癌細胞的不同分子形式的藥物。

在選定了藥物的功能之後，研究人員再使用超級電腦平台，尋找 DNA 序列能夠自我組裝的必要組成部分。然後，在奈米技術的幫助下，科學家們建造了分子的數萬億個副本——這種設計和生產藥物的過程，僅需要幾週甚至幾天的時間，如圖 3.13 所示。

除了開發量身訂製的藥物以抵抗前列腺癌和其他疾病外，Parabon 也在努力將這一技術應用於生化防禦的合成疫苗，以及針對基於基因資訊的疾病。該公司相信它們的工作已經超出了藥物的範疇，並計劃將該技術應用到創造奈米級邏輯閘和分子級奈米感測器上。

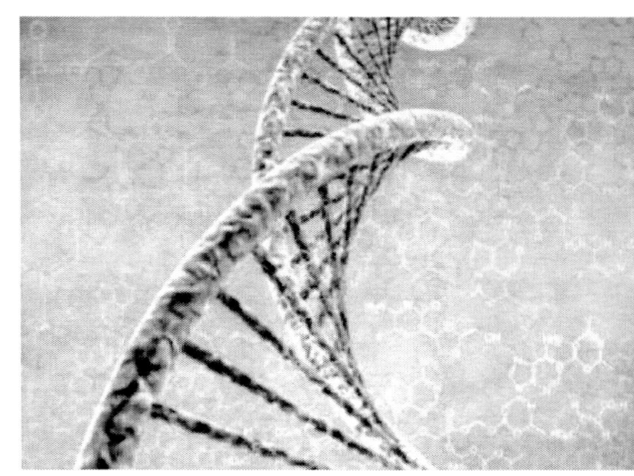

圖 3.13　3D 列印與 DNA 自組裝技術

專·家·提·醒

目前世界上最先進的 3D 列印機，大概能刻畫到 16 微米的列印層，而奈米製造技術為更精細的列印需求提供了解決方案。這也就決定了這項技術不僅可以應用於製藥行業，同樣可以用來製造奈米級別的邏輯閘。

3.2.9 【案例】3D 列印人體幹細胞

二〇一三年四月五日，英國研究人員在《生物製造》雜誌發表論文，提出已經成功利用 3D 列印機列印出胚胎幹細胞，並且存活率很高。檢測結果顯示，列印二十四小時後，九五%以上細胞仍然存活，列印過程未殺死細胞；列印三天後，超過八九%的細胞存活，而且仍然維持多能性，即分化出多種細胞組織的潛能，如圖 3.14 所示。

圖 3.14　3D 列印幹細胞

研究人員表示，利用 3D 列印的幹細胞，能夠製造出骨髓和皮膚，借助這種方法製造器官，可以實現無須器官捐獻，解決器官移植中的免疫抑制等問題。

關於胚胎幹細胞 3D 列印機的工作原理如下：列印機配備兩個「生物墨水匣」，一個裝著浸在細胞培養基中的人體胚胎幹細胞，另一個只有培養基。電腦控制微調閥噴出「墨水」，速度可透過改變噴口直徑實現精確控制。如圖 3.15 所示，為使用的 3D 列印機。

圖 3.15　列印幹細胞使用的 3D 列印機

列印機上有顯微鏡顯示細胞列印情況，兩種「墨水」一層一層間隔噴灑，形成不同濃度細胞飛沫，最小飛沫體積僅二納升，包含大約五個細胞。飛沫被噴入有諸多凹孔的培養皿中，翻轉培養皿，飛沫形成懸液，在各凹孔內「抱成團」。列印機可精確控制飛沫大小，使幹細胞達到分化最佳狀態。

專·家·提·醒

胚胎幹細胞是胚胎中一些具有發育成各種組織和器官能力的細胞，在醫學上具有極大的應用前景。研究人員指出，這一技術將有助於製造出更精確的人體組織模型，未來有望用患者自己的細胞製造 3D 器官供移植使用。

3.2.10 【案例】3D 列印人體的骨骼

目前，瑞士科學家首次實現了採用 3D 骨骼列印機精確複製人類拇指骨骼，這項技術突破為醫生採用患者自己的細胞組織培育替換受損和患病骨骼，開闢了新的途徑。

目前科學家在這項醫學技術中融入了新的方法，首先，要對需要複製的骨骼進行 3D 成像，如果這塊骨骼丟失或者嚴重受損，可以對身體上的「孿生骨骼組織」進行鏡像 3D 成像。比如患者的左手拇指被切斷並且遺失，那可以對右手拇指進行 3D 拍照成像。獲得的 3D 成像輸入 3D 噴墨列印機，該列印機是列印薄層的預選材料，然後一層重疊一層，直至形成 3D 目標的實體化，如圖 3.16 所示。

同時，研究者在列印機中裝載了三鈣磷酸鹽和一種聚乳酸，這是人體中最基礎的元素。這個列印形成的骨骼「鷹架」包含了數千個微孔，骨骼細胞可以放置在其中，逐漸培育生長，最終這個「鷹架」可以生物分解消失。

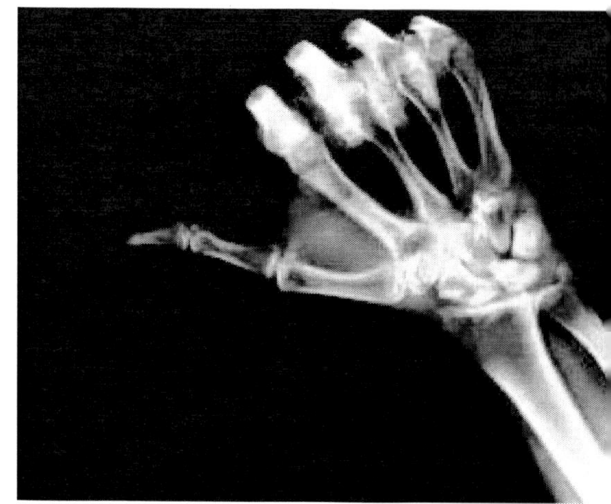

圖 3.16　3D 列印複製人類拇指骨骼

研究小組還從人體骨髓中提取 CD117 細胞，這種細胞能夠發育成一種叫做「造骨細胞」(osteoblasts) 的初生骨細胞，同時在 3D 列印機形成的骨骼「鷹架」中注入一種凝膠，可對培育的初生骨細胞提供營養發育。三至四個月之後，骨骼「鷹架」最終在老鼠背部的皮膚下分解，鷹架中的造骨細胞形成了人體骨骼。

其實，類似的技術突破案例已經有過。由里塔· 蘇隆恩帶領的芬蘭坦佩雷大學研究小組，在患者的腹部用了九個月基於「鷹架」方法成功培育出了一個男性的下頜骨，如圖 3.17 所示。這項技術突破意味著，幹細胞可以從患者自身的脂肪細胞中培育形成。

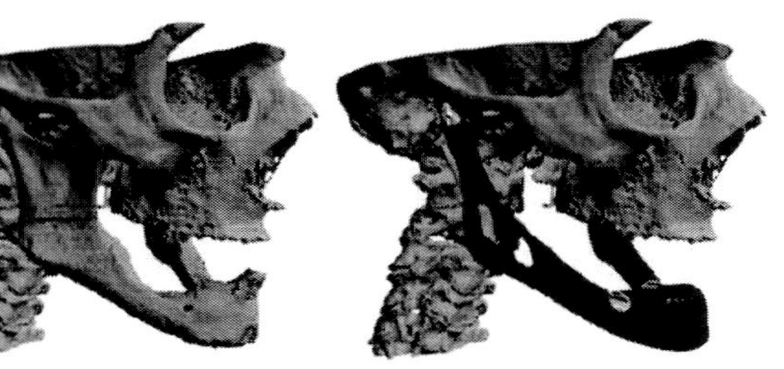

圖 3.17 3D 列印技術培育出的下頜骨

3.2.11 【案例】3D 列印個性化植牙

所謂植牙，就是先在牙槽骨中植入鈦金屬牙根，然後鑲上基座，最後裝上新牙冠。植牙的優點在於不用磨小相鄰兩顆牙齒，可以減少或省去牙托，不用卡環固定，使牙齒更加美觀舒適。

在 3D 列印技術未被利用之前，傳統植牙的情形是這樣的：傳統植牙手術前，需要先等上幾個月，等患者牙槽骨傷口癒合，然後在牙槽骨上打一顆固定假牙用的「螺紋釘」，再過幾個月才能在這個「螺紋釘」上安裝假牙。整個過程患者至少需要跑三、四趟醫院，花費大約半年時間，如果需要填補修復牙槽骨，耗時會更長。

並且，傳統植牙技術是一種複雜的手術，需要無菌環境的手術室，更需要牙醫掌握精密的技術並累積一定經驗，否則一旦人造牙冠與合金牙根之間留下縫隙，細菌就會輕易進入人體，如果假牙與左右牙齒結合得不緊密，患者也會不適。就是對牙醫的技術和修復材料的技術要求都很高，這也就決定了傳統植牙的高額費用，患者植一顆牙的費用從一點二萬至兩萬元不等。

而利用 3D 列印技術植牙，情形則會完全不同：患者只需要做一次 CT，回家等兩天，牙醫就會拿出一顆與你原來失去的牙一模一樣的合金「3D 列印牙」，無須麻醉和手術，往牙床裡一塞，植牙就完成了，如圖 3.18 所示。

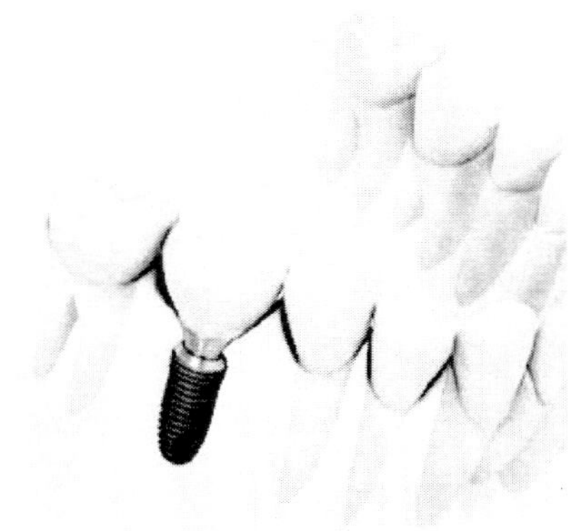

圖 3.18 植牙模型

這個過程看似簡單，其實需要經過幾個重要步驟。首先，患者如需要植牙，需要在醫院的口腔門診拍攝X光片，3D資料可以同步傳送到郊區的某個工廠，然後3D列印設備立刻就能用骨質材料進行列印，牙冠部分和原來一樣，並與兩邊牙齒緊密結合。更重要的是，3D列印的牙齒有自己的牙根，與牙窩嚴絲合縫，無須額外填補材料，也無須製作準備植牙孔固定，幾乎沒有新的創傷，患者會覺得重新「長」出了一顆自己的牙。新的技術使手術更簡單，植一顆牙的費用也有望從目前的一點五萬元左右下降到五千元。

其實，3D列印牙齒的重要價值不僅僅體現在醫療手術方面，同時也為相關企業公司提供了新機會。比如為許多醫院提供牙齒種植中所需「導板」的齒科公司，就是利用3D列印，根據患者牙齒形狀製作出精確度非常高的術前模型。

「以前，醫生要麼憑臨床經驗直接備孔、種植牙齒，還有一些較難定位的病例，醫生也會用簡易的手術導板，但精確度不高，也沒辦法控制種植的角度和深度。」齒科公司說明，在使用來自Objet的工業級3D列印機製作樹脂材質導板後，醫生預先可以直接的模擬種植位置，術中安全性大為提升。

專·家·提·醒

從技術上說，3D列印原理和普通列印有點相似，普通列印是將油墨等材料噴塗在平面上，一般厚度只有幾個微米。而3D列印用的材料則變成了樹脂，透過層層列印累積疊加，列印出來的物體就像植物生長般一次性整體成形，這種特性使得3D列印植牙變得更加簡單、便捷。

3.2.12 【案例】3D列印活性人工軟骨

關節是人體的承載組織和運動器官，其病變和損傷直接影響人的運動，但關節軟骨自身修復的能力（即再生能力）極差，一旦軟骨受到損傷，就會出現如關節炎等疾病。運動時患者會感覺疼痛，甚至失去行走、蹲跪等運動能力。關節軟骨的主要作用包括以下兩點。

（一）承受力學負荷。人的活動都離不開關節軟骨的正常功能，關節軟骨能將作用力均勻分布，使承重面擴大。這樣，不但能最大限度的承受力學負荷，還能保護關節軟骨不易損傷。

（二）潤滑作用。關節軟骨非常光滑，關節運動時不易磨損，並且活動靈活、自如。關節軟骨能維持人體的活動而不損傷，就是因為有良好的潤滑作用。

軟骨由軟骨組織及其周圍的軟骨膜構成，軟骨組織由軟骨細胞、基質及膠原纖維構成。常見的軟骨就是膝蓋軟骨，這也是人體中最容易磨損的地方，如圖 3.19 所示。

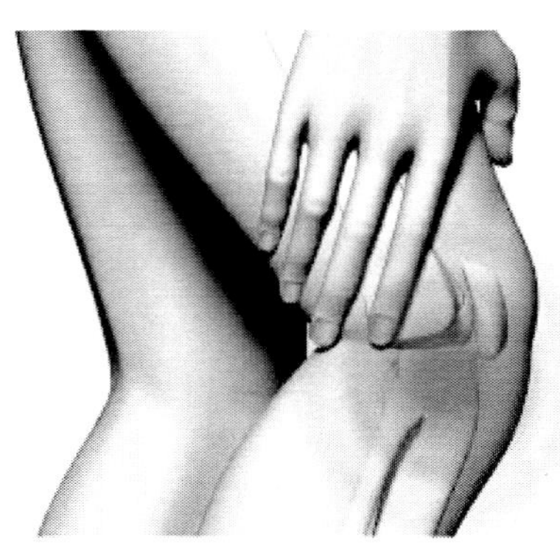

圖 3.19 膝蓋軟骨疾病

但是，目前還沒有可行方法製造人工替換軟骨，這也是限制許多專業運動員的壁壘。因為長跑運動員或是籃球運動員的關節軟骨磨損非常厲害，軟骨磨薄之後，隨之而來的就是各類關節疾病。

長期以來，醫生一直在努力解決膝蓋軟骨損傷的問題。慶幸的是，墨爾本的研究人員找到了一種技術來「增長自己的」軟骨，用於治療癌症和更換受損的軟骨。

在墨爾本聖文森特醫院，研究人員目前能從患者幹細胞取出組織培育膝蓋軟骨。使用 3D 列印技術，研究人員創建了一個立體支架，軟骨細胞就生長在這裡。據報導，軟骨生長在豌豆大小的區域將超過二十八天，這是第一次真正的軟骨生長。

「這是非常令人興奮的工作，我們已經完成了最艱難的時段，我們培養軟骨想要在軟骨修復手術中使用。」首席研究員副教授達米安邁爾斯說。「但一個正常的軟骨修復手術可能只持續兩三年，因為這種軟骨缺乏自身組織的血液供應。」這也是 3D 列印軟骨的重要限制之一。

3.2.13 【案例】訂製新型人工膝關節

全膝關節置換術（Total Knee Arthroplasty，縮寫 TKA）是迄今為止用以盡可能恢復因關節炎病變而受損的膝關節功能，最成功的外科手術方式之一。然而，膝關節材料、手術技術及假體位置安放的失誤，會明顯影響 TKA 術後的長期療效。

目前，市場上銷售的人工膝關節，基本上都是工廠裡成批製造的人工膝關節，其材料通常採用不鏽鋼、鈦鋼或鋯陶瓷等原料經壓鑄而成。實際上，病人的膝關節的形狀和大小尺寸並不完全與這些統一生產的人工關節一致，故更換了人工膝關節的病人在行走時常常會感到不舒服。如圖 3.20 所示為人工膝關節模型。

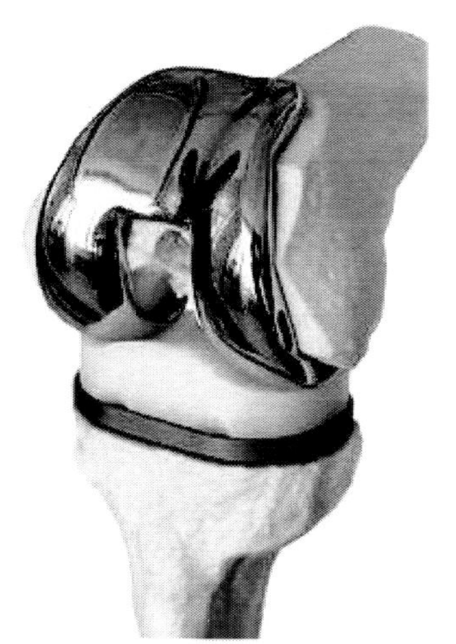

圖 3.20 人工膝關節模型

因此，美國 ConforMIS 公司開發出了一款利用電腦「3D 列印」新技術，為需要更換膝關節的病人量身訂製新型人工膝關節產品 iTotal RCR knee replacement system，並榮獲了美國二〇一二年度植入式假體產品銀獎證書。

據生產廠商介紹，該產品係利用新開發的電腦 3D 成像技術，將病人膝關節的形狀與大小拍攝下來後，再按圖複製出一個一模一樣的人工膝關節，其大小與原來的膝關節基本一樣。在更換了利用 3D 技術製作的人工膝關節後，病人在行走時再也不會感到不適。

3.2.14 【案例】3D 列印人體頭蓋骨

人體關節、骨骼等因創傷、腫瘤切除、癌症等原因造成的骨缺損，往往需要訂製人工關節、頭蓋骨、下頜骨等個性化植入物。而這項手術一直是醫療界的難題，不過如今，美國研發的 3D 列印頭蓋骨已能夠替換七五%的頭骨，並幫助因疾病或外傷受損的頭骨復原。

這項技術對頭骨產生癌變的患者、車禍傷者，以及頭部受到重創的美國士兵無疑是福音，並且不只是外科手術，整個整形界都將因為這項技術的出現而深受影響。

牛津性能材料公司介紹，該公司在二〇一三年二月十八日得到美國食品藥品監管機構認可和授權，並於二〇一三年三月四日第一次將3D 列印頭蓋骨應用到外科植入手術中，而美國將有三百到五百名患者能夠受益於這項技術，如圖 3.21 所示。

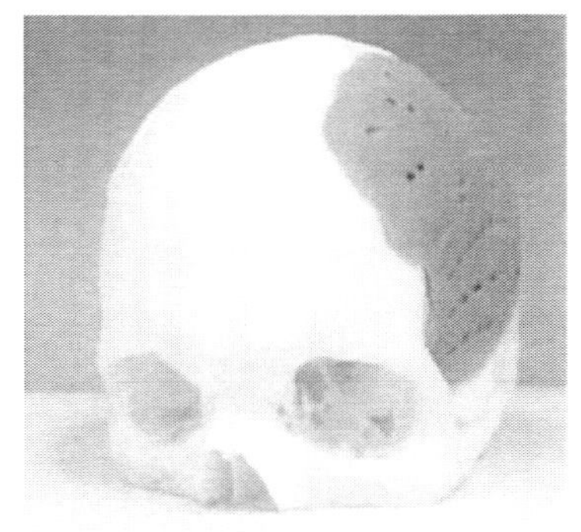

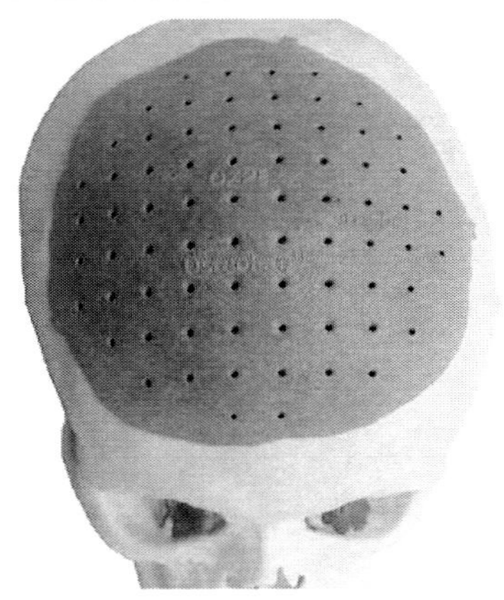

圖 3.21　3D 列印頭蓋骨

3D 列印的優勢在於，數位掃描傷者頭骨模型，就能夠透過層層的組裝技術成型。這項精密的技術甚至精確到細微的表面及邊緣結構，能夠刺激患部細胞再生長，甚至使頭骨連接更加簡單。

關於 3D 列印頭蓋骨的材料及結構，為了使植入器件與周圍的組織能夠很好的結合，其表面往往是多孔的複雜機構，而內部則是緻密的高強度結構，如此複雜的列印任務，目前也只有 3D 列印技術才能完成。

如圖 3.22 所示，為瑞典 Acream 公司利用電子束選區熔化工藝，加工出的多類型醫療植入器件。該技術能夠將個性化和複雜機構完美結合，已開始應用到多種鈦合金植入體的個性化訂製中。

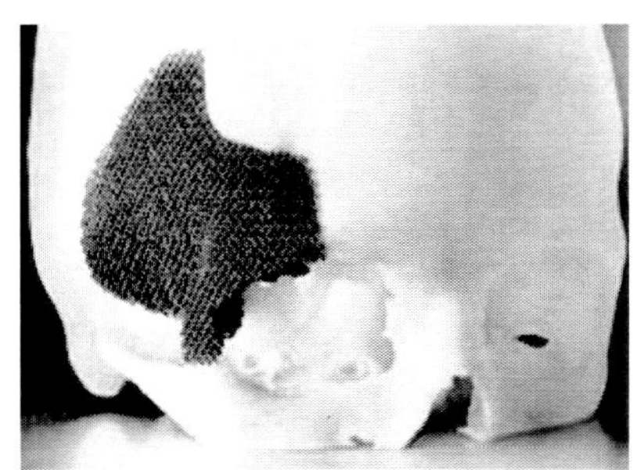

圖 3.22　電子束選區熔化工藝加工的植入體

3.2.15　【案例】植入 3D 列印下頜骨

荷蘭一位老人患有慢性骨關節感染，由於年紀太大，不適合接受下頜骨重建手術，因此醫生嘗試為她植入量身訂做的金屬下頜骨，這是全球首例這種類型的手術。

製造金屬下頜骨的 3D 列印技術，由比利時哈瑟爾特大學生物醫學研究院研究人員開發。植入物由金屬部件製造商「多層智慧」製造，包括多個人工關節，上面還有讓肌肉附著的空腔及引導神經和血管生長的凹槽，如圖 3.23 所示。

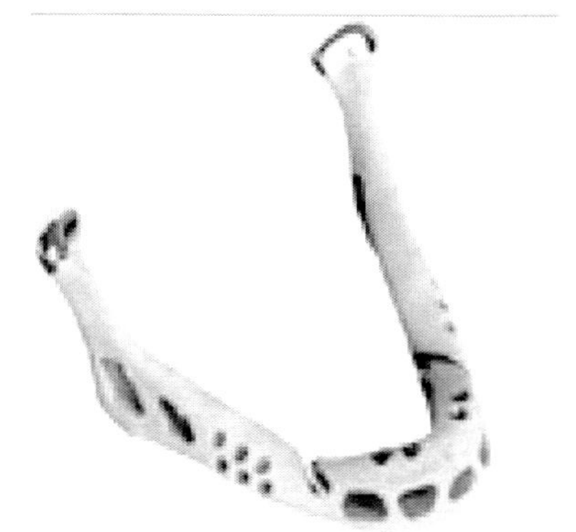

圖 3.23　用鈦粉熔合製作而成的 3D 下頜骨

關於這塊下頜骨的製作過程，「多層智慧」公司醫學應用工程師魯本· 瓦烏斯勒指出，公司收到立體的下頜骨設計圖後，用電腦把它變成平面圖，然後把橫截面的資訊傳送至列印機。接著 3D 列印機利用雷射束，把鈦顆粒一層層熔合在一起，最終形成一塊完整的「下頜骨」。

雖說在這塊「下頜骨」中，每一公釐高就由三十三層鈦顆粒組成，製造這塊頜骨需要數千層鈦顆粒，但是列印「下頜骨」的過程並不長，只需要幾個小時就完成了。在完成後，製作者還給它加上了生物陶瓷塗層。

3D 列印下頜骨不僅製作簡單，植入手術同樣非常快，花費大約四個小時，只有傳統重建手術的五分之一。並且這塊金屬下頜骨的重量僅為一〇七公克，僅比老人原來的骨頭重約三分之一。醫生說，她會很快適應這一丁點額外的重量。

這項移植手術預示著未來醫生可以利用 3D 列印技術，為病患量身訂做身體「零件」，這樣做的優勢集中體現在，植入物完全符合病人身體情況，手術時間和住院時間都能縮短，減少了醫療費用。

3.2.16 【案例】3D 列印製作人造骨盆

過去，在骨盆腫瘤手術等高難度骨科手術中，醫生設計假體只能根據平面的 X 光片「憑空想像」出立體的骨盆。而現在，3D 列印機發射出溫度極高的電子束或雷射，迅速熔化金屬粉，一點一點一層一層的完成金屬的堆疊，一個人工半骨盆便出現了，裡面還內含空隙可供血管和細胞植入，如圖 3.24 所示。

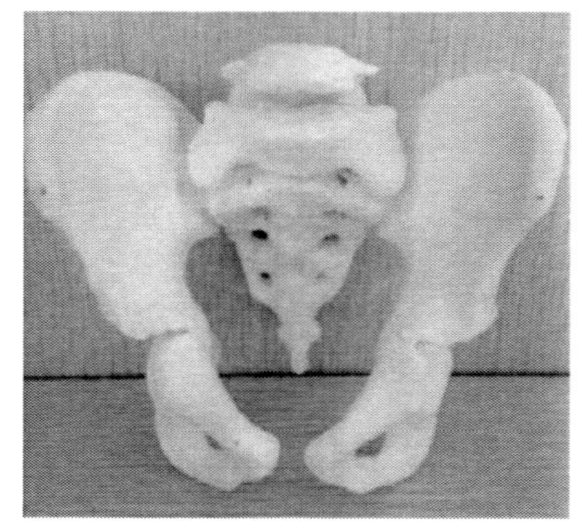

圖 3.24 3D 列印製作的人造骨盆

3.2.17 【案例】3D 列印絕美炫酷義肢

如今，隨著外科修復手術科技的日益發展與手術理念的日漸人性化，越來越多的殘障朋友從中受益，即使是義肢也能夠在很舒適的同時變得非常時尚。近日，來自美國舊金山的 Bespoke Innovations 3D 科技工作室，於日前公布了他們的客製化 3D 列印新型義肢，而這一新型義肢不僅可根據不同的客戶情況量身裁製，而且還十分時髦。

項目研發負責人表示，他們透過對常見的義肢製作材料整流裝置進行改進，研發出新一代整流罩，為他們的新型義肢項目奠定了堅實的基礎。據悉，Bespoke Innovations 首先使用 3D 掃描儀取得客戶腿部詳細資料，接著，該公司的設計師會根據客戶自身資料、年齡、性別、特殊要求等，為他或她設計自己獨有的義肢款式，並在客戶過目後，根據設計圖紙和客戶資料，這一義肢將透過 3D 列印機製作而成，如圖 3.25 所示。

圖 3.25 3D 列印的炫酷假肢

雖然這樣的義肢價格並不便宜，在四千至六千美金之間，但還有什麼比擁有堪比真實肢體感覺的義肢更有吸引力呢？

當然，3D 列印技術在醫療義肢領域的應用不止於此。兩歲小女孩艾瑪患有先天性多關節攣縮症，這種疾病的症狀為四肢不能伸直，肌肉僵硬。小艾瑪從生下來就不能自如活動身體關節，甚至連自己拿東西吃和擁抱也做不到。成年患者通常會佩戴金屬機械臂以幫助手臂活動，但剛滿兩歲的艾瑪由於年齡太小，無法佩戴市面上生產的金屬機械臂。

威爾明頓·德爾研究所的 Tariq Rahman 博士和 Whitney Sample 設計師利用 3D 列印機，用 ABS 塑料為小艾瑪製造出了一副機械手臂。他們將成人使用的機械臂按比例縮小，將立體模型輸入 3D 列印機，直接製作出成型的機械臂，如圖 3.26 所示。

由於塑料重量遠比金屬輕，艾瑪可以戴著這種機械臂自由活動雙手。在機械臂的幫助下，艾瑪可以用手拿起玩具，能夠自己吃東西，也能和媽媽互相擁抱。如此看來，3D 列印義肢無疑是殘障朋友的福音，不過該技術的普及應用還有一段路要走。

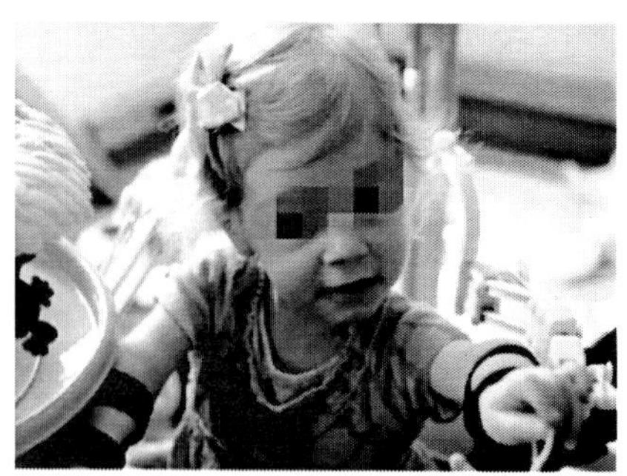

圖 3.26　戴著機械手臂的艾瑪

3.2.18【案例】3D 列印搭配膚色的皮膚

在現今人們越來越愛美的時代，因為膚色原因進行的皮膚移植手術幾乎跟重度燒傷移植手術一樣多。近日，英國利物浦大學的研究者們向著 3D 列印皮膚邁出了第一步，列印出了個人化的、外觀自然的皮膚，如圖 3.27 所示。

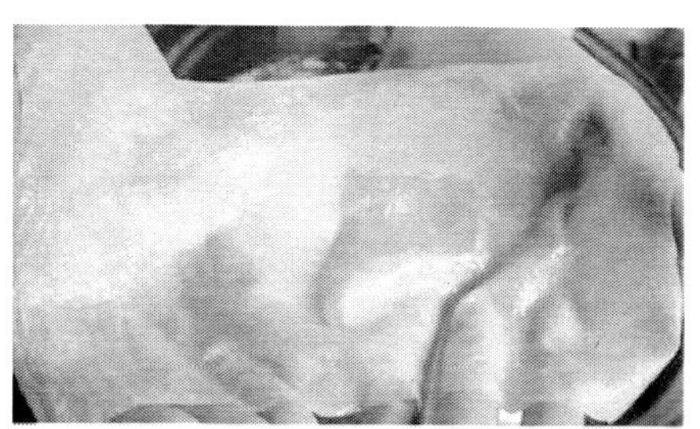

圖 3.27　3D 列印皮膚

這是一份艱巨的工作，因為每個人的皮膚上都有著獨一無二的斑點、褶皺和紋理。目前，項目的負責人 Sophie Wuerger 和她的團隊正在研發一個可以讓列印皮膚與個體皮膚相搭配的系統。為了完成這個系統，該團隊首先要研發出一台 3D 掃描相機，用於掃描病患皮膚的 3D 影像。掃描得出的資料將用於列印該病患的移植皮膚。

從每個病人身上採集到的皮膚資料都將被添加到皮膚資料庫中。

在此資料庫的基礎上，將會製作出通用型的、緊急備用皮膚。

並且，Wuerger 博士和她的團隊計劃建立一個巨大的皮膚資料庫，可以讓醫務人員為病患從中挑選出已有的、搭配度較高的皮膚。

3.2.19 【案例】擴充盲童的感官世界

網路很大程度上是一種視覺體驗，這意味著對於失明和有視覺障礙的人，他們很大程度上無法達成和擁有這種體驗。尤其是對於兒童來說，盲童的世界只有聽覺和觸覺，網路及許多東西對於他們來說僅僅是一個名詞，卻從未接觸過。

為了解決這個問題，日本的研究者們發明了一種叫「用手搜尋」（Hands On Search）的設施，用戶可以透過聲音搜尋，而結果將用 3D 列印的形式交到用戶手上。例如小朋友在機器前大聲的說：「長頸鹿」，這台 3D 列印機就會在很短的時間內列印出一個迷你長頸鹿。這部 3D 列印機，讓盲童們對世界有了更豐富的感官。如圖 3.28 所示為「用手搜尋」列印的小動物。

圖 3.28 「用手搜尋」列印的小動物

這個名為「用手搜尋」（Hands On Search）的設施由網路媒體公司日本 Yahoo 開發，為他們流行的網路搜尋工具提供一個物理版本。這個巨大的機器最初被安置在日本築波大學中的特殊教育學校內，在這裡，有視力問題的小學生們可以用這個機器來搜尋物體。

孩子們只要按下機器前方的按鈕，同時說出希望搜尋的東西，電腦就會從它的 3D 資料庫中檢索出一個相配的結果並開始列印模型。

目前，這個項目仍處於初級階段，3D 資料庫中現在儲存了一百一十種不同的模型。 如果電腦無法為搜尋回應一個相關的結果，機器便會自動在網路上發布通告，要求設計師們為學校捐贈一個相關的設計。

專·家·提·醒

「用手搜尋」可能會成為幫助兒童透過觸覺體驗網路的一種基本工具，同時它也為 3D 列印在如何幫助網路世界和物理世界實現無縫連接上提供了驚鴻一瞥。

3.2.20 【案例】義眼 3D 列印法

近期，英國 Fripp 設計公司聯合曼徹斯特城市大學研製出了一種新型的義眼 3D 列印方法，這種方法與傳統義眼製造法相比，生產時間和成本上都大幅降低，每小時能夠生產一百五十顆義眼，如圖 3.29 所示。

普通義眼通常由特殊的玻璃材料或丙烯酸製成，同時需要經過細緻的手工描繪才能與使用者的另一隻眼球相搭配，一般需要數週時間才能完成，同時製作成本高達三千英鎊。然而，透過 3D 列印製作出來的義眼不僅成本低至一百英鎊，而且能夠與大多數人健全的眼球相搭配。

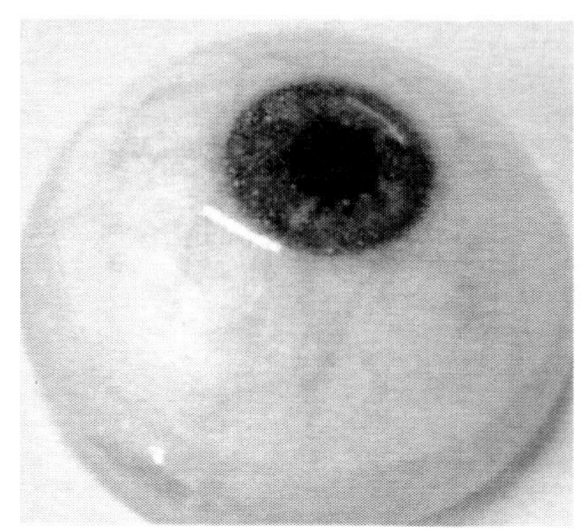

圖 3.29　3D 列印義眼

「我們將病人正常的眼球圖像全部採集下來，然後透過 3D 列印機在義眼上進行復刻，所以完全能夠以假亂真，」參與設計的工程師路易斯格林（Lewis Green）介紹說，「這種方式也非常省時省力，在完成建模後按下按鈕即可搞定。」

目前借助這項 3D 列印技術，Fripp 能夠在一個小時內生產一百五十顆義眼，該公司希望能夠在未來一年內上市開始銷售這種 3D 列印義眼。

第四章
科學研究考古：
讓夢想逐步成為現實

章節預覽

3D 列印的出現，打破了 2D 平面的限制，同時解放的還有人們的想像力。利用 3D 列印技術，我們不僅可以進行更加立體形象的科學研究，還可以利用其特性，助力於考古研究與文物保護。雖說目前 3D 列印技術尚不成熟，但相信假以時日，必將顛覆現狀。

重點提示

» 3D 列印與科學研究考古
» 科學研究領域的案例
» 考古研究領域的案例
» 文物保護領域的案例

4.1 3D列印與科學研究考古

雖然說隨著3D列印逐步被普通人所熟悉，3D列印技術已經不再是設計師與科學家的專屬，但是3D列印應用的重點，仍然集中在工業設計、藝術創作、科學研究等領域，尤其是在科學研究考古方面的應用，顯示了3D列印強大的功能。

4.1.1 3D列印成為科學研究商業新寵

目前，科技產業的核心就是尋找「下一個大事物」(Next Big Thing)，即尋找能夠催生新公司、新產業和改變世界的創意。賈伯斯和貝佐斯等創業家擁有常人無法匹敵的天賦，但是他們的成功在很大程度上歸於對自己天賦的正確使用。

全球知名管理諮詢公司博斯公司高級合夥人Barry Jaruzelsk表示，具備創新思維的人善於使用一些先進的技術工具來做事情。Jaruzelsk對四百名全球知名企業(包括蘋果、三星、Google、亞馬遜和特斯拉等公司)高階管理人員調查發現，這些人常使用以下技術工具。

1．3D列印

3D列印技術，是一種以數位模型檔案為基礎，運用粉末狀金屬或塑料等可黏合材料，透過逐層列印的方式來構造物體的技術。3D列印技術的魅力在於它不需要在工廠操作，桌面列印機可以列印出小物品(如圖4.1所示)，而且人們可以將其放在辦公室一角、商店甚至房子裡；而自行車車架、汽車方向盤甚至飛機零件等大物品，則需要更大的列印機和更大的放置空間。

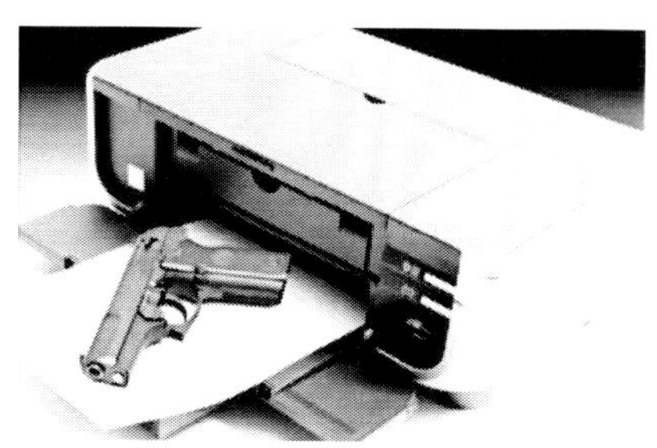

圖4.1　3D列印技術

雖然現在3D列印技術還不夠成熟，材料特定、造價高昂，列印出來的物品還都處於模型階段，也就是說真正用於生活中的還不多，但3D列印技術的前景很好，未來將有可能得到普及，進入我們的生活。3D列印也是三種創新中最受歡迎的。

2．虛擬產品模型

一些企業會建立一個比較詳細的「虛擬世界」，其中包含了一個虛擬的新產品模型，如圖 4.2 所示。借助它們，企業就能夠獲取用戶的反饋，這跟視訊遊戲體驗非常相似。比如，曳引機製造商在建立產品原型之前，會創建一個虛擬的 3D 模型來獲取消費者反饋。

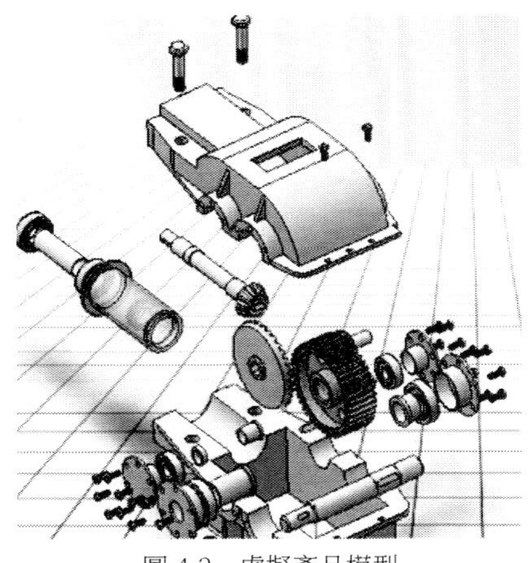

圖 4.2 虛擬產品模型

3．感測器

對於開發者來說，他們很容易借助軟體來獲取用戶使用產品功能的資訊。開發者做的就是追蹤用戶的滑鼠游標點擊情況，透過低功率的感測器，開發者能夠快速的獲得用戶對新產品的反饋意見。如圖 4.3 所示為紅外線熱釋放感測器。

圖 4.3 紅外線熱釋放感測器

4.1.2 3D 技術成大學科學研究熱門

3D 列印是快速成型技術的一種，一般被稱為積層製造。它是根據電腦 3D 模型累加材料直接製造實體零件的方法，通常是一層一層的材料堆疊，無須模具就能實現材料百分之百的應用率。

目前 3D 列印的主要方法有熔融沉積建模技術、選區雷射熔化、選區雷射燒結，以及立體光刻技術等。雷射是 3D 列印中依靠的最主要的技術，3D 列印讓雷射從以往的開料加工方式轉變為直接製造方式，其發展也將推動雷射技術在更大範圍的應用。

而以雷射技術為代表的 3D 列印應用，也是各大科學研究機構與大學研發新產品的熱門，致力於 3D 列印技術的研發。

北京清華大學機械工程系是金

屬機械鍛壓及材料成型方面具有科學研究實力，早期的教授帶領的團隊也在金屬快速成型上取得諸多成就，在3D列印方面主要研究的技術是FDM，如圖4.4所示。而華南理工大學目前主要研發方向是牙齒、義肢及金屬部件等，二○○四年該團隊與中國國內企業合作研發了中國第一台選區雷射熔化快速製造設備DiMetal-240。

目前來看，3D列印技術能夠縮短產品的上市時間，能夠提升產品的品質，而且能夠透過客製和差異化提高企業的利潤率，這也是眾多機構研發3D列印技術的目標之一。

4.1.3 3D列印是考古學家的福利

如今，3D列印飛機、火箭、器官、人偶等都已經不是新聞。近日

圖4.4 北京清華大學研究的FDM快速成型機與產品

國外媒體報導的英國地質調查局開放了化石資料庫，公眾可以根據其提供的化石數據資訊，製作特定的化石的3D列印，這對考古學家們來說絕對是令人激動的好消息，可以說是考古學領域的福音。具體來說，3D列印的應用集中在以下三個方面。

（一）復原遠古生物模型。利用3D掃描和列印技術，可以幫助考古學家透過發現的古生物化石製作出這些生物的模型，有助於對遠古生物生活習性等方面的研究。

（二）修復受損文物。由於千百年來時間的侵蝕，許多珍貴的文物被損毀，想要修復這些文物，不能直接在文物上進行修補。利用3D列印技術，可以製作對應文物的一

比一大小的複製品，然後對相應部位進行修復。

（三）共享考古資源。3D 列印過程中的各項資訊是非常有價值的虛擬資源，將這些資訊蒐集起來並共享，可以實現全世界考古學家的資源共享，有助於考古學的進一步發展。如圖 4.5 所示為紫砂茶壺 3D 建模模型。

圖 4.5 3D 建模紫砂茶壺

4.1.4 技術與成本瓶頸需要突破

目前中國有多家博物館引進了 3D 列印技術，用於藏品維護及修復等。不過，成本過高或許會成為應用 3D 列印的一大瓶頸，因為 3D 列印的原料的成本很高，平均每公克材料要十五至二十元，例如普通大小的佛陀頭像就要上萬元。

在上海舉行的新疆龜茲洞窟展覽中，現場展出的兩尊佛像，由於列印材料成本偏高，只在外面用了兩公分厚的石膏殼，殼上印了一公釐厚的彩色墨水，中間都是用泡沫塑料填充的。

此外，在技術方面還有許多地方需要攻關。受 3D 列印機尺寸所限，有些需要列印的文物可能要分幾塊列印，然後根據 3D 資料進行拼接。並且，中國在將 3D 列印應用於文物還原方面還沒有相關標準，這方面如何實現數位化、規範化、標準化還有待完善。

4.1.5 3D 列印是否會「傷害」藝術

一家公司利用 3D 列印技術複製紫砂壺等名家工藝品，其精確程度令人吃驚。有網友認為，3D 列印技術使更多人接觸到藝術，是對藝術的良好推廣和保護；與此同時，也有人擔心，高科技會使贗品橫行，大量複製品會破壞藝術的原創精神。

3D 列印的支持者認為，利用 3D 列印僅僅需要幾個小時或一天就可以複製一件藝術品，貴在方便快捷。並且量化的生產藝術品能使更多的人接觸到藝術，更有利於藝術的傳播。此外，3D 列印並沒有對藝術造成衝擊，列印的只是外形，而材料配方、製作工藝及風格神韻是複製不了的。

反對方同樣理由充足，過度崇拜和濫用科技，有可能會形式大於內容，屬於藝術本身的想像力和創造力也隨著複製而消失。同時因為科技手段令高科技造假變得更加便利，以後藝術品交易市場很有可能會購買到逼真的3D列印贗品。而最終孰是孰非，還需要時間來驗證。

4.2 3D列印在科學研究領域的案例

隨著越來越多的3D列印機問世，使得3D列印可以應用到幾乎任何行業，除了較為普遍的製造業，如模具製造、工業生產等行業外，也涉及了更高端精密頂尖的技術，如科學研究行業。3D列印在科學研究領域的應用，不僅為人類科學的進步提供了動力，同時也催生了眾多高科技產品，向人們展示了未來世界的「魔幻圖景」。

4.2.1【案例】進軍地理資訊產業

地理科學研究領域對3D列印的應用，在國外一些相關技術發達的國家已有實踐，基於地理資訊科學研究的3D列印模型，需要更高的立體精細度。

從設備市場上來看，全球範圍內最流行的專業3D列印機型號是Zprinter系列的產品，這種型號的列印機非常兼容對地理模型的輸出。據了解，這種列印機正是利用3DP技術並支援全彩列印，從而將地形結構的立體實體清晰、豐富的展現出來。

目前，國外的3D列印技術已經在地質研究、地下結構視覺化、野外環境分析和軍事指揮中，有了許多成熟的應用。而在中國，一些測繪裝備類企業，也在積極謀求為中國的3D列印技術提供硬體、軟體技術和數據資料上的支援，透過精準的測繪數據資料，便能夠清晰的列印出高標準的模型。如圖4.6所示為Zprinter系列列印機。

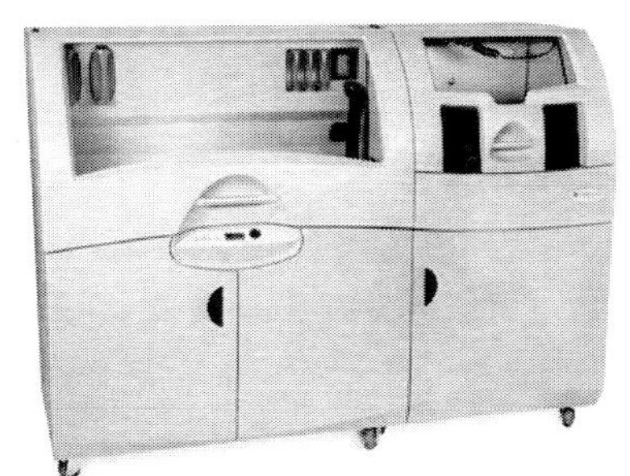

圖 4.6 Zprinter 系列列印機

圖 4.7 3D 地理模型

3D 列印技術在地理資訊方面的應用，為 3D 地圖的出現提供了便利。目前，有多家 3D 地圖工藝網站提供有 3D 地圖列印業務。

例如英國的 Terrainator.com 地圖平台，是一家列印 3D 地圖工藝產品網站。在這個網站中，用戶可以在有相關業務地區的地圖中，以一定的比例圈出一塊地形，提交後，系統會自動處理並生成一張立體的地形結構圖。用戶最終將這張立體視圖提交給網站並支付費用，網站就會負責為該用戶列印出一套訂製化的立體地形圖，如圖 4.7 所示。

目前該網站只支援美國的大部分版圖、加拿大西部的版圖、英國的整個版圖和歐洲的少數國家的部分版圖等。試著列印一塊英國倫敦平原地區或者奧地利西部某個綿延高聳的山脈，它可能會要花費你十幾英鎊。當然列印的版圖面積越大、地形越複雜多樣，費用就越多。

另一家美國網站 Landprint.com 則是一個明定標價出售 3D 地理地形圖的圖商。他們將商品分為了「世界知名的山峰」、「著名國家公園」、「夏威夷群島」等產品類型，每一類商品都有一些 3D 地理結構商品正在出售，比如奧林匹斯山脈的地形圖就能賣到 160 美元的高價。

由此可見，3D 列印地圖已經具備了大眾應用的基礎，同時也預示著 3D 列印技術在地理資訊研究領域的應用前景無限，因為它實現了由傳統平面地圖向立體地圖的轉變。

4.2.2 【案例】世界第一款 3D 列印飛行器

日前，一款名為 Hex 的小型飛行器出現在國外 Kickstarter 集資平台，這款利用 3D 列印技術製作而成的飛行器，是由中國創客喻川創始成立的數位製造團隊 HEX 設計的，如圖 4.8 所示。

圖 4.8　Hex 小型飛行器

Hex 是世界上首款針對個人智慧型手機用戶，並採用奈米技術的飛行器，也是世界第一個使用 3D 列印技術的個性化電子消費產品。它由簡單的控制電路構成，並使用 3D 列印機身架構，重量上屬於超輕量級別，擁有四軸和六軸兩種型號。

同時，Hex 還配備了即時傳輸攝影鏡頭，可利用手機中的控制軟體，操控和查看飛行器在空中的飛行環境，讓使用者體驗空中美景。除此之外，Hex 還支援個性化訂製，用戶可根據喜好，訂製屬於自己的飛行器外觀。並且 Hex 完全開放原始碼，允許用戶增加新功能，比如燈光等。

近年來，「硬體復興」成為世界性的科技潮流。智慧設備、可穿戴設備層出不窮，開放原始碼硬體在大幅度降低硬體原型的門檻。但面臨生產製造的時候，才是硬體創業者真正的挑戰。

拋開產品層面，Hex 的商業模式是一次以 3D 列印技術為代表的數位製造嘗試。拋棄傳統的模具生產方式，製造流程變得非常輕巧和有彈性；而且可以根據用戶反饋迅速疊代、個性化訂製，實現像做網際網路產品一樣的做硬體。如果這種模式成功，則對消費電子產品創業是一件非常有意義的事情。

專·家·提·醒

Kickstarter 於二〇〇九年四月在美國紐約成立，是一個創意方案的群眾募資網站平台。它透過網路平台面對公眾募集小額資金，讓有創造力的人有可能獲得他們所需要的資金，以實現他們的夢想。

4.2.3【案例】3D 列印液態金屬

相信看過科幻電影《魔鬼終結者 2》的人都記得這樣一個畫面：液體金屬機器人在被擊毀後，迅速復原。這樣的情形看似神祕科幻，但是並非完全不可實現。

日前，美國北卡羅萊納州立大學的研究人員，開發了一種允許 3D 列印機使用液態金屬來製作物品的技術，如圖 4.9 所示。

圖 4.9　3D 列印機使用的液態金屬

當乾燥之後，物體仍然可以保持彈性。據悉，研究人員使用了鎵和銦兩種無毒、且能在室溫下保持液態的合金。當被暴露在空氣中時，材料的表面會硬化，但內部仍然保持液態，這也就是其能夠保持彈性的原因。

顯而易見的是，除了列印液態金屬結構模型，這項技術又為 3D 列印開闢了一塊全新的更加高科技的領域。由於液態金屬可以導電，也就意味著將有可能採用類似技術，利用 3D 列印機列印出液態金屬線路——用於製作彈性、可伸縮的電路。

據悉，迄今為止常規的電子製造仍只能透過蒸鍍、濺射、沉積等頗為耗時、耗材及耗能的工藝來完成。最近出現的印刷電子學就像印刷文字一樣，直接在基板上形成能導電的線路和圖案，加快了傳統模式的變革，但也面臨著「墨水」的束縛，常常需要採用導電聚合物或添加奈米顆粒材料，並透過高溫固化或特定化學反應來實現。

在此背景下，液態金屬印刷電子方法則將印刷電子向前推進了一大步，它的基本觀念在於：液態金屬就是「墨水」，列印出來就能成為電路。有了這台設備，設定好程式，就可以「列印」出自己需要的電路系統了。

列印出的金屬線路同樣可以嵌

入到材料中，製成可伸縮的元器件，包括天線、彈性顯示螢幕和簡單的電子產品（比如彈性的LED螢幕）。

最終，我們將能看到被液態金屬包圍、由3D列印機製成的線纜和其他電子產品。顯然，3D列印的未來不僅取決於3D列印技術本身，同時也取決於3D列印的新材料的開發，隨著技術的不斷進步，或許3D列印會帶給我們更多的驚喜。

專·家·提·醒

3D列印使用的液態金屬不同於液態水銀，它沒有毒性，因此可安全用於商業生產，然而這種液體金屬成本並不低，大約是製造3D塑料物品的一百倍。

4.2.4 【案例】用意念控制3D列印機

人類的各項生理活動都會放出弱電，如果用儀器測量大腦的電位活動，就會顯現出波浪一樣的圖形，這就是「腦波」。腦波活動具有一定的規律，和大腦的意識存在某種程度的對應關係；人在愉悅、焦慮、昏睡等不同狀態下，腦電波頻率會有顯著的不同。

正因為腦波具有隨情緒變化而波動的特性，因此透過對腦電波訊息的監視，解讀後轉化為相應的動作，這就使「意念」操控物體成為可能。電影《阿凡達》中展現的「腦機介面技術」即是一例。

對於普通家庭來說，雖說對3D列印機都有了解，但只是「只聞其聲，不見其人」。因此，當下的消費級製造商們如果想要將3D列印推向更多的消費者，必然要解決的一個問題就是如何使用3D列印。

一般來說，家用的3D列印機比較簡單，而相對專業一些的3D列印機則困難許多。針對這種情況，智利的一家創業公司Thinker Thing製造了一台意念控制的3D列印機，試圖讓使用者透過意識就能創造3D列印的物品。

其實3D列印就像普通列印一樣，需要首先建立一份列印資料的檔案傳送給列印機執行。對於普通人來說，學習和建立這些資料檔案並不簡單。Thinker Thing的思路是直接上——他們希望透過神經感應技術將用戶的意識直接轉化為3D列印的資料模型。

Thinker Thing的第一套原

型系統是用 Emotiv EPOC 意念控制器配合 MakerBot 3D 列印機。Thinker Thing 首先提供一系列 3D 資料模型的簡易版本，用戶戴上 Emotiv EPOC 意念控制器後可以在螢幕上增減他們想要的元素，不斷修改當前的模型，而當他們摘下意念控制器後，最終確定的模型將被傳輸到列印機用於列印實物，如圖 4.10 所示。Thinker Thing 目前已經成功的製作了第一件意念控制的列印品——George Laskowsky 創造出來的「橘子怪」。

圖 4.10 Emotiv EPOC 意念控制器與 MakerBot 3D 列印機

Thinker Thing 的系統目前仍屬於非常初期的階段，但相信隨著神經科學和 BCI（大腦－電腦介面技術）的發展，這樣的系統將為未來的生活開啟更多的可能。

4.2.5【案例】讓手機變成奈米顯微鏡

加州大學洛杉磯分校工程師最近創造了一個 3D 列印的附件，可使智慧機攝影鏡頭成功拍攝九十奈米的小粒子，幾乎媲美電子顯微鏡效果。該附件被譽為第一個攜帶式、基於手機成像系統、可檢測單個奈米粒子的手機顯微鏡。

此設備經過科學家驗證，可以檢測單個粒子，以人類巨細胞病毒為樣本，其為一常見病毒，可導致出生缺陷，一般為一百五十至三百奈米大小。在另一個試驗中成功檢測到了九十至一百奈米的粒子，幾乎媲美電子顯微鏡的效果。

不過研究團隊設法解決了難題，該設備在一定角度下（七十五度角），使用一個雷射二極體照亮整個樣品，避免鏡頭收集過多的散射光，提高了訊號雜訊比設定。

研究團隊也試過用它檢測食品和腎臟測試，這種攜帶式成像系統重量不足零點二三公斤。研發這個附件的意義在於可以促進各種病毒載量測試的提高，相應的 App 應用程式也會逐漸發展起來；另一方面滿足生物學愛好者在外隨時測試；還有就是在醫學資源不足的時候做輔助補充，總之對我們的行動健康是很有意義的。

專·家·提·醒

光的波長一般有幾百奈米，但波長更短（次波長）的顯微鏡成像對象挑戰更大。因為環境限制，其訊號強度和對比度非常低。

4.2.6 【案例】3D 列印組裝宇宙飛船

曾有這樣一個搞笑的問題：怎樣把大象關進冰箱？正確答案是分三步：第一步打開冰箱，第二步把大象放進冰箱，第三步關上冰箱門。這種看似困難無比的問題其實都有一個非常簡單的解決辦法，只需要人們將思維放開就行。

前段時間，一群 MIT 科學家提出了這樣一個問題：「怎樣 3D 列印一架飛機呢？」憑藉「把大象關進冰箱」的經驗，3D 列印飛機只需要把飛機的 3D 模型輸入列印機，然後列印即可。

不過，很快他們就意識到，即便可以畫出列印圖紙，也沒那麼大的 3D 列印機來列印它。於是他們想到了新辦法，可以用 3D 列印無數的積木樣小塊，然後再組裝起來，這樣就可以解決飛機過大無法列印的問題。

這批科學家在《科學》雜誌上發表了一篇文章，仔細描述了如何用 3D 列印技術列印出一架飛機的方法。就像樂高積木一樣，許多小的、相互嵌套的積木能夠連接成一個大型的構造，而且整個結構還可以拆分，各個積木能夠重新排序、重新整合成為另外一個造型，如圖 4.11 所示。

這個建造方法的好處顯而易見，尤其是當修築大型建築物的時候，比如飛機或者堤壩。建築部件，也就是類似樂高積木的材料可以用 3D 技術很快捷的列印出來，而且還能被多次反覆利用。由於這些部件輕質且多孔，因此由它們建成的結構重量輕，而且便於運輸。與目前所採用的建造飛機或者飛船的方法不同，這種 3D 列印材料組合的方式不需要在一個超大的飛機庫裡一次性組裝好，只須適時的將各個小部件組裝起來即可。

圖 4.11 3D 列印的積木

4.2.7 【案例】3D 列印手套形手機

近期，設計師 Bryan Cera 設計了一件名為 Glove One 的手機，該手機的獨特之處在於它就像手套一樣戴在用戶的手上，一切操作透過手勢來完成，並且這部手機的每個部件都是用 3D 列印機列印出來的。

Glove One 目前還只是一個原型機，但的確已經具備基本功能。它的外形就像是未來派機械盔甲的一部分，按鈕被設計在手指關節內側，之後將手擺成「六」的造型，拇指做聽筒，小指做話筒，即可實現通話。這款手機使用 mini USB 接口充電，SIM 卡插槽位於手背部位，如圖 4.12 所示。

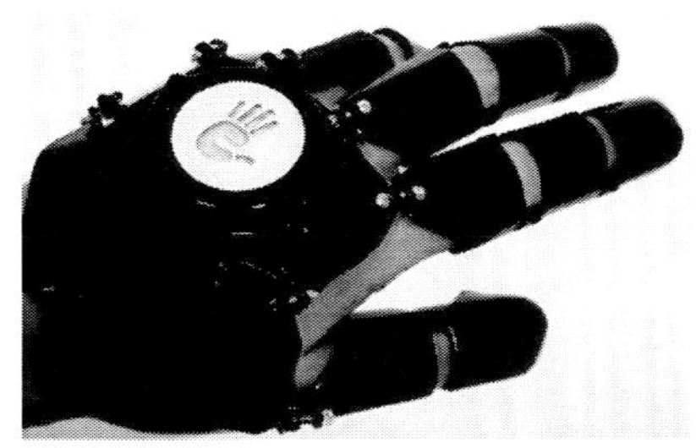

圖 4.12 Glove One 手機

Bryan Cera 在自己的網站上解釋了他製作 Glove One 的初衷：Glove One 是一個可穿戴的行動交流設備。它代表這樣一種趨勢——一些技術能夠增強我們自身，但它本身卻是有些無用和脆弱的。為了使用這樣的手機，人們必須以犧牲自己的手來交換。這是對 Sherry Turkle 將技術稱為「幻肢」的最佳註解，即人們對於設備和技術依賴的一種矛盾境地。

當然，在設備中我們也可以體驗另外一種自由。隨著設備的正常使用必須以穿戴者自身機能的非正常運轉為代價，情感上的投入開始向身體延伸。在享受技術的美妙之時，我們也需要重新思考技術的本質及技術如何重建我們自身。

4.2.8【案例】手勢控制 3D列印系統

近日，億萬富翁伊隆·馬斯克（Elon Musk）受科幻電影《鋼鐵人》的啟發，最新研製一種手勢控制3D列印系統，能夠列印出火箭部件。前幾週，馬斯克透過微博發布該3D列印系統的示範影片，如圖4.13所示，它結合了訂製化電腦軟體，虛擬實境頭盔和前沿技術列印機。

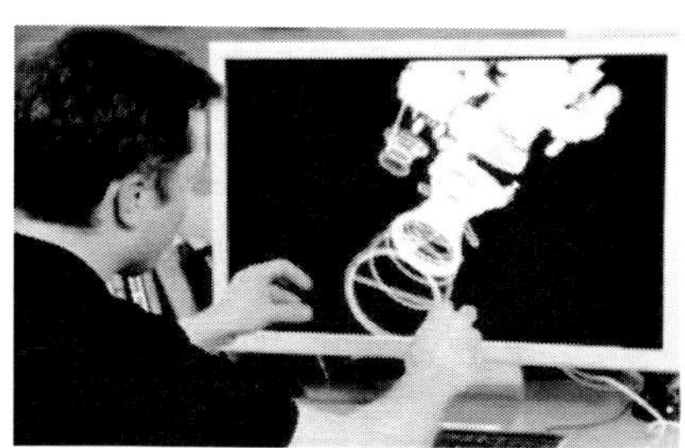

圖4.13　馬斯克與hyperloop超級高鐵構想

作為Space X和特斯拉汽車的老闆，伊隆·馬斯克被很多人視為現實版「鋼鐵人」，他總是熱衷於將各種「科幻級別」的瘋狂想法變成現實，並且根據傳聞，馬斯克就是《鋼鐵人》主角東尼·史塔克（Tony Stark）的原型人物。

目前，他能夠使用手勢和跳躍運動控制器裝配SpaceX火箭部件的線框藍圖。透過空中揮動手勢能夠將火箭零部件組合在一起，同時可以局部放大和縮小，能夠呈現發動機引擎部件的立體CAD模型。並且這項技術中使用的頭載虛擬實境頭盔Oculus Rift相當於科幻電影《鋼鐵人》中的獨立玻璃投影螢幕，可以操控軟體。

當前人類與電腦系統以一種不同尋常的方式進行交流互動，很難使用2D工具製造3D物體。將微粒與雷射器結合在一起，人們透過在電腦上的手勢控制就能逐步列印物體了。透過馬斯克的示範影片，人們可以透過一台3D雷射金屬列印機列印火箭零部件，逐層列印鈦微粒，最終形成一個金屬層結構。

4.2.9【案例】測試3D列印火箭部件

自去年以來，隨著新型3D列印機和各種用途的列印材料誕生，3D列印這項並不年輕的現代製造技術著實成為了科技界一顆明星。

目前，這項技術已經被引入到包括服裝、模型製造、醫學及零部件加工等領域中，其獨特的魅力就連 NASA（美國國家航空暨太空總署）也無法抗拒。

近期，專注於高科技研究的 NASA 成功測試了首次用 3D 列印機製造的零配件。其中製造零部件的 3D 列印機類似於普通 3D 列印機，不同的是，這台機器使用特製金屬粉末，並由高功率雷射雷射模組進行精確導引。而這種創新技術被命名為選擇性雷射熔化（SLM）。

在零配件製造完成後，NASA 對其製造的火箭發動機噴嘴進行了一系列高壓燃燒試驗，包括液氧與氫氣噴燃等，結果證明，這種 3D 列印出來的零件完全符合需求，因此未來可幫助 NASA 以更高效、花費更低的成本製造火箭，如圖 4.14 所示。之後，NASA 表示將擴大這一組件的生產要求，但是真正將這種 3D 列印的部件投入實際飛行測試，則至少需要等到二〇一七年。

圖 4.14　高壓燃燒試驗

專·家·提·醒

發動機噴射閥通常是火箭引擎中最昂貴的組件之一，3D 列印技術的引入不僅能將開發時間從超過一年的時間縮短至數月，而且也將成本降低了七〇%。

4.2.10 【案例】3D 列印顯示器感測器

在美國匹茲堡，迪士尼公司一組工程師最近展示了一種新的 3D 列印技術，可以直接列印一體化的電子元件，比如顯示器和感測器，而且這種列印方式製作出來的產品價格也很便宜。該技術利用了新的 3D 列印材料，包括「光學性質類似有機玻璃的分辨率透明塑料」等。

這種新的 3D 列印技術的突破

性在於可以使工業生產流程更加便利，成本也更低。如圖 4.15 所示，在國際象棋棋子中嵌入了一個投影板，當棋子移動的時候可以在投影板上顯示其當前的位置。相比傳統的顯示方案，該技術更為簡單和廉價。據研究人員稱，這是他們「互動設備可以完全透過 3D 列印製造」理念中的關鍵部分。除了簡單的顯示，這項技術也可以被用來製作各種感測器，透過紅外線探測來感應觸摸按鍵和撥號等動作。

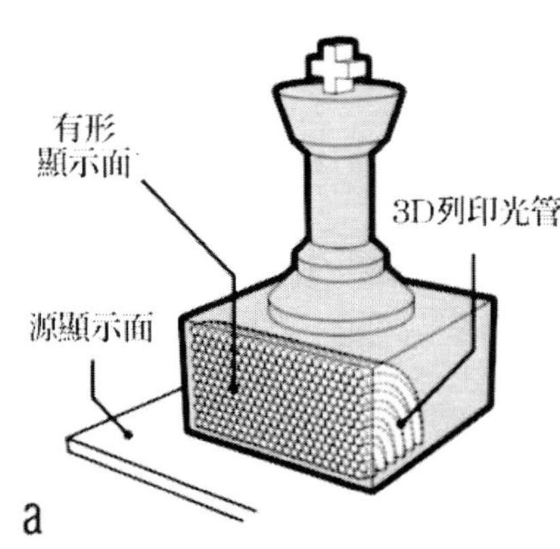

圖 4.15 3D 列印顯示器感測器

4.2.11 【案例】3D 列印動聽音樂

在斯德哥爾摩舉辦的藝術駭客節（Art Hack Day）上，里卡德·戴爾斯簡德（Rickard Dahlstrand）透過 3D 技術列印音樂。他採用一個 Lulzbot3D 列印機和幾副耳機，讓列印機一邊播放古典音樂一邊列印出獨特的視覺化古典音樂作品，如圖 4.16 所示。

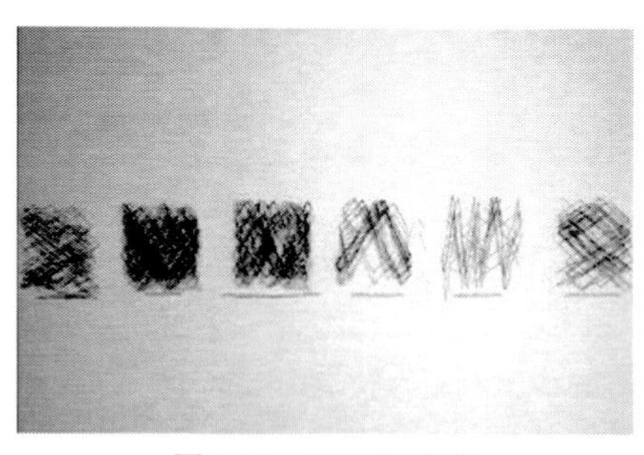

圖 4.16 3D 列印音樂

那麼 3D 列印機播放音樂的原理是什麼呢？為列印機提供電力的步進馬達在播放不同音調時以不同的速度運行。列印機將歌曲的

MIDI 檔案解碼成一組數據資料，該資料決定列印機馬達的運行速度，從而重現歌曲的音調。

而這個項目的獨特之處在於：列印機馬達在三條軸線中移動的同時，馬達能列印出一個物體。簡單的說，就是可以以不同的速度運行步進馬達，列印機的運行速度決定音調，因此馬達能夠列印出音樂。

目前，3D 列印機能夠列印的音樂包括約翰·史特勞斯（Johann Strauss）的《藍色多瑙河》、《星際大戰》作曲家約翰·威廉斯的經典力作《帝國進行曲》、喬治·比才歌劇《卡門》等經典歌曲。

4.2.12 【案例】科學研究人員設計細菌群落

近期，科學研究人員設計出了一種 3D 顯微列印技術，用於研究混合細菌物種群落如何相互作用和影響人類健康。人體內的細菌常常在有結構的 3D 群落中繁盛生長，這種 3D 群落含有多個細菌物種。

研究已經發現了這些微生物生態系統的結構和功能之間的關係可以影響人類健康，諸如在長期傷口和囊性纖維化病人的肺部感染的毒力。為了幫助研究這些關係，研究者們開發了一種基於凝膠的技術，使用 3D 顯微列印把混合細菌物種種群組織成以幾乎任意結構的排列方式。

根據雷射平板印刷術改造而成的這種技術，把選中的細菌困在一種多孔的凝膠的密封空腔中，讓這些密封的單元能夠迅速生長，同時與附近獨立的單元中生長的其他細菌物種交流。

研究者還證明了兩種細菌物種之間的 3D 關係如何能夠讓一種病原體的抗生素耐性增強另一種細菌的耐性。這些發現為科學研究人員提供了一種工具，用於幫助弄清楚細菌聚集體附近的微生物如何交流、整合和相互作用。

4.3 3D 列印在考古研究領域的案例

在電影《十二生肖》中，成龍扮演的文物販子用 3D 掃描儀全面掃描獸首之後，網路另一端的同夥收到他發來的數據資料，便迅速的複製出一模一樣的文物複製品。其實，這並不是電影誇張的橋段，一些考古學家的確動用了這種全新的方式，以求在考古研究工作上有所突破。

4.3.1 【案例】化石複製品助力研究

目前，3D 列印技術被科學家們廣泛的應用於科學研究，比如說快速成型之類的技術。不久前，一群德國的研究人員就利用 3D 列印及 CT 掃描技術來列印化石的複製品，如圖 4.17 所示。

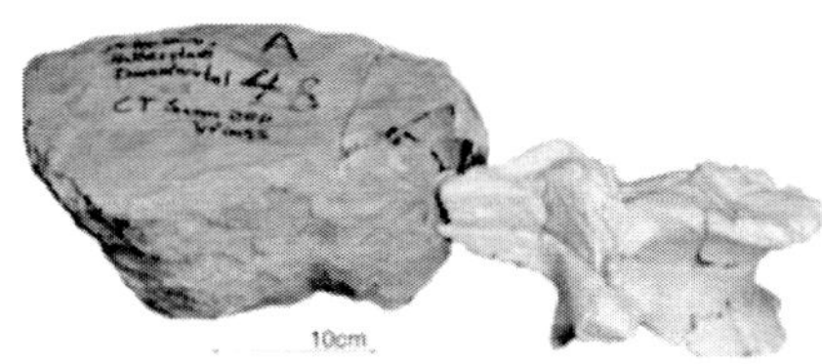

圖 4.17　3D 列印化石複製品

這批需要研究的化石在二戰時期，因戰亂被埋在柏林自然博物館的碎石下，化石外部的石膏保護著它們，不過正是由於表層的石膏，使科學家們在發現這些化石上遭遇困難。

而利用 CT 掃描及 3D 列印技術列印化石的複製品，無須將易碎的化石從保護石膏中移出，科學家們就可以研究化石，這項技術可以應用於研究珍貴的化石標本。

無獨有偶，英國地質調查局（British Geological Survey）於近期決定全面開放他們的化石資料庫，將其中收藏的三百多萬塊化石標本全部進行 3D 掃描，生成 3D 列印檔案。只要家裡有精度足夠的 3D 列印機，任何古生物學家乃至業餘化石愛好者都能從網站上下載這些檔案，列印出這些化石標本的複製品。

調查局考古科學部負責人珍·伊文斯（Jane Evens）坦言：「研究化石，哪有人願意只看電腦螢幕，即使虛擬技術再真實，也替代不了化石握在手上的觸感。」和她一樣，很多考古專家都認為，透過數位模型與 3D 列印技術的結合，古生物化石有望永久保留下去，甚至成為大眾的家藏，對科學普及裨益甚多。

4.3.2 【案例】3D 列印技術「復活」恐龍

恐龍，可謂是人們心目中最神奇的一類動物：種類繁多、形態各異、大小不一。在牠們的身上似乎有許許多多的「謎」等待人們揭開。

恐龍死後，身體中的軟組織因

腐爛而消失，骨骼（包括牙齒）等硬體組織沉積在泥沙中，處於隔絕氧氣的環境下，經過幾千萬年甚至上億年的沉積作用，骨骼完全石化而得以保存，這就是恐龍化石的形成過程。

恐龍化石是億萬年前恐龍生存和生活的直接表現方式，對恐龍化石的研究的同時，我們獲得了關於地質、生物、天文、環境等多方面的知識，使我們明確的知道應該如何與自然界保持和諧。

但是，由於年代久遠，恐龍研究面臨諸多限制。不過近日，美國卓克索大學的一個研究小組又推出了一個新的項目，利用 3D 掃描儀和列印機將恐龍「復活」。

簡單的說，該項目首先利用 3D 掃描儀創建恐龍骨骼模型，然後使用 3D 列印機將其製作出來。當然，實際的操作遠比這些複雜。研究人員希望能利用該技術打造機器人模型，用於研究恐龍等史前動物在當時環境下的生活狀況。

作為該項目的第一步，該研究小組將於二〇一二年年底前完成恐龍的一個腳，然後再用一兩年的時間完成整個恐龍機器人的「復活」工作，如圖 4.18 所示。

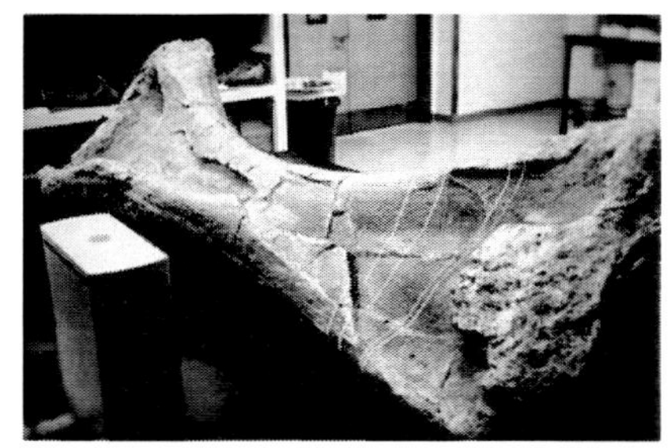

圖 4.18 3D 掃描儀掃描恐龍腳部

4.3.3 【案例】3D 列印遠古生物模型

近日，美國國家地理網站的消息表示，古生物學家已經借助 3D 列印技術，將一隻生活在三點九億年前的遠古生物「復活」。這種名叫 Protobalanus spinicoronatus 的軟體動物，不但渾身尖刺，而且全身都覆蓋有硬甲，其體長大概只有二點五公分，如圖 4.19 所示。

圖 4.19 遠古生物模型

這次的 3D 列印工作都是基於一塊於二〇〇一年在美國俄亥俄州

北部發現的迄今最完整的該物種化石進行的。據研究小組人員介紹，當初這一化石部分被鑲嵌在岩石中，它的殼和刺部分已經被侵蝕破壞了。

為了重構這個樣本，研究小組先是利用一種類似醫學用 CT 掃描的技術建構了這個破碎化石的 3D 立體模型。然後他們又煞費苦心的在電腦上將這些破碎的碎塊進行精細的拼合。最後，電腦重構結果顯示這些相互咬合在一起的外甲板塊構成了這種古老生物的盔甲，並且它們並非排成一排，而是成排並相互平行的兩行。至此，一切關於這種遠古生物的外形修復與 3D 虛擬模型建構工作都已告一段落。

隨後，研究小組將已經建構好的 3D 數位化石模型在電腦中放大了十二倍，並使用 3D 列印機列印出了一個立體的物理模型。對於這樣做的原因，研究小組負責人表示是為了今後能夠更加方便、細膩的觀察該物種的外形結構特徵。而所謂 3D 列印就是利用電腦控制列印設備，依據數位化模型逐層噴灑軟性材料物質顆粒，直到最終形成模型，並逐漸硬化固定。

接下來，作為將這種古老生物「復活」的最後一步，研究小組還需要將列印出來的模型送到位於丹麥哥本哈根的「10 Tons」模型製作公司那裡進行上色及外殼紋理在內的諸多細節處理。當一切工作都完成之後，這個生活在三點九億年前的遠古生物就可以「活靈活現」的出現在世人面前了。

4.3.4 【案例】三星堆文物建立 3D 檔案

三星堆古遺址位於四川省廣漢市西北的鴨子河南岸，分布面積十二平方公里，距今已有五千至三千年歷史，是迄今在西南地區發現的範圍最大、延續時間最長、文化內涵最豐富的古城、古國、古蜀文化遺址。其中出土的文物是寶貴的人類文化遺產，在中國的文物群體中，屬最具歷史、科學、文化、藝術價值和最富觀賞性的文物群體之一。

三星堆博物館位於中國重點文物保護單位三星堆遺址東北角，這裡不僅是學習古蜀歷史的基地，古蜀文化收藏、保護、研究和展示的中心，而且還將成為享譽海內外的又一個新的旅遊勝地。近日，一項新技術的引進，使三星堆博物館吸引了不少關注的目光，這就是 3D 列印技術。

早在之前，三星堆博物館仿製文物或修復文物，都必須在原文物上面覆泥模，然後再做蠟模。不管人工再怎麼細心，都會對文物產生一些影響。而使用了 3D 成像列印系統後，博物館可以避免人工操作帶來的誤差，只需要將文物進行立體掃描，然後在電腦裡做成立體圖像，再用列印機列印就可以完成，如圖 4.20 所示。

並且三星堆文物中很大一部分是青銅器，上面的紋飾非常精美和細膩，如果用人工來描線和製作模具，一件青銅器仿製品大概需要一個工匠一個月的時間才能完成。現在，有了先進的技術，效率大大提高。

如今，三星堆博物館已經建立了流動的數位化博物館，用戶只需要輕點游標，進入相關文物資料庫，即可在3D數位模式下，「轉動」文物，放大、縮小，觀察文物的細節部分，還可將文物逐一「打開」，觀察文物的內部結構。更加值得期待的是，那些不易或不能以實物方式展出的文物，在數位模型下，同樣可以觀看到文物的原貌。

圖 4.20　3D 列印文物

目前，三星堆博物館決定給全館的每一件文物都建立起3D檔案。並且用 3D 技術複製文物的誤差不超過二微米，即便是專家，不透過特殊儀器，也看不出差別。

4.3.5 【案例】3D 列印開啟博物館新紀元

史密森尼學會是世界上最大的博物館與美術館聯合會，擁有全球數量最多、規模最大的博物館群落。藏品總數現已有一點四億多件，但是其中的九九%藏品只能存在倉庫裡或者在一些偏遠的博物館裡，公眾難以欣賞。

近日，史密森尼學會發起了一項3D掃描和列印活動，以便其巨量的藏品能夠與更多的學校、研究人員和全世界的公眾接觸。

目前，一組技術人員已經開始為史密森學會的一些重要藏品創建3D模型。這些最先開始進行3D掃描的藏品包括萊特兄弟製造的第一架飛機、世界第一位女飛行員愛蜜莉亞·艾爾哈特的飛行服、亞伯拉罕·林肯的頭像（如圖4.21所示）。不為人所知的藏品包括過去一名奴隸的號角、一八〇〇年一個傳教士的槍和冰河時期的猛獁象化石等。

同時，隨著3D掃描及列印設備近幾年來成本不斷下降，博物館發現有一個新的機會，讓他們轉換收集、展示和保護文物的方式。史密森尼學會推出了一個全新的3D線上瀏覽器，讓人們在家中即可探索和欣賞博物館的藏品。例如，一九〇三年萊特製造的單翼飛機，工作人員為其創建了焦點，以線上解說它的發動機和機翼設計，用戶可用滑鼠游標拖動或旋轉展示的藏品進行仔細查看。這些3D資料都可以下載，然後用3D列印機複製出來，以用於幫助學校的歷史、藝術和科學教育。

圖4.21 博物館藏品3D模型

4.4 3D列印在文物保護領域的案例

對於有缺損的文物，由於無法直接在原件上進行修補，因此需要列印複製品進行復原；博物館裡常常會用很多複製的替代品，來保護原始作品不受環境或意外事件的傷害，同時複製品也能將藝術或文物的影響傳遞給更多更遠的人。如此種種，都是3D列印技術在文物保護領域的應用實例。

4.4.1 【案例】3D列印世界名畫

自從3D列印機出現以後，一直有人對它存在質疑。在很多人眼中，由於受到材料、精度、成本等因素的制約，很多時候 3D 列印機只能當作高級玩具使用，但一位叫 Tim Zaman 的荷蘭人研發出了一種令人難以置信的 3D 複製技術，該技術可以完美重現如油畫等藝術品的質地和筆觸，如圖 4.22 所示為用 3D 列印機列印出的一幅精美的藝術品《猶太新娘》，原作者是林布蘭·哈爾曼松·范·萊因。

圖 4.22　3D 列印《猶太新娘》

3D 列印機向來被人認為列印精度不夠，製作的產品太過粗糙，其實列印精度更高的 3D 列印機不是沒有。例如曾經在 Kickstarter 上融資的 Form 1 的單層列印厚度僅為二十五微米，即 1016ppi，但由於精度高，Form 1 可列印的物品體積要比其他產品更小，可列印尺寸為 125 公釐 ×125 公釐 ×165 公釐。

而這次使用的列印機是 Oce Printer，用 Oce Printer 複製藝術品的過程則是類似 PS 的渲染，每次添加一個新的 Layer 層。但是要想完美的複製藝術品，必須首先能夠拿到原版進行數位化，然後接下來的列印過程有點類似染料接頭列印機，透過多次列印，並在每次列印之後為畫面增添新的紋理質地圖層，一件完美的複製品就出現了，甚至連油畫中畫筆的筆觸都能表現出來。

專·家·提·醒

要評判一項新技術是否存在價值，必須看這項技術用在什麼地方，技術需求如何，以及成本是否能夠達到要求。或許 3D 列印在許多領域仍無法達到這幾方面的統一，但只要抓住諸如藝術品複製這樣的細分市場，就有進一步發展的機會。

4.4.2 【案例】3D 列印十九世紀的人面壺

二〇一三年一月十三日，在阿拉巴馬州伯明罕藝術博物館舉行了一場盛大的開幕展覽，其中一件展品 Chipstone 人面壺（Face jug）是由藝術家布賴恩·吉利斯聯合密爾沃基工學院（MSOE）的快速成型中心（RPC），使用最近熱門的 3D 列印技術完成的。

這件人面壺（Face jug），顧名思義就是描繪人臉的陶壺，根據裝飾藝術歷史學家的考證，它出現於十九世紀下半葉，由尚處在奴役階段的非裔美國人創造，製作的原料為高嶺土（一種常用於製陶的黏土）。

製造過程與 3D 列印照相館幾乎完全相同，區別只是這次對象是靜止的。使用 3D 掃描儀掃描人面壺，然後在電腦中檢驗和調整掃描產生的 3D 模型。最後把完成後的 3D 模型交給 3D 列印機，就大功告成了，所使用的是雷射粉末燒結技術，如圖 4.23 所示。

表面處理完成之後的展品，所有的表面細節完美吻合，除了結構重構，加入了現代元素之外的區別則是沒有使用相同的釉彩，而是電鍍一層帶有銀色光澤的鎳，使得這件藝術品更有現代感。

專·家·提·醒

雖然這次利用 3D 列印重建的出發點是藝術而不是文物複製，但不難想像 3D 掃描和 3D 列印這兩個最佳拍檔技術，將在復原和複製文物中發揮重大的作用。

4.4.3 【案例】3D 列印復原金陵辟邪

南京是六朝故都。六朝上承秦漢、下啟隋唐，是一個民族文化大融合的時代，而最能體現六朝開拓精神、最能代表南京歷史輝煌的莫

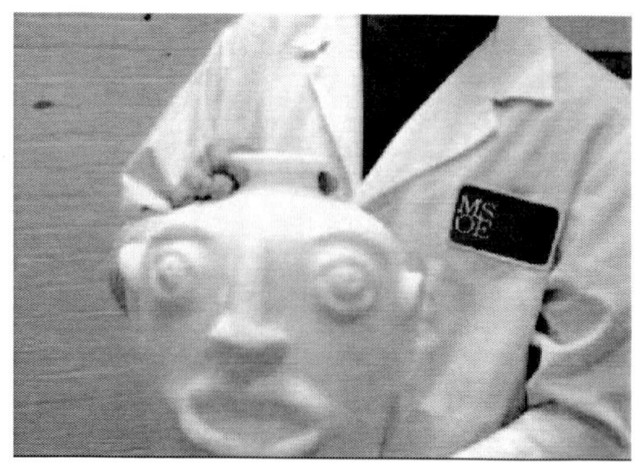

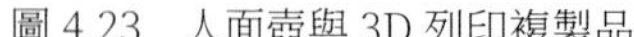
圖 4.23 人面壺與 3D 列印複製品

過於六朝陵墓石雕，它們造型飽滿雄壯，紋飾華麗洗練，氣勢有過於兩漢、不輸於盛唐，而且極具現代氣息。

如圖 4.24 所示的金陵辟邪，現存梁武帝堂弟蕭景（西元四七七年至五二三年）的陵墓遺址。辟邪

圖 4.24 金陵辟邪

為一種瑞獸，首似獅，身若虎，體生兩翼，威武非凡。但是此文物由於露天放置，發現時已腰部斷裂，臀部殘缺，渾身遍布歲月滄桑。如何複製保存這座南京標誌而又不損傷文物，一直是困擾文物部門的難題。

在 3D 技術逐漸成熟後，當地政府聯合某公司，採用先進的 3D 數位化技術，在不接觸原物的前提下，對原物進行了資料採集及數位還原，又透過 3D 列印技術製作一比一原大模具，再用玻璃鋼翻製成型，又經上色做舊，最大限度還原了文物的造型、肌理和滄桑感。如圖 4.25 所示為複製而成的一比一大小的辟邪雕塑及縮小版金陵辟邪。

圖 4.25 一比一大小的辟邪雕塑以及縮小版金陵辟邪

這是目前中國採用 3D 數位化技術和 3D 列印技術所複製的體量最大的古代文物，在文物保護及複製領域具有里程碑的意義。

4.4.4【案例】修復三千年歷史的文物

二〇一二年十二月，哈佛大學閃族博物館的兩位研究人員透過 3D 列印修復了古文物，展示了新技術在保存物質文化方面的作用。

這件被修復的文物是一隻身長兩英呎的陶瓷獅子，它被考古人員從位於伊拉克古城約爾干的一座廟宇遺蹟中挖掘出來。由於三千三百年前亞述人在進攻古城時，將這個廟宇中的神器統統砸碎摧毀並且掩埋於地下，因此這隻陶瓷獅子的身體大部分都已經損壞，只有前爪和後肢還保存完整。

經過幾輪的篩選，考古學家們認為賓夕法尼亞大學所珍藏的一隻同時代、保存完整的陶瓷獅子，與這件陶瓷獅子的殘片有幾分相似。於是，透過 3D 掃描和列印技術，他們複製出了賓夕法尼亞大學的獅子，然後將獅子切割成幾個部分，與破損的陶瓷獅子進行拼合。然後，他們又用 3D 掃描技術，將拼合的結果輸入資料庫，以數位虛擬軟體調整獅子的模型，再將模型列印出來細細揣摩。

儘管虛擬實境技術已經有了很大的發展，但很多考古專家仍然堅持在修復文物時必須手工操作實物。這是考古學界沿用已久的技法，但把玩實物有太多的客觀條件限制。實物的珍貴與稀缺的特質，大大制約了考古學家發揮想像力，所以，最理想的條件就是把模型修改的結果一遍一遍列印出來，根據實物來調整，幾經修改，反覆列印模型，最終能夠幫助考古專家找到合理的方案。

4.4.5【案例】3D 列印「重現」克孜爾石窟

二〇一三年，上海國際印刷週在上海新國際博覽中心開幕，活動焦點是在全世界都被炒得火熱的科技新概念——3D 列印。3D 列印將被廣泛用於高端製造業，而參加這屆展會的上海印刷集團所屬上海商務數碼圖像技術有限公司則將 3D 列印技術應用於文物保護。

1・將 3D 技術與數位印刷結合

新疆龜茲研究院管轄的是以克孜爾石窟為中心，包括庫木吐拉千佛洞、克孜爾尕哈石窟等九大洞窟群，最早開鑿的石窟比敦煌還早兩百多年，但是兩萬多平方公尺的壁畫正面臨著破損、風化、褪色、脫落、蟲害等嚴重威脅。

二〇一〇年底，上海商務數碼與新疆龜茲研究院合作發展克孜爾石窟數位化與高精度還原項目，從平面壁畫資料採集到石窟結構與佛像 3D 掃描、建模，於二〇一二年七月完成克孜爾第十七窟這一具有代表性的石窟壁畫的資料採集、資訊儲存、高精度仿真印刷、石窟建築（復原）模型、數位立體影像製作。

二〇一三年，完成了克孜爾新一窟壁畫的平面掃描與空間 3D 掃描，觀眾在印刷週上看到的就是用 3D 列印技術還原的新一窟佛像，以及用先進色彩管理技術復原的後甬道壁畫，如圖 4.26 所示。

2・3D 列印機一比一列印仿製品

根據介紹，兩尊立佛由一台從美國進口的 3D 列印機一比一進行列印，空間結構完全符合立體資料模型，其精度非常高，最大誤差僅為零點一公釐。立佛是採用零點零一公釐精度的立體採集設備進行數位化，並經過高精度建模而得到的立體空間模型，圖像是經過高精度平面採集設備進行採集與專業圖像處理而得到。

圖 4.26 用 3D 列印技術製作的仿製品

然後立佛的立體空間模型與經過處理的圖像進行結合，得到立佛的彩色立體模型。再將模型進行 3D 列印，確保立佛空間形態的精確度與色彩資訊。右甬道牆面則以一比一高度還原，牆面根據立體模型進行數據切分，透過龍骨結構拼裝而成，其誤差控制在一公分以內。

據介紹，這次 3D 列印克孜爾石窟的嘗試，最重要的目的是基於 3D 列印機是用立體成像系統為文物建立體檔案，不管出現什麼情況，都可以再造出與原文物幾乎一模一樣的仿製品。

另外一方面，兩尊立佛殘體雖然列印出來的成品已經有了顏色資訊，但是 3D 列印機本身的色彩並不豐富，只有三十九萬色。技術團隊對平面掃描的圖像進行顏色比對與還原，後經過龜茲研究院美術師的對比彩繪，佛像在空間形態上和色彩還原上都與原文物高度一致。

專·家·提·醒

這次 3D 列印在文物印刷方面的嘗試無疑是成功的，但目前列印成本還非常高，兩尊殘體立佛的列印成本就高達十萬餘元。

4.4.6 【案例】3D 列印修復天龍山石窟

天龍山石窟位於山西太原市西南三十六公里的群山之中，始鑿於一千四百多年前的北朝東魏時期，被譽為「東方雕塑藝術的寶庫」，是中國重點文物保護單位，在中國十大石窟中排名第六。

天龍山石窟以精煉、細膩又富有感情的造型藝術而聞名於世，是中國佛教造像的經典，被譽為天龍山樣式。該佛造像在二十世紀初被盜取，損毀嚴重，僅僅一千九百二十四年，天龍山流失海外佛造像就多達一百五十多件，至今這些佛造像仍舊流失海外。如圖 4.27 所示為受損的石窟佛像。

圖 4.27　受損的石窟佛像

二〇一〇年春天，為了研究和保護天龍山佛造像，無盡藏非物質文化與藝術遺產研究所發起了《法相莊嚴：天龍山造像數位復原研究》，計劃希望利用數位技術，實現殘損的佛造像的虛擬復原和網路展現，再現其本來面目，這就促成了 3D 列印與考古學的一次完美合作。

研究初始，研究所就確定將天龍山石窟第十八窟作為嘗試，並透過對洞體進行整體 3D 掃描，獲得了 3D 資料，之後對所有 3D 資料進行了匯總。

然後，研究所所長找到了杭州一家 3D 列印工廠，並最終透過 3D 列印機將這些 3D 資料變成了一件 1：11 的複製品。雖然因為 3D 列印材質的關係，複製的佛造像不可能像電腦 3D 製圖那樣清晰，但是呈現出的佛造像的真實感，是在此之前無法想像的。

第五章 建築設計：房子也能用 3D 列印了

第五章
建築設計：
房子也能用 3D 列印了

章節預覽

在房屋建設中，為了更好的表達設計意圖和展示建築結構，設計圖紙與建築模型是必不可少的。以往手工製作的模型，大多精度不夠，而 3D 列印技術則彌補了其不足，3D 列印出的建築模型更加立體、更加直接，能更好的表達設計者的思想。

重點提示

» 3D 列印與建築設計
» 3D 列印在設計領域的案例
» 3D 列印在建築領域的案例

5.1 3D 列印與建築設計

模型製作和製作 3D 效果圖源自於建築師的手勾草圖，它的初衷是建築師矯正造型的一種手段，但是隨著建築越來越複雜，人類對造型效果的要求也越來越高，模型製作和 3D 效果圖從輔助設計手段變成了一種純表現手段，而且其美輪美奐的模型和 3D 效果圖的製作成本及製作時間也不菲，因此一般不到最後階段，建築師不會使用。

現在，3D 列印提供了一種與現在流行的 3D 效果圖、建築模型等傳統的建築造型表現方式不同的、全新的操作模式。整個建築模型製造過程分為三個階段，分別是拍照、建模、列印。這種操作方式比用軟體畫圖、按照圖紙仿形雕刻更精確、更快捷。

5.1.1 認識 3D 列印建築

3D 列印技術出現在二十世紀九〇年代中期，實際上是利用光固化和紙層疊等方式實現快速成型的技術。它與普通列印機工作原理基本相同，列印機內裝有粉末狀金屬或塑料等可黏合材料，與電腦連接後，透過一層又一層的多層列印方式，最終把電腦上的藍圖變成實物。這項技術如今在多個領域得到應用，人們用它來製造服裝、建築、汽車等，其中尤以建築設計領域的應用最為出色。

所謂 3D 列印建築，就是透過 3D 列印技術建造起來的建築物，由一個巨型的立體擠出機械構成，擠壓頭上使用齒輪傳動裝置來為房屋創建基礎和牆壁，直接製造出建築物，如圖 5.1 所示。

圖 5.1　3D 列印模型

二〇一三年一月，一位荷蘭的建築師就表示他們希望能用 3D 列印技術建造一棟建築，該工程預期在二〇一四年完工。

5.1.2 3D 列印機重塑建築業

3D 列印機的可貴之處在於它

可以聽從電腦程式列印完一層自動爬上另一層，非常有次序，甚至比人工更加準確，一磚一瓦都不會遺漏，所以這保證了它的穩定性；而且它會依據強大的幾何計算、採用堅固的材料，來保證幾年至更多的時間內，房子不會有品質問題。具體來說，3D 列印主要從以下兩個方面重塑建築行業。

1．建築藍圖視覺化

曾在 BIM 大賽中斬獲大獎的上海思南路舊房改造項目，是典型的古建築保護項目，這個項目就是利用了從點到面的 3D 列印技術中的 3D 雷射掃描技術，把原來的數據資料保留下來，在設計和改造的過程中時刻拿其與設計進行逆向對比，只要有一點出錯的地方就回頭去重新建立模型，與掃描圖像進行比對推敲。

這樣透過 3D 掃描儀記錄歷史建築立體資訊，並借助逆向工程手段生成模型，比傳統測繪手段方便、快捷。透過立體掃描模型與 BIM 模型比對，快速發現改造前後的不同，管線綜合更加切合實際，保證對古建築的保護。

2．設計模型精細化

如圖 5.2 所示為瑞典創新工作室 WEDO 設計的 Stockholmsarenan 球場的 3D 數位場館模型，在這個小小的模型中，虛擬實現了球場的每一個細節，它甚至擁有七千四百個高細節度的座位，每個僅有四公釐寬，非常精細。

圖 5.2 3D 列印世界級露天大型運動場

5.1.3 3D 列印在各階段的應用

3D 列印技術的作用不只是用於矯正設計、表現設計，它會滲透到我們建築師設計過程中的任何階段，甚至包括市場開發和物業營運階段。

1．市場開發階段

在大多數項目中，當業主把他

的需求一知半解的告訴給你的時候，建築師就需要勾勾畫畫，把你對項目的理解，你的設想清晰、簡潔的表達給業主，當然很多時間業主不一定看得懂、聽得懂，因為透過看 2D 圖想像 3D 空間確實需要經過訓練和經驗，所以只能用一些「意向圖」來表達共同的想法。

而這個時候，建築設計師會覺得：要是有個模型就好了，大家可以圍繞模型來討論了。3D 列印模型在這一點上就非常有用，它的優勢在於可以有效傳達想法，同時保持跟進鼓勵討論和新的改變，這對發展客戶關係是大有裨益的。

2・方案初始設計階段

3D 列印模型可以製作建築物地形或者大的環境背景。建築從來都不是自成一體的，它是存在於大的環境中的，好的設計總是能恰當的回應著其環境或背景。

尤其在做城市綜合體、交通綜合體等這種大規模建築群時，需要研究新的大型建築建成後會對周圍的建築和城市空間有何影響。那麼如何在辦公室裡，向客戶展示我們的設計是如何改變或者改良了都市規劃的呢？

最好的做法就是利用提案中項目地址的可拔「插頭」3D 列印現在地址（環境模型）的模型。這樣我們便可製造多個設計疊代插頭，用以在環境模型內轉換。使用 3D 列印機的極大優勢在於，只需要編輯以往的插頭電腦模型而不需要從頭製造每個插頭。

3・提交方案成果階段

每個設計階段的任務終將形成一個連貫一致的設計，包括方案、成本、準則合規等所需要求。如果用 3D 模型完成我們的空間、環境設計成果，就相當一個縮微版的建築與環境原型再現，即使業主對設計不滿意，也可以直接更改，從而降低資源浪費。

4・項目技術設計和營造階段

隨著建築項目的展開，3D 模型的輔助設計功能也隨著改變。項目的大「主題」已定，設計師接著討論的是項目的技術設計和細部處理、風格展現等問題。比如內飾、外飾的材料、風格、空間內部的陳設和裝飾物品，都可以較現在更加深化細緻。

這時就可以使用 3D 列印機，為諸如龍頭裝置等建立 1：1 大小的模型，如果這些裝置業主都要求訂製，那麼 3D 列印機製作的模型就是唯一參考物。

5．項目成果的最終展示

3D 列印模型不僅是設計過程和項目施工過程中所用的工具，也可作為最終展示。將製作的 3D 建築模型展示出來，不僅可以讓業主身臨其境，獲得他們對公司的信任；同時更體現設計者的設計風格與能力，為自己帶來新的潛在客戶與收益機會。

5.1.4 3D 列印建築的四大優勢

與常規的一磚一瓦的建築方式相比，3D 列印建築有哪些優勢呢？

（一）抗震性能大大增強。一般來說，在發生地震的時候，最先受損的一定是結構強度最弱的，一個常規的建築是由成千上萬個磚、混凝土、鋼筋及其他不同成分的材質組合在一起的，也就是說，一個房屋是成千上萬個不同的零件拼接而成的。任何一個零件的薄弱都可能會導致整個性能的降低，如果採用 3D 列印來做的話，我們就可以把一個房子列印成一個零件，這一個零件的抗震性能遠遠比成千上萬個零件的抗震性能要大大增強。

（二）節省建築材料。雖然傳統建築的材料與結構是經過計算的，但是許多建築結構並非是最佳化的，這勢必會浪費建築材料。而利用 3D 列印的方式，可以把建築的牆壁及內部的結構採用最優化的方式做成中空的和任意結構的模式，所以它的材料可以大大節省。實驗證明，採用 3D 列印建築方式做的房屋材料，至少可以節省三〇%以上。

（三）設計可以突破常規。3D 列印的一大特點就是造型沒有限制，只要設計師能想到，3D 列印機就能透過建模列印出來，因此可以很好的體現設計師的創意，如圖 5.3 所示。

圖 5.3 3D 列印能夠發揮設計師創意

（四）建築成本更低。除了節省建築材料外，3D 列印建築還能節省大量的人力、大量的設備和費用，所以，總體上的成本略有降低。並且它可以二十四小時工作，不需要更多的工程監理和人員的偷懶、人員的休假問題，工期可以有一定的縮短。

5.1.5 3D 列印須解決尺寸問題

理想中的 3D 列印房屋是十分完美的，然而現實中卻是困難重重，其中最基本的困難是尺寸。對於平面列印，大家都知曉的最根本的常識就是輸出尺寸越大，列印機本身就越大。很明顯，列印機的噴頭活動範圍要能夠涵蓋全部的輸出尺寸，那麼必然會大一圈。在 3D 列印領域，這意味著：列印機需要比你的豪宅大一圈。就目前來看，3D 列印建築的尺寸問題主要有以下三個解決方向。

1．全尺寸列印

全尺寸列印的代表是英國的 D-shape 列印公司，他們採用等比例大小的 3D 列印機建造房屋，如圖 5.4 所示。不過這個方向的限制很明顯：機器越大越難製造，更重要的是機器越大，列印精度和列印速度就會越差。所以現階段的單一列印主要是解決 3D 列印房屋的一些基本問題，如材料、控制、精度等。

圖 5.4　正在工作的 D-shape 列印機

2．分段組裝式列印

簡單的說，就是建築模組化，即在工廠裡每塊列印好，最後一起現場組裝。好處是解決了房子尺寸的限制，缺點是現場的組裝工作涉及勞動力，提高了建築成本。

例如這家 Softkill Design 公司，他們的一個原型房屋，正在準備做全尺寸的，由廠家贊助。雖說內部結構看起來十分凌亂，其實是分段列印現場裝配的，如圖 5.5 所示。採用這種方式需要注意材料的選擇和結構的輕量化。

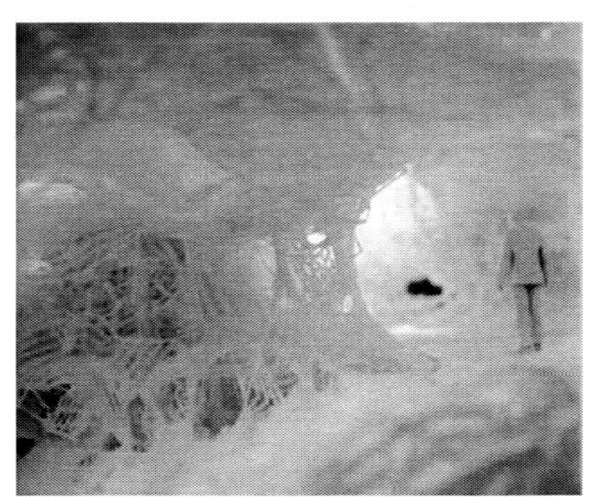
圖 5.5 Softkill Design 列印的原型房屋

3．群組機器人集合列印裝配

這種方式也是目前最被人們看好的 3D 列印方式，就是一堆小機器人共同執行任務（比如列印一整個房屋）。這樣機器人的尺寸跟房屋尺寸無關，可以非常小（甚至可以飛起來，在 3D 中協調工作，比如瑞士的 ETH 在做這方面的研究）；同時機器人的智慧要求也可以大大降低。這種自我組織自我協調的群體智慧方式也是現在人工智慧的研究方向，如圖 5.6 所示。從圖中可以看到一個小機器人在建築的牆上跑，邊跑邊列印，直至把建築列印完成。

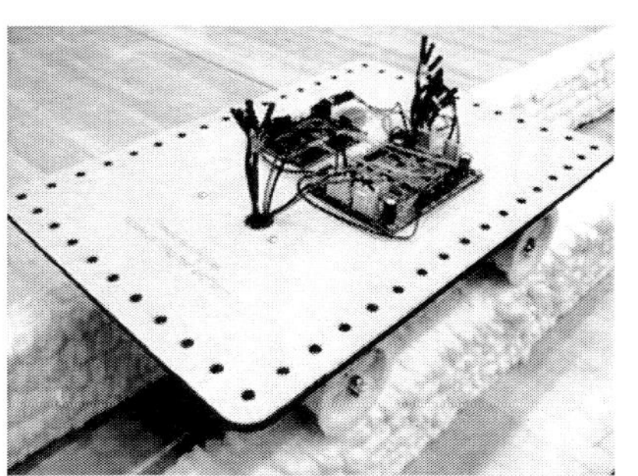
圖 5.6 智慧機器人列印

5.1.6 建築設計師應該何去何從

現代社會處在一個知識爆炸的時代，科技的發展會讓很多職業、專業消失，也會催生一些新行業、新職業。在 3D 列印建築出現之後，曾經的建築設計師，面臨著「失業」的風險，在高科技普及的同時，建築師們應該掌握什麼技能才得以立於不敗之地呢？

創意，是建築設計師們最大的優勢，因為它無法被量化，就無法變成軟體去量化複製。比如說建築師的創意能力、建築師現場處理問題的能力，以及對客戶各種需求的個性化諮詢服務和解決方法。因此它應該是未來能轉化為巨大精神和物質財富的源泉。

雖說 3D 列印技術優勢明顯，並且對於創意勞動中的定量思維內容，在資料化後，大量的資料化的思維相互碰撞，也能產生新的創新思維，但是，創意勞動中的定性思維內容，也就是創意的更前端，相當於點子、靈感那樣的內容，只能由人腦產生。因此，創意能力就是創意類工作崗位要求的最重要的能力，也是設計師們應該加強的能力之一。

專·家·提·醒

通常，常有創意噴湧而出的大腦的創意能力來源於個人的興趣、愛好、好奇心和保持童真，因此我們對個人能力成長的規劃，應該建立在能讓自己的創意能力和實際工作經驗不斷成長和累積的條件下，這才是讓你一生立於不敗之地的最基本的選擇。

5.2 3D 列印在設計領域的案例

簡單的說，3D 列印在建築領域的應用體現在兩點：一是建築模型的設計，二是房屋實際的動工建造，其中建築設計階段尤為重要。一般而言，前期的建築設計是建立在虛擬模型的基礎上，隨著由於建築設計的日益複雜，傳統的模型製作已經不能滿足設計師的需求。在國外，快速成型技術（即 3D 列印技術）已經成為建築設計師不可缺失的工具。

5.2.1 BIM：數位模擬建築的基礎

建築資訊模型（Building Information Modeling，縮寫 BIM）是以建築工程項目的各項相關資訊資料作為模型的基礎，進行建築模型的建立，透過數位資訊仿真模擬建築物所具有的真實資訊。它具有視覺化、協調性、模擬性、優化性和可出圖性五大特點。

建立以 BIM 應用為載體的項目管理資訊化，能夠提升項目生產效率、提高建築品質、縮短工期、降低建造成本，其價值具體體現在以下幾個方面。

1．立體渲染，宣傳展示

立體渲染動畫，給人以真實感和直接的視覺衝擊。建好的 BIM 模型可以作為二次渲染開發的模型基礎，大大提高了立體渲染效果的精度與效率，給業主更為直接的宣傳介紹，提升中標機率。

2．快速算量，精度提升

BIM 資料庫的創建，透過建立 5D 關聯資料庫，可以準確、快速的計算工程量，提升施工預算的精度與效率。由於 BIM 資料庫的資料粒度達到構件級，可以快速提供支撐項目各條線管理所需的資料資訊，有效提升施工管理效率。

3．精確計劃，減少浪費

BIM 的出現可以讓相關管理條線快速準確的獲得工程基礎資料，為施工企業制定精確人才計劃提供有效支撐，大大減少了資源、物流和倉儲環節的浪費，為實現限額領料、消耗控制提供技術支撐。

4．多算對比，有效管控

BIM 資料庫可以實現任一時點上工程基礎資訊的快速獲取，透過合約、計劃與實際施工的消耗量、分項單價、分項合價等資料的多算對比，可以有效了解項目營運是盈是虧，消耗量有無超標，進貨分包單價有無失控等問題，實現對項目成本風險的有效管控。

5．虛擬施工，有效協同

立體視覺化功能再加上時間維度，可以進行虛擬施工；並且能夠隨時隨地直接快速的將施工計劃與實際進展進行對比，同時進行有效協同。

專·家·提·醒

建築資訊模型不僅是簡單的將數位資訊進行整合，還是一種數字資訊的應用，並可以用於設計、建造、管理的數位化方法，這種方法支援建築工程的整合管理環境，可以使建築工程在其整個進程中顯著提高效率、大量減少風險。

5.2.2 建築模型的 3D 列印

製作建築模型的目的一般只有一個，那就是交流。這不僅是設計師與施工方間的交流，也是與潛在住戶的交流。而使用快速成型技術列印建模模型，可以達到以下三個目標。

1．贏得項目

贏得更多的建築項目有很多途徑，有時候項目會自己找上門；但多數時候你必須自己去爭取它們。當開始新項目時，人們都需要花費大量的時間看圖紙以了解一項建築設計。而透過平面圖紙想像出建築的立體形象的能力，卻往往需要大量的訓練和經驗才能具備。

雖說 3D 的效果圖對於這點有些許幫助，但是也有它的局限性，它僅僅只是作品最後的外觀照片而已，所以整個想法就定型了，反而失去了更多的改進空間。

這個時候，一個 3D 列印模型則恰有可以實現在項目設計過程中即時交流想法並改進的優點，這在與客戶溝通的過程中是非常必要的。如圖 5.7 所示為 3D 效果圖、建築圖紙與 3D 列印模型的對比。

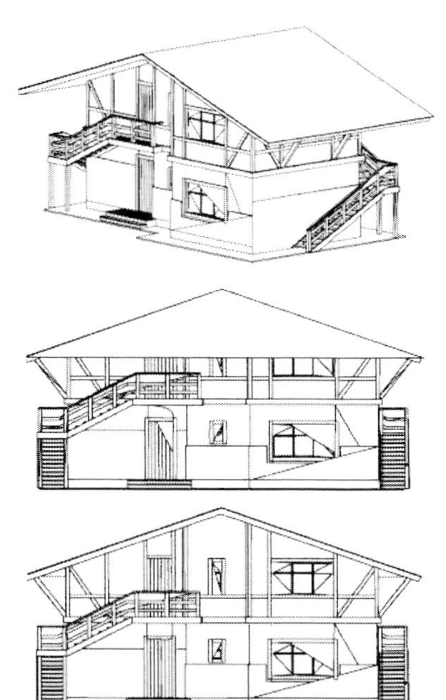

圖 5.7　3D 效果圖、建築圖紙與 3D 列印模型的對比

2．整體規劃

一個建築物不可能自己矗立起來，它總是有背景的。一項好的設計必然是將背景考慮在內，並且對此做出處理。因此在城市初步設計階段，設計師必須充分考慮好這些。做到這點的一個非常好的途徑就是透過 3D 列印技術製作建築全景式模型，比如可以隨意轉換組合的模型。這樣做的優點在於，你只需要透過不同的組合來改變設計規劃，不需要反覆從頭開始。

3．細節規劃

隨著建築項目的進度，3D 模型的性質也變了。之前已經確定了初步的宏觀想法，緊接著便要最佳化細節了。室內設計往往涵蓋了硬體、表面材料和裝飾材料。設計師通常需要使用 3D 列印機製作出 1：1 等比例的專門設計的室內特徵模型，作為向客戶展示並確認設計是否真的符合客戶要求的方式。

5.2.3【案例】3D 列印紫禁城模型

日前，Leapfrog 公司聯合南京博物館及荷蘭的 De Nieuwe Kerk 博物館，計劃利用 3D 列印機列印一座完整的故宮，用於 De Nieuwe Kerk 在阿姆斯特丹的明代王朝主題展覽。

在阿姆斯特丹舉行的 De Nieuwe Kerk 的主題展覽歷時約四個月，從二〇一三年十月五日直到二〇一四年二月二日，展覽將會為遊客呈現中國明朝的皇帝、藝術家和商人等形形色色的生活。在展覽中間，兩台 Leapfrog 3D 列印機將複製出故宮所有九百八十個建築，包括寺廟、殿堂、房屋、門、塔、橋梁和牆壁。整個列印過程對外開放，遊客可以觀看列印機的即時工作過程。

眾所周知，紫禁城是中國著名的景點之一，同時也是中國皇權政治的象徵，也是最大規模的宮殿建築群，如圖 5.8 所示。紫禁城的實際尺寸是 750 公尺 ×960 公尺，在 De Nieuwe Kerk 博物館裡的模型比例為 1：300。Leapfrog 將為故宮裡的每個建築物都建立一個 3D 檔案，平均列印一個建築物要花費四點五小時。

圖 5.8　紫禁城俯瞰圖

Leapfrog 3D 列印機的生產商 Leapfrog 是荷蘭的公司，它是一款「即插即用」的機器。Leapfrog 公司於二〇一二年由四位好朋友共同設立，目的是幫助企業和教育機構應用 3D 列印技術。Leapfrog 希望透過這次列印紫禁城活動，能向廣大的建築師、設計師和藝術家展示 3D 列印技術的作用與魅力。如圖 5.9 所示為正在工作的 Leapfrog 3D 列印機。

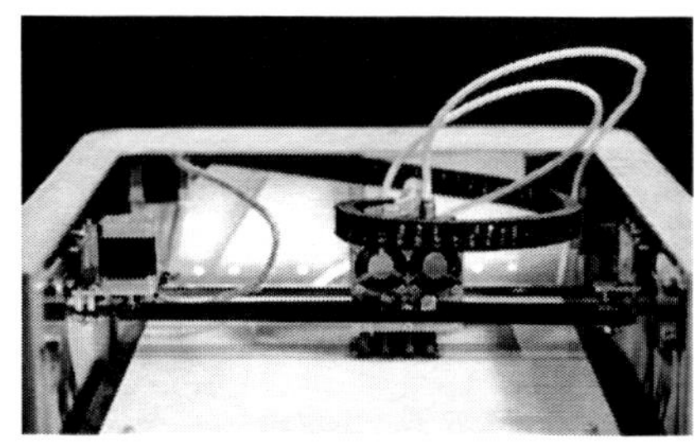

圖 5.9　Leapfrog 3D 列印機

5.2.4　【案例】3D 列印筆畫出模型

3D 浪潮席捲當下，3D 電影、3D 電視已不新奇，如果說二〇一三年一月的美國消費電子展（CES）上的家用 3D 列印機太貴、從手指到心臟的「3D 生物列印」技術太專業，那麼，這款無須培訓、無須專業知識就能隨心所欲「畫出實物來」的 3D 列印筆就顯得很親民了，如圖 5.10 所示。

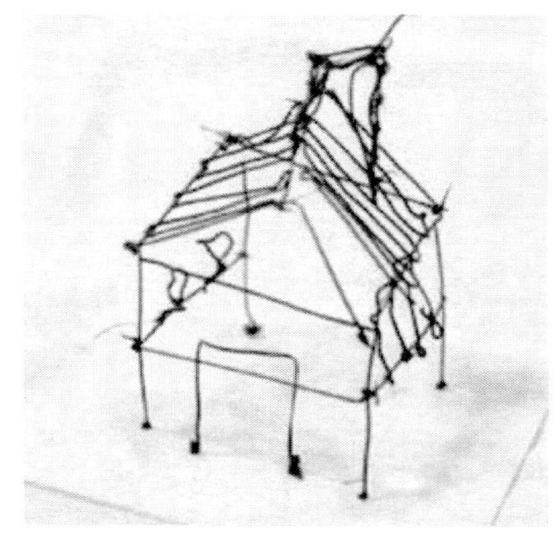

圖 5.10　3D 列印筆畫出的房屋模型

這款名為 3Doodler 的 3D 列印筆由玩具廠商 Wobble Works 推出，於二〇一三年九月實現量產。相比售價上千美元的家用 3D 列印機，這種如同童話故事中出現的神筆的 3D 列印筆價格更親民，預售價僅五十美元，可以隨時隨地滿足你突發奇想的創意。

這種 3D 列印筆採用塑料加熱速凍的方法，目前使用的特殊「墨水」是塑料線，當用筆在空中畫圖形時，湧出的塑料線在筆中風扇的作用下會立即冷卻，隨後出現一個 3D 結構模型。

3D 列印筆畫出來的大部分物體都可以在幾分鐘內完成，但一些精細化物體耗時可能較長，如一個艾菲爾鐵塔模型需要「畫」四十五分鐘。但你可以根據藝術家設計的圖形畫出立體模型，也可以即興創作，畫戒指、畫手錶、畫房子等，實現你的奇思妙想。

5.2.5【案例】3D 列印雪梨歌劇院

作為世界上最具標誌性的建築之一，雪梨歌劇院一直備受建築設計師們的推崇。許多人慕名而來，欣賞這座由丹麥建築師約恩烏松設計的獨特建築。近期，一支來自蘇格蘭的專家團隊，嘗試利用 3D 列印技術，透過對雪梨歌劇院內部和外部進行雷射掃描，以創建一個非常詳細、澳洲最著名的建築 3D 模型，如圖 5.11 所示。

由於雪梨歌劇院處於海灣旁邊，測量任務較為複雜。因此該團隊開發了一個訂製的鑽井平台，他們可以連接掃描儀，以幫助他們捕捉帆周圍人跡罕至點，同時利用飛狐系統鑽機從一組帆轉移到另一個。

圖 5.11　雪梨歌劇院模型

立體雷射掃描使團隊能夠以數位形式，準確記錄物體的立體表面幾何形狀，可以在很短的時間內收集大量的立體資料，然後利用 3D 列印機製作雪梨歌劇院的模型。

5.2.6【案例】生動真實的彩色模型

為了更好的表現設計思路，增加潛在客戶對建築模型的理解和印象，設計師們往往希望製作彩色的立體建築模型。有全球最快 3D 列印機的製造商 Z Corporation 推出的 Z Printer 650 系列列印機，可以滿足設計師們的要求，如圖 5.12 所示。

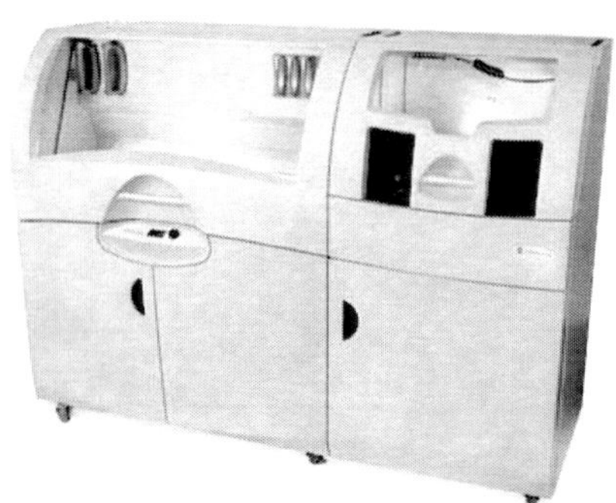

圖 5.12　Z Printer 650 系列列印機

圖 5.13　Z Printer 650 製作的彩色模型

Z Printer 650 專為滿足工程、教育、AEC、GIS 和娛樂等各項領域中的苛刻要求而設計。在同類 3D 列印機產品中，它具有較大的成型尺寸，用戶只需要數小時即可列印體積龐大的高精度的多色模型，而小模型的列印更是迅捷無比。

同時，Z Printer 650 擁有目前所有 3D 列印機產品中極高級數的 600×540dpi 分辨率，確保製作的模型不僅纖毫畢現而且精準無比，如圖 5.13 所示。

而這款列印機最大的優點是其出眾的色彩，Z Printer 650 採用了全譜二十四位顏色和五個列印頭(包括透明、青色、洋紅、黃色和黑色)，可同時列印多種色彩，保持最出色的色彩品質，在千百彩色組合方案本法中保持水準。

相較其他只能在五種有色材料上進行單色逐次列印，要求單獨成型，重複執行手動材料裝載和費力的組裝工作 3D 列印機產品來說，Z Printer 650 所帶來的方便與實用性是無可置疑的。

專·家·提·醒

Z Printer 650 的生產速度比普通系統快五至十倍，只需要數小時即可完成模型生產，為工程部門和課堂應用提供了強大的支援。

5.2.7 【案例】現代異形建築模型

為了充分發揮建築設計師不拘一格、無與倫比的想像力，人們利用各種 3D 列印技術，設計、製造了很多異形建築模型，如圖 5.14 所示。

圖 5.14 異形建築模型

一般而言，曲面異形建築的模型製作難度很高，對於製作技術與材料都有很高的要求，而利用 3D 列印技術，能夠為曲面異形建築的重要精密構件快速製作精確模型，實現傳統建築模型製作無法達到的工藝水準。同時，由於成型的便利，利用該技術可以更好的驗證和改進設計參數和思路，提高設計水準和效率。比如，設計一個新的方案，設計人員可以同時拿出十種方案，並透過 3D 列印快速驗證其合理性；還可以透過縮小比例的方式快速製作模型，這將極大的激發設計人員的積極性，降低產品的研發成本。

在目前的市場上，常用的製作曲面異形建築的列印技術為 EOS 雷射粉末燒結技術。列印精度高、細節表現力強、材料性能穩定、堅固耐用，這些都是 EOS 設備的優勢所在。

專·家·提·醒

雷射燒結是指以雷射為熱源對粉末壓坯進行燒結的技術。對常規燒結爐不易完成的燒結材料，此技術有獨特的優點。由於雷射光束集中且穿透能力小，適於對小面積、薄片製品的燒結，易於將不同於基體成分的粉末或薄片壓坯燒結在一起。

5.2.8 【案例】3D 建模製作的釀酒屋

Tinkercad 是一款免費的線上 3D 建模工具，它直覺的介面和強大的工具為無數希望實現自己設計的人們提供了工具。二〇一三年五月十九日，全球最大的 2D、3D 設計和工程軟體公司 Autodesk 宣布收購 Tinkercad，助力 Tinkercad 獲得長期發展。

近期，一位名為 Emily 的女孩，使用一張一九三〇年的明信片上的釀酒屋照片，加上去實地獲得了一些細節，製作完成了該釀酒屋的 3D 模型，如圖 5.15 所示。

首先，她使用 Tinkercad 工具完成了釀酒屋的3D建模，如圖5.16所示。然後利用 3D 列印設備，一塊磚接一塊磚的堆出了漂亮的細節和令人驚訝的外觀表現。

圖 5.15　原型與 3D 模型的對比

圖 5.16　利用 Tinkercad 工具建模

5.2.9【案例】3D 列印 Google 街景模型

日前，芝加哥建築協會與 Google 街景地圖展開合作，該協會使用 3D 列印技術，將原本只能從電腦或手機螢幕上看到的 Google 街景地圖做成立體模型，並向市民和遊客免費開放，如圖 5.17 所示。除了讓市民和遊客更直覺的認識芝加哥的城市風貌，該模型也為設計師和建築師使用 3D 列印技術來展示他們的作品指明了方向。

圖 5.17　芝加哥 Google 街景模型

芝加哥建築協會並沒有披露 3D 列印城市建築這個項目的花費，但是從目前的技術來看，如果整個項目都使用 3D 列印，那麼費用會相當高昂。很有可能部分建築使用 3D 列印，而大部分建築使用傳統的沙盤製作。

5.2.10 【案例】3D 列印助力城市規劃

所謂城市規劃(Urban Planning),是指研究城市的未來發展、城市的合理布局和綜合安排城市各項工程建設的綜合部署,是一定時期內城市發展的藍圖,是城市管理的重要組成部分,是城市建設和管理的依據,也是城市規劃、城市建設、城市運行三個階段管理的龍頭。

如今城市規劃者已開始借助 3D 列印技術還原城市中的某些區域的原貌。在維也納舉行的 Space for the city 展覽上,展出了一個名為 Morzinplatz-Schwedenplatz 的 3D 列印模型。這是維也納城與 Materialise 公司合作製作的城市規劃模型,如圖 5.18 所示。

該模型根據從平面照片中採集出來的設計檔案,一個矩陣被用來準備資料。這個 1220 公釐 ×900 公釐的複製品被分成二十一個部分在 Z Corporation 列印機(唯一可以彩色列印的 3D 列印機)上被列印出來。得力於 Z printer 的精度和分辨率,所有的細節都被高精確度的用彩色表現了出來,如今讓人們看到擬建的建築面貌並非難事。

「準備這些繁多的資料無疑是個挑戰,但多虧了我們的經驗,我們能夠製作出極為精細的、高質美觀的產品。」Materialise 奧地利分公司的負責人說,「並沒有多少公司可以在這樣短的時間內完成這樣的項目。」

透過這個 3D 列印模型,人們不僅可以縱覽沿多瑙河發展的中心城市的美麗風景,更能了解規劃者對於城市規劃的發展理念。

圖 5.18 3D 列印城市規劃模型

5.2.11 【案例】房地產建商利用 3D 沙盤賣房

根據筆者的一位在建案接待中心工作的朋友介紹,早在房市大好時,開發商房子不愁賣,建築物還沒開建，接待中心僅憑一個簡單的沙盤模型、幾本宣傳手冊，以及銷售人員的口頭表述，就可以完成銷售目標。

如今，房地產市場經過幾輪調節，購房者日趨理性，在心態和購房方式上有著深刻的改變，對社區品質和住宅品質需要從多方面進行考量，如周邊環境、整體規劃、景觀綠化等，這對開發商也提出了更高的要求，需要開發商提供更詳盡的建物資訊，更深入仔細的考察，進行系統的考量。

這也對房地產沙盤模型提出了更高的要求，因為對於傳統的房地產沙盤模型來說，購房者在看建築沙盤時，往往會發現這些沙盤結構（建築外體或室內結構剖面）是缺乏標準的比例尺衡量而失真的，這會導致經常有購房者會根據沙盤去買尚未蓋好的房子，最終他們會發現自己買到的房子的結構並沒有建設公司在沙盤中宣傳得那麼好。在基於 3D 列印的技術支援下，只要前端 3D 設計流程中提供標準 3D 設計資料，那麼列印出來的 3D 沙盤模型不僅外觀精細準確，內部結構也是處在標準比例尺之下，從而極大的提升了購房者的參考價值。圖 5.19 所示為 3D 列印出的沙盤中的房屋模型，透過圖示，我們發現模型是非常精細的。

圖 5.19　3D 列印沙盤中的房屋模型

5.3　3D 列印在建築領域的案例

3D 列印技術除了在建築前期設計上應用廣泛之外，還被應用在房屋實體的建造上。3D 列印機已經從建築模型的基礎上，升級到建造真正的、適合人類居住的房屋當中。只需要一套 3D 建模的資料和一台大小適合的 3D 列印機，建築設計師們就能將平面的「奇思妙想」變為立體。

5.3.1 【案例】3D 列印的異型祭壇

電影大片中美輪美奐、充滿異

星風情的景象曾一度是人們只能在腦中想像的景象，科技發展到今日，這樣複雜神奇的虛構景致你都可以買得起、買回家裝修。

在瑞士，蘇黎世聯邦理工大學的兩位建築師 Michael Hansmeyer 和 Benjamin Dillenburger，利用他們設計的算法，自動生成了一棟奇異建築的 3D 檔案，然後將其拆分成若干塊用 3D 列印機製造出來，再經過仔細的拼裝，最終完成了一個三點二公尺高、十六平方公尺面積的房間，如圖 5.20 所示。

圖 5.20 數位怪誕物房間

這個房間被命名為「Digital Grotesque」（數位怪誕物），因為據設計者說：製造房屋所用的算法在可以預見與無法預見，控制與放手之間找到了微妙的平衡。也就是說，在房間列印出來之前，他們是不知道最終成品的樣子的。列印這間類似於古老祭壇的房間用了一萬一千公斤砂岩，整個工程設計階段用了一年時間，列印過程花了一個月，組裝只用了一天。最終的成品雖然有些驚悚，但也頗具美感。

5.3.2 【案例】3D 列印房屋不再是夢

一直以來，輕便環保的房屋都是人們追求的目標，近日，英國倫敦的 Softkill Design 建築設計工作室將其變為了現實，如圖 5.21 所示。

這款使用 3D 列印機列印出來的房屋並非由固體牆壁建造，而是採用纖維尼龍結構製成，因此看上去像是蜘蛛網一樣。這是該工作室第一次建立 3D 列印房屋的概念，同時也是世界上第一個 3D 列印建築模型。

圖 5.21 列印房屋 2.0

這種 3D 列印房屋被命名為「列

印房屋 2.0」，採用相同的極簡抽象派工藝，使用足夠的塑料來保證結構的完整性。房屋組件是場外製造的，在現有 3D 列印機實驗室使用雷射燒結生物塑料製成，這種方式比現場採用沙子和混凝土 3D 列印製造的效果更好，目前 3D 列印製造的纖維結構只有零點七公釐厚。

此外，3D 列印房屋需要用尼龍搭扣或者像鈕釦一樣的扣合件達到固定作用，同時借助傳統建造技術。這一設計概念是二〇一二年十月在 3D 列印展上提出的，它並非採用固體牆壁建造，而是在骨骼基礎上建造纖維尼龍結構，並且在結構上不太可能採用沙石進行列印，因為無法保證強度和完整性。

目前，建造 3D 列印房屋的成本並未公布，但該項目的負責人表示，伴隨著 3D 列印行業的快速發展，將逐步節約製造成本，這意味著不久的將來製造經濟型 3D 列印房屋。

5.3.3 【案例】第一個「3D 列印建築架構」

二〇一三年，美國加州工作室的一名設計師史密· 阿倫完成了世界上第一個 3D 建築架構。這個建築架構是使用標準的 3D 列印機來完成的，由五百八十五個 A 型列印機列印組合出來，如圖 5.22 所示。

圖 5.22　樹林中的 3D 列印建築架構

為了獲得較大的工作空間，史密· 阿倫選擇在一片樹林中進行列印工作。從開始列印到配件列印結束，總共耗時約一萬零八百個小時，超過四百五十天，但是現場組裝時間，只花費了四天。

經測量，構成這個架構的每個單獨的組件尺寸為 10 英吋 ×10 英吋，這些單獨的組件被組合在一起，組建了一個多孔結構的建築，該建築架構的頂部是開口式的，類似圓頂建築。所有組件都採用聚乳酸這種生物塑料製成，這意味著這個結構可以隨著時間的推移而分解，並且由於風化，它會變成一個苔蘚和鳥類的棲息地。

5.3.4 【案例】第一座 3D 列印建築將面世

隨著 3D 列印技術的完善，它已經毫無疑問成為了一項被外界寄予厚望的顛覆性技術，越來越多的物品都可以透過 3D 列印完成。作為一項可以徹底顛覆傳統建築行業的技術，在二〇一三年一月結束的消費者電子展（CES）上，3D 列印再次成為展會的一大焦點。

近日，一位荷蘭的建築師就表示他們希望能用 3D 列印技術建造一棟建築，該工程預期在二〇一四年完工。這位名叫簡加普· 魯基森納斯（Janjaap Ruijssenaars）的建築師，來自荷蘭的宇宙建築公司。他的 3D 列印建築項目是 Europan 競賽的參賽部分，該競賽允許超過十五個國家的建築師在兩年的時間內建造建築以參與評獎。

據悉，魯基森納斯將與義大利發明家同時也是 D-Shape 3D 列印機設計者的恩里科· 迪尼（Enrico Dini）合作，他們的計劃是列印出 6×9 個由沙和無機結合料組成的房屋骨架，然後利用纖維混凝土材料填充骨架，而最終的成品將會是一座擁有流線型設計的兩層建築，如圖 5.23 所示。

圖 5.23 3D 列印建造的雙層房屋

魯基森納斯表示：「它將是一個『莫比烏斯環』（mobius band）式的建築，天花板延伸成為地板，建築內部則可以延伸成為外牆。我們採用了創新的 3D 技術進行打造，因此它將成為一座兼具延伸性和適用性的建築。」

不得不說，這種做法將 3D 列印的實用領域再次上升到了一個新的高度，並且向人們展示 3D 列印的未來還遠遠不局限於此。

5.3.5 【案例】3D 列印二十小時造一棟樓

杜甫曾言：「安得廣廈千萬間，大庇天下寒士俱歡顏。」在房價飆升的今天，擁有一間屬於自己的房子，可以說是每個人的夢想。但是高額的房價及昂貴的裝修費用讓許多人，尤其是年輕人望而卻步。不過 3D 列印技術日益普及的情況下，人人都擁有一間廉價的住房，並不是遙不可及的夢想。

二〇一二年，Contour Crafting 的 CEO 做了一個極富洞察力的科技設計演講，他傳遞出來的理念得到了南加州大學 Behrokh Khoshnevis 教授的支持。簡而言之，他想建立一個 3D 列印機可以在一天內列印出一套房子，而且是在二十小時內，如圖 5.24 所示。

剛開始，Behrokh Khoshnevis 教授以為它只能列印塊狀建築物，但顯然這個來自 Contour Crafting 的 3D 列印機，會執行更多的功能。從示意影片我們可以看出，這個巨大的 3D 房子列印機將從房子地基開始，然後是地板、牆、天花板、管道，甚至更高級的東西，比如電線等。

專·家·提·醒

Contour Crafting，即輪廓工藝，是一種由數位控制的建造工藝，透過分層製造技術，可以直接按照電腦模型製造部件。由於無須使用傳統混凝土施工中的模板，輪廓工藝可以大大降低成本和建造時間。

圖 5.24　3D 列印建築示意圖

5.3.6 【案例】3D 列印技術在月球上蓋房

如果說利用 3D 列印機造房子已經讓人吃驚不已，那麼在距離地球約三十八萬公里外的月球上造房子，可以說是「天方夜譚」了。最近，一家名為 Foster+Partners 的倫敦建築公司，正在和歐洲太空總署合作調查建造月球住宅的方法，並且已經設計了一款能適應溫差劇變、隕石和伽馬射線的 3D 列印月球房屋。

據悉，Foster+Partners 是一

家擅長在極端氣候下就地取材，進行設計建造的建築公司，此次設計的月球房屋也會採用同樣的策略。目前建築師和科學家們已經透過類似月球土壤的材料，建造出一個房屋模型，並在真空機下進行了測試，而且都希望在月球南極建造第一座月球房屋，如圖 5.25 所示。

圖 5.25 3D 列印月球基地房屋概念圖

根據了解，該月球房屋的底座由積木式管道組成，上面是一個充氣式圓頂，然後以月球土壤為材料，透過 D-Shape 3D 列印機在原圓頂上列印出一層類似泡沫的輕質結構，節能並降低了成本。

專·家·提·醒

最重要的是，3D 列印機建造建築物的速度是普通建築方法的四倍。它很少浪費材料，並且十分環保，能夠很容易的列印出其他方式很難建造的高成本曲線建築。

5.3.7 【案例】天馬行空的 3D 列印家居

二〇一三年的巴黎家具家飾展上，一款由 3D 列印機製作的家具 Habitat Imprime 吸引眾多參觀者的目光，最終這款由兩名法國設計師攜手合作的作品，獲得了這屆家具家飾展的一等獎。

通常來說，傳統建築、室內設計和家居都是獨立自我封閉的地方，但是透過 3D 列印機，設計師能夠將這些領域融入到共同的單元。兩位設計師以一種全新的思維突破了傳統的室內設計，根據不同家具和設備的考量，進而衍生出多變的牆壁厚度，透過塑料、混凝土或砂石這類薄層原料的疊加，在調節的過程中打造出一個可自行定義、不同以往的空間布局。如圖 5.26 所示為正在工作的 3D 列印機。

圖 5.26　正在工作的 3D 列印機

Habitat Imprime 雖然是一個不過十五平方公尺大的空間，但它卻包含了臥室、浴室與更衣室，一個完整的居住空間就此成形，而這或許也是未來小坪數住宅設計上的另一種發展可能。

與設計師合作的製造商是 Voxeljet 公司，這是一家位於德國奧格斯堡的知名企業，可根據客戶的要求，為鑄造企業供應生產砂型模具及砂芯。這次的參展作品便是利用該公司最新推出的新型的 VX4000 3D 列印機完成的。此儀器具有靈活的機械性能，它既可為大型單個鑄件列印模具，也可為批量小型鑄件列印模具，以節省成本。

5.3.8 【案例】用沙子列印的立體建築

日前，義大利發明家恩里科· 迪尼發明了一台巨大的 3D 列印機，這台機器可以用沙子直接列印立體的建築。有了這台機器，未來不搭鷹架，不需要工人，人們就能完成造房子的事情。

為了測試這台大型列印機，恩里科· 迪尼為諾曼· 福斯特公司在阿布達比建造的全球第一個綠色烏托邦「馬斯達爾城」，列印了一部分建築的骨架外牆，結果證明完全可行。

印刷過程由一層薄薄的沙子開始，印刷機從噴嘴處噴出以鎂為主要原料的黏合膠，這些黏合膠跟沙子結合並在印刷機對其施壓後變成岩石。之後再放上一層薄薄的沙子，重複以上的操作，岩石層就會越來越厚，最終印刷成設計中所需要的構造物形狀，成品可以是一座雕塑或整個大教堂等。已經做成的實驗品是一個布滿空洞的蛋狀建築結構，恩里科稱它為「放射館」，這個複雜的結構可以有力證明和測試這一開創性的施工技術，如圖 5.27 所示。

圖 5.27 3D 列印「放射館」

「這個六公尺長、六公尺高的機器是我造過的最大的機器，用 3D 列印，你想造多大的東西，就得造多大的機器。這算是個缺點吧。」恩里科說。不過據他介紹，使用這台機器印刷出來的建築物比傳統方式要快四倍，原料成本只是普通水泥的二分之一到三分之一，生產出的廢料極少。

5.3.9 【案例】最大 3D 列印機列印三層樓房

二〇一三年十二月，上海盈恆新材料有限公司已經研製出全球最大的 3D 列印機，體積達到 150 公尺 ×6.6 公尺 ×10 公尺，能夠「列印」三層樓房。

3D 列印建築的流程是連續的，噴嘴將「墨水」黏結劑澆撒到資料對應的那些區域，澆到「墨水」的地方，砂石材料會在二十四小時內完成固化。列印從建築物底部開始，逐層往上，每次升高五至十公釐，一層進入固化階段後，就能在其上添加新的一層，沒有澆撒到黏結劑的砂石暫時支撐著結構。

3D 列印建築的關鍵在於「油墨」，這種新型建築材料具有液態、零能耗、彈性大、可塑性高、自重輕、自帶保溫和就地取材、物理凝固自然成形等特點，可以大規模生產。「同樣是建設兩層高的建築，傳統方法要用一個多月的時間，而 3D 列印幾個小時就能開發完成。」如圖 5.28 所示為傳統建築示意圖。

3D 列印也能夠大量節省建築成本，將城市所有建築垃圾經過處理回到建築中去，使建築更加環保、節能、耐用。上海世博中心場館的建設就是再利用了建築垃圾，這種新型材料能達到傳統石膏製品的十七倍強度。

圖 5.28　傳統建築示意圖

上海盈恆新材料有限公司認為，數位化 3D 列印建築的未來發展方向是：建築沒有鋼筋，採用纖維技術和該公司研發之盈恆石製造方法代替鋼筋混凝土，並且比鋼筋混凝土強度高三至五倍，實現建築的工業化；沒有建築工人，用製造技術加建築機器人，實現 3D 列印建築；未來建築成本降低五〇%。

5.3.10 【案例】3D 列印機製作建材磚

除了直接建造房屋之外，3D 列印機還能製作建築材料，最近，Design Lab Workshop 創始人、荷蘭設計師 Brian Peters 就對一台 3D 列印機進行了改造，對列印頭進行了改造，從而可以列印建材瓷磚，他希望有朝一日 3D 列印機可以用在磚廠裡，實現大規模生產，屆時 3D 列印機將成為一間攜帶式磚廠：幾台列印機在現場同時工作，就地取材，不一定是陶瓷，水泥、混凝土等，其他建材一樣可行。

目前 Peters 用這台列印機列印一塊磚需要十五分鐘，顯然比傳統製磚機要慢得多，但是可以透過它列印出各種結構的磚，這是傳統機器做不到的，如圖 5.29 所示為 3D 列印機製作出來的磚塊。

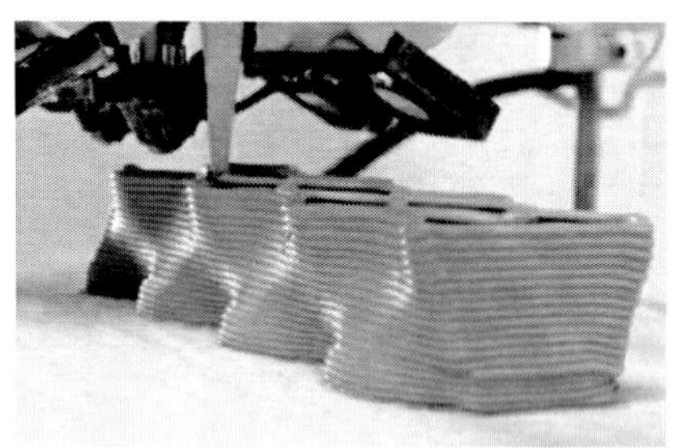

圖 5.29　3D 列印建材磚

Peters 目前已經為他列印的磚找到了兩種應用方法：使用同一種結構的磚施工，類似於傳統的磚；讓每塊磚都獨一無二，共同構造出一個複雜結構。

5.3.11 【案例】3D 列印多樣桌椅家具

最近，有一位名叫 Bitonti 的設計師利用 3D 列印技術，打造出了幾款 ABS 塑料及金屬不鏽鋼材質的桌椅家具，這幾款桌椅造型奇特，外觀華美，獨創的設計元素融入其中盡顯時尚，極具觀賞性，如圖 5.30 所示。

圖 5.30 3D 列印的椅子

這款椅子是由許多極細小的分支組合在一起，形成了一個極具剛性品質的結構。椅子的構造是將獨立浮動的點按照雲重建的算法來完成的。這款椅子是利用 FDM 3D 列印技術直接數位化製造而成，整個椅子可以按照需求用 ABS 塑料製造出來。

從外觀上看，四通八達的椅腿融入到頂端並留有許多小開口，椅子面頂部的每個開口向下貫穿到椅子腿，然後又退回底部。該椅子面是一個複雜的無限體表面，外部變內部，內部變成外部，如此反覆的交錯在椅子表面，形成一個空間結構。

5.3.12 【案例】3D 列印超酷家居燈飾

一說到萬聖節，就不得不提到極有代表性的南瓜燈。每年人們都會在萬聖節這天將南瓜掏空，並在上面刻上恐怖的面孔，做成萬聖節南瓜燈。近幾年，很多人也選擇一項新技術——3D 列印來完成南瓜燈。如圖 5.31 所示為兩款設計師製作的個性南瓜燈飾。

圖 5.31　個性 3D 列印燈飾

設計者 The New Hobbyist 的南瓜燈很有個性。他首先在 SketchUp 用圓柱體製作南瓜燈模型，然後再用 OpenSCAD 中的 Dimension 工具，製作出一致的基礎形狀，同時鏤空眼睛、鼻子和嘴巴等部位。

設計者還分享了製作南瓜燈的資料，因此其他人在製作時，可以隨意修改 OpenSCAD 檔案中的參數值。有個底部參數選項，就可以調整搭配不同的 LED 或其他光源。

5.3.13 【案例】3D 列印的精緻水晶吊燈

此前，波蘭 To Do 設計工作室就曾介紹過一款來自該工作室的水晶石造型的落地燈 LUKSFERA。近日，工作室又推出了一款水晶吊燈 PAPERO，如圖 5.32 所示。

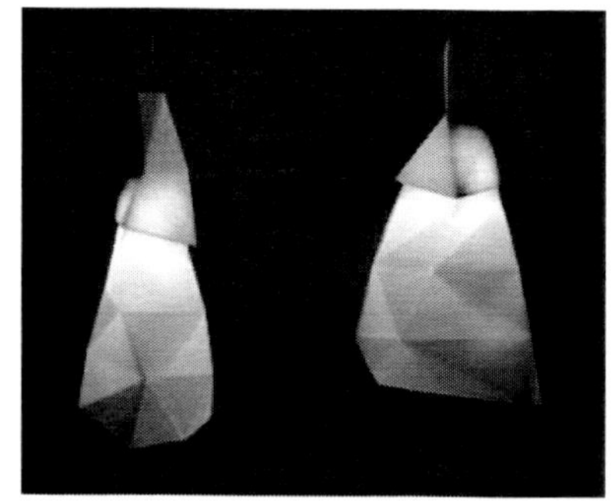

圖 5.32　3D 列印精緻水晶吊燈

PAPERO 是一款裝飾吊燈，燈罩看上去像是一塊懸掛的水晶，由兩部分組成：上面不透明部分為 ABS 塑料，採用 3D 列印技術列印而成，下面半透明部分用聚丙烯塑料板，採用雷射切割工藝，非常精緻。

第六章
製造行業：
帶來第三次工業革命

章節預覽

有人說，3D 列印技術的出現，意味著第三次工業革命的開始。誠然 3D 列印技術為我們提供了一個更清潔、更環保的產品製造方法，它不僅擁有將產品設計從平面變為立體的「魔力」，同時能夠簡化生產過程，降低對環境的汙染，實現更綠色、低碳的製造。

重點提示

- 3D 列印與製造業
- 3D 列印在模具製造領域的應用
- 3D 列印在家電製造領域的應用
- 3D 列印在玩具製造領域的應用
- 3D 列印在航太領域的應用

6.1 3D列印與製造業

以3D列印為代表的數位化製造技術，被認為是引發第三次工業革命的關鍵因素，人們堅信「其將改寫製造業的生產方式，進而改變產業鏈的運作模式」。

作為一種高科技數位化製造技術，3D列印技術將大大減少直接從事生產的操作工人，勞動力所占生產成本比例隨之下降。此外，數位化製造的個性化、快捷性和低成本，能夠更快適應當地市場需求變化，這些都是3D列印在製造業的優勢。

6.1.1 3D列印將掀起工業革命

眾所周知，十八世紀晚期，工業革命讓大規模製造物品成為現實，並且以前所未有的方式改變了全球的經濟和社會格局。現在，一種新的生產製造技術——3D列印技術的橫空出世，或許可以和工廠的出現相媲美。

不可否認的是，大量生產幾乎能夠提供任何人們想要的產品，但是這些產品都是標準化的，比較千篇一律，在個性化方面已經無法滿足人們日益成長的需求。在機械化和流水線盛行的年代，人們對於手工的東西都有特別的親切感，所以我們彷彿有回到手工製造時代的趨勢，無疑，手工生產的東西更加「道地」，品質精良，內涵豐富，但是手工製造耗時巨大，所以3D列印技術出現的正是時候，一方面既可以滿足人們對個性化產品的追求欲，另一方面又可以大大提高產品的生產效率。如圖6.1所示為3D列印製造的金屬零部件。

圖6.1 3D列印製造的金屬零部件

3D列印的原理很簡單，它首先將物品轉化為3D資料，然後再逐層分切列印。列印時，3D列印機使用粉末而非紙張進行列印。粉末會一層層的被特殊的膠水黏合，按照不同的橫截面圖案固化，並一層層疊加，像做蛋糕那樣創建3D實體，最終一個完整的物品就會在粉末槽成型。

Shapeways 公司的 CEO Peter Weijmarshausen 曾表示：「3D 列印時代比我們想像中要來得更快，雖然 3D 列印技術才剛剛起步，但是它有望顛覆傳統的產品生產模式，3D 列印技術將為傳統的生產方式帶來翻天覆地的變化。」

Shapeways 是一家線上 3D 列印公司，在 3D 列印領域處於世界領先水準，目前可為用戶提供三十多種材料選擇，包括常見的玻璃、陶瓷甚至是鋼和銀等金屬材質。迄今為止，Shapeways 已累計為用戶利用 3D 技術製作出一百多萬個產品，擁有超過十五萬的會員，而且用戶數量呈現不斷成長的趨勢，可見 3D 列印的確擁有非常樂觀的前景。

正如沒有人預測到一七五〇年出現的蒸汽機、一四五〇年出現的印刷術及一九五〇年出現的電晶體可能會為世界帶來如此重大的影響一樣，人們也很難估計 3D 列印技術可能會帶來的長期影響。

但是，這項技術離我們越來越近，並且，它很有可能對它所接觸的每個領域帶來重大的影響。也許在不遠的將來，3D 列印將掀起新一輪的工業革命。

專·家·提·醒

雖然 3D 列印技術的確給我們帶來了不一樣的體驗和便利，但是鑑於其尚處於起步階段，想要成為主流的生產製造技術，還需要面臨巨大的挑戰，一是對於普通用戶來說，要學會 CAD 等製作工具還有點難度，這需要一個學習的過程；二是 3D 列印材質的可用性目前還存在很大局限性；第三個挑戰在於價格。

6.1.2 3D 列印關乎製造業未來

目前，3D 列印已經滲透到各行各業中，大到飛行器、賽車，小到服裝、手機殼；從航空、動力裝備到醫療、體育、影視等諸多領域，均可以看見 3D 列印的身影。事實上，在美、英等國，3D 列印技術已有較為廣泛的應用，已成為國外研究空間飛行器的關鍵技術。據悉，美國國家太空總署正在研究一項被稱為「未來 3D 列印太空船」的技術，希望透過 3D 列印，製造出廉價的機器人太空船。

由於飽受追捧，也讓 3D 列印機熱「燃燒」到了資本市場。已有美國的兩家 3D 列印機生產商在二〇一二年八月股價大幅上揚，中國的 A 股市場也不甘寂寞，涉及 3D 列印領域的企業股價連創新高。相關資料顯示，由於 3D 列印需要運用到雷射技術，東部沿海的一些生產雷射晶體元器件的上市企業股價出現了不小漲幅。一些資本也陸續向相關企業拋出了橄欖枝。據了解，目前中國國內已經有幾家風險投資基金投資了相關的 3D 列印領域的企業。

種種跡象表明，3D 列印技術對製造行業的影響，並不僅僅體現在製造過程中，而是全方位的聯繫著。有專家認為，3D 列印作為一項顛覆性的製造技術，誰能夠最大程度的研發、應用，就意味著掌握了製造業乃至工業發展的主動權。

6.1.3 3D 列印能實現低碳製造

列印和低碳環保密切相關，列印應用在生產、運輸、使用中消耗大量的地球資源。低碳列印是指列印機的設計、生產、消費者應用到回收的整個生命週期，盡可能達到較低或更低的溫室氣體（二氧化碳為主）排放的列印行為，既滿足消費者的應用需求，又實現與自然環境的和諧共生。如圖 6.2 所示為低碳環保的海報。

圖 6.2　低碳環保海報

3D 列印遵循的便是低碳列印的理念，低碳意味著環保、節省和高效。在製造業中，低碳代表著一種更有效節能的設計生產方法，製造者能夠使用最少的能量，以最快速度製造出最合適產品。對於這三個「最」，3D 列印可以實現，並且在不久的將來，3D 列印機甚至可能取代製造者的位置，實現全程的機械化。

所謂低碳，說到底就是減少製造業的「碳足跡」，曾經有研究人員對傳統製造業與 3D 列印技術做出評估，他們測量了製造過程的每個方面對環境的影響，包括能源消耗、製造過程產生的廢料、運輸網路等，最終得出的結論是兩者各有優劣，但是 3D 列印在用料與碳排放方面擁有傳統製造業不能比擬的優勢。

此外，3D 列印製造對環境的另一個益處是設計最佳化。用 3D 列印，傳統設計製造標準是可以忽略的，設計師們可以設計任何他們想要的、需要的產品，而不是設計生產系統能夠製造出來的產品。

專·家·提·醒

低碳生產是以減少溫室氣體排放為目標，構築低能耗、低汙染為基礎生產體系，包括低碳能源系統、低碳技術和低碳產業體系。

6.1.4 3D 列印製造用材更節能

前文曾講過，材料的限制是 3D 列印技術發展的關鍵問題之一，不過也正是 3D 列印材料的多樣性選擇，才決定了它所允許材料的自由性。使用 3D 列印，我們有比傳統的製造業更寬範圍的材料選擇平台，可以選擇耐用的材料，如金屬或塑料，或更細膩的物質，如陶瓷或砂岩等。如圖 6.3 所示為 3D 列印製作的塑料產品。

圖 6.3　3D 列印塑料果盤

如今，3D 列印可以選擇的材料包括塑料、金屬、丙烯酸、陶瓷、尼龍、砂岩、蠟和紙等，其中塑料在眾多材料選擇中位居首位。首先，塑料價格便宜，易於加工，可以很大程度節省製造成本；其次，塑料長期以來一直作為大規模生產的原材料，從製造最簡單的瓶子到複雜昂貴的船體都能使用塑料；同時，對於細節要求高和耐久性強的產品，塑料也是一個很好的選擇。

雖說塑料對於環境具有破壞性，但是塑料製品關乎人們生活的方方面面，並且使用塑料製作而成的零件比金屬製造的部件重量輕，而減輕重量對環境是有利的。

對比 3D 列印塑料，3D 列印金屬相對傳統的金屬製造技術具有更多的優點。研究人員發現，幾乎所有 3D 列印剩下的金屬粉末都能回收利用。相比之下，傳統的金屬製造過程，包括研磨、機械加工和鑄造，更加浪費，在使用某些金屬製造方法時，廢棄產品中會剩下近九〇%的原材料。

6.1.5 3D 列印實現變廢為寶

眾所周知，塑料汙染是一個日益嚴重的問題，生產和銷售的塑料，極大的威脅著地球上所有的生命形式。據統計每年生產約三千億公斤的新塑料，約有七千萬公斤進入我們的海洋，這些塑料材料需要幾十年到幾百年才能被溶解，這就成為殺死許多水中動物和陸地動物的因素。現在，出現了一個新的組織幫助處理這個問題。

這個新興的組織叫 Plastic Bank，主要處理塑料垃圾問題，並重新塑造塑料垃圾解決方案。Plastic Bank 先進行塑料的回收，再利用和 3D 列印中心，將包括教育、培訓、生活必需品和 3D 列印服務所得到的貨幣用來幫助貧窮的人。

Plastic Bank 計劃在世界各地設立塑料再利用中心，其負責人稱：「我們正在使用貨幣收購塑料，他們可以換得工具、家居用品等。我們的使命是從陸地，海洋和河流中去除塑料垃圾，同時幫助人們擺脫貧困和轉型做其他事業。」目前，Plastic Bank 打算二〇一四年在祕魯首都利馬成立第一個塑料回收工廠，其中只有二%的塑料垃圾被回收利用，透過 3D 列印技術，把它們轉化為日常用品。

圖 6.4 3D 列印船

另外一個有關綠色環保 3D 列印的成功事例，是一群華盛頓大學的學生們使用回收的奶瓶製造了一艘皮划船，並且使用這艘列印船在大賽中獲得了第二名的成績，如圖 6.4 所示。

首先，學生們四處蒐集塑料垃圾盒，將近四十磅（約十八公斤）的塑料被拖到了實驗室，然後學生們將廢塑料盒打磨成細粉，同時租來了一台帶有家用擠壓機的等離子切割機。為了替列印機的塑料擠壓機提供動力，一名學生還從自己的汽車上卸下了雨刷馬達。最終透過不斷的修改設計，這艘能夠承重一百五十磅（約七十公斤）的 3D 列印船就誕生了。

就環保而言，3D 列印船是一項令人振奮的項目，因為它證明了可回收牛奶盒可以回收利用，並列印成真正有用的物品。

6.1.6 3D 列印降低生產成本

說到 3D 列印技術在製造業的應用，就不得不提比利時梅洛特公司，它是歐洲率先使用 3D 列印機技術進行生產的企業，可以說是 3D 列印技術應用的先驅者。

公司執行長弗勒林克曾指出：「3D 列印技術對於生產者來說，可大幅降低生產成本，提高原材料和能源的使用效率，減少對環境的影響，它還使消費者能根據自己的需求量身訂製產品。」如圖 6.5 所示為梅洛特公司利用 3D 列印製作的鈦金屬產品。

圖 6.5 3D 列印鈦金屬產品

具體來說，3D 列印機既不需要用紙，也不需要用墨，而是透過電子製圖、遠端資料傳輸、雷射掃描、材料熔化等一系列技術，使特定金屬粉或者記憶材料熔化，並按照電子模型圖的指示一層層重新疊加起來，最終把電子模型圖變成實物。其優點是大大節省了工業樣品製作時間，且可以「列印」造型複雜的產品。因此許多專家認為，這種技術代表了製造業發展的新趨勢。

弗勒林克還說，就目前來看，使用相同數量的耗材製造零件，3D 列印機的生產效率是傳統方法的三倍。目前梅洛特公司已與中國青島一家紡織廠建立合作，「列印」紡織機軸承，傳統工業流程需要八十四小時製作的零件，透過 3D 列印技術，二十四小時就可以製造完成。

由於可以在目的地精準列印，這樣又省去了物流、配送、上貨等時間，因此生產成本大大降低，每個軸承的成本由幾十歐元降至一歐元。

專·家·提·醒

3D 列印技術依據個人情況量身訂製，甚至可以在當地列印商品，讓需求真正決定生產，很大程度上可以解決產能過剩問題並節省運輸成本。

6.1.7 3D 雲端製造打開訂製時代

如今，雲端服務十分火熱，借用雲端運算的思想，建立共享製造資源的公共服務平台，將巨大的社會製造資源池連接在一起，提供各種製造服務，實現製造資源與服務的開放協作、社會資源高度共享，已經成為當今電腦行業與製造業的主流。而 3D 列印技術便是雲端服務的典型應用，如圖 6.6 所示為 3D 列印的個性化產品。

圖 6.6　3D 列印訂製產品

在以前，一家工廠的工人服裝是統一發放的，只能對尺寸上進行把握，無法為近萬名用戶訂製個性化的服裝。而 3D 列印能利用攝影鏡頭自動採集、分析提取每位用戶的體貌個性特徵，並自動根據視覺美感進行形狀設計、顏色與膚色搭配等，可極大縮減訂製週期。

3D 智慧數位化設計軟體是 3D 列印的核心，目前有兩大類實現方法，第一類是使用 3D 設計軟體，由設計師設計數位化產品。第二類是 3D 掃描（俗稱 3D 照相），基於電腦視覺、模式識別與智慧系統、光機電一體化控制等技術對物體進行掃描採集，以進行數位化重建。

智慧數位化涉及眾多學科，門檻較高。不過，這些技術將來會以雲端智慧化服務的形式提供給普通用戶和開發者。以透過「智慧雲網」模式訂製一雙鞋子為例，用戶只需要在手機上下載一個 App 應用程式，替自己的雙腳拍幾張照片，並指定喜歡的款式和顏色，之後位於雲端的智慧運算服務將根據用戶上傳的照片重建出 3D 腳形，把鞋子設計出來，並在雲端製造叢集中搜尋鄰近的列印點列印即可。

專·家·提·醒

雲端製造的優勢在於資源可以智慧擴展，可以自動平衡負載，為「規模訂製」營運模式提供最佳支援。製造商可以根據項目的實際需求，建構一個臨時的叢集。

6.2 3D 列印在模具製造領域的應用

傳統的快速模具製造由於工藝粗糙、精度低、壽命短，很難完全滿足用戶的要求。並且由於在模具的設計與製造中出現的問題無法改正，不能做到真正的「快速」。利用 3D 列印技術製造快速模具，可以提高產品開發的一次成功率，有效的節約開發時間和費用。下面筆者為讀者介紹幾個 3D 列印製造模具的應用實例。

6.2.1 【案例】製作足部保健用品模具

二〇一一年，位於日本靜岡市的 AKAISHI 公司利用 3D 列印機製作試製模具，試製一款名為「保濕凝膠襪」的足部保健用品。如圖 6.7 所示為該產品的試製品及所使用的試製模具。

保濕凝膠襪的材質為彈性材料，厚度為二點五公釐。雖然外形看起來很簡單，但內部設計製造了細小的突起。在對彈性材料進行射出成型時，不但需要兩百度以上的高溫，而且射出速度也要非常快。因此，要求模具具有高耐熱性和高強度。

AKAISHI 公司在開發保濕凝膠襪時，之所以利用 3D 列印機（立體積層造型）來製作試製模具，是因為「希望試製品與製成品具有相同材質」。由於產品需要很柔軟的感覺，所以，不僅要評測靜態形狀和大小，並且要評測用戶實際穿著時會怎樣變形，以及是否產生收縮等感覺。

但是，利用 3D 列印機直接製作的試製品無法實現這種特性，並且如果需要反覆製作模具，也就意味著無法降低成本及短工期。因此，該公司決定嘗試利用 3D 列印機來製作試製模具，並為此引進了可以熔化熱可塑性樹脂的同時形成積層的 3D 列印機，從而快速、低廉的製作出了所需要的模具。

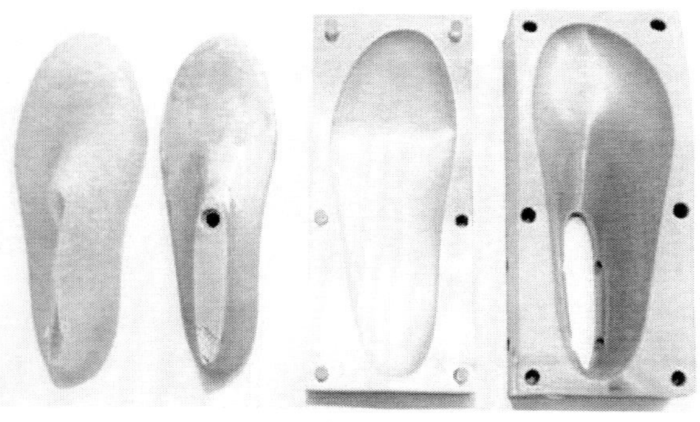

圖 6.7　「保濕凝膠襪」試製品及試製模具

6.2.2 【案例】3D 列印製作原型模具

隨著 3D 列印技術在模具製造業的普及，原型模具生產商開始借助 3D 列印機生產適用於採用標準樹脂、在標準機器上生產零部件的注塑模具。如圖 6.8 所示為常見的注塑模具。

圖 6.8　注塑模具

儘管這類列印機還存在一定的局限性，但著名的模具生產商 Diversified Plastics Inc 公司利用這種技術製成的模具可用來生產出 ABS、三〇%玻璃填充尼龍、聚碳酸酯、丙酮和熱塑性彈性體材質的零部件。

二〇一三年，Diversified Plastics 公司最新引進了 Stratasys 公司提供的一台 Object 260 3D 列印機，用於原型零部件和注塑模具用途。該公司的負責人指出，要為原型工具添加水印和其他系統所需的時間，比列印實際工具本身的耗時更長，而且使用 3D 列印機還讓該公司能夠更靈活的嘗試各種不同的型芯和型腔。

此外，3D 列印技術還能在汽車模具製造中占據一席之地。大家都知道，在汽車行業，汽車工程師們必須從複雜零件中抽樣，檢查成品零部件會遇到的耐熱與環境問題。而利用基於標準加工和樹脂的印製模具，能讓客戶得以全面測試要求耐熱和耐油的零部件。

專·家·提·醒

3D 列印也會給模具生產帶來一些局限性。3D 列印機的大小把可製作的模具限制在中小型模具上，並且，目前的 3D 列印機無法生產用於薄壁零部件的模具，也無法用於耐高溫樹脂。

6.2.3 【案例】快速精密鑄造模具

採用快速精密鑄造的方式得到快速模具有很多種方法，其中 Quick Casting 是美國 3D Systems 公司推出的一種工藝。如圖 6.9 所示為精密鑄造模具。

圖 6.9 精密鑄造模具

它利用立體光刻（SL）工藝獲得零件或模具的半中空原型，然後在原型的外表面掛漿，得到一定厚度和粒度的陶瓷殼層，緊緊的包裹在原型的外面，再放入高溫爐中燒掉 SL 半中空原型，得到中空的陶瓷型殼，即可用於精密鑄造。

澆鑄後得到的金屬模具還要進行必要的機械加工，使得其表面品質和尺寸精度達到要求。使用該方法鑄造模具的優點是用 SL 原型代替原來精密鑄造中的蠟型，從而提高了鑄造原型的精度，並且大大加快了製造速度。

6.2.4 【案例】快速自動成型鑄造模具

了解 3D 列印技術的人，一般會發現 3D 列印往往與快速自動成型一起出現，兩者之間的結合，一定程度上促進了製造業的發展。

快速自動成型（Rapid Prototyping）技術，是近年來發展起來的直接根據 CAD 模型快速生產樣件或零件的成組技術總稱。該技術解決了電腦輔助設計（CAD）中 3D 造型「看得見，摸不著」的問題，能將螢幕上的幾何圖形快速自動實體化。如圖 6.10 所示為利用快速自動成型技術製作的配件。

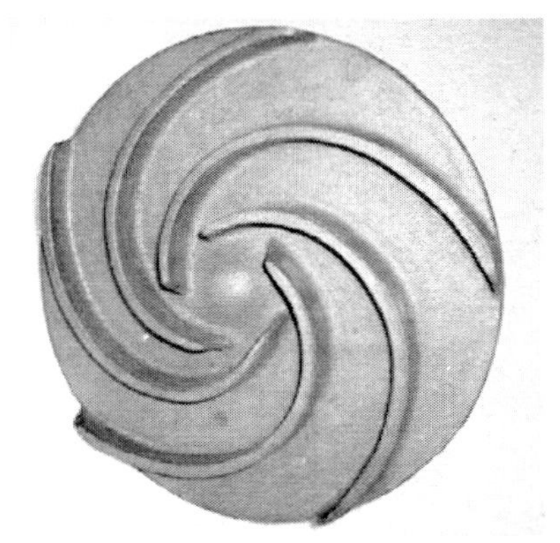

圖 6.10 利用快速自動成型技術製作的配件

快速自動成型集成了 CAD 技術、數控技術、雷射技術和材料技術等現代化科技成果，是先進製造技術的重要組成部分。其本質是用積分法製造 3D 實體，將電腦中儲存的任意 3D 型體資訊傳遞給成型機，透過材料逐層添加法直接製造出來，而不需要特殊的模具、工具或人工干涉。

快速成型技術在熔模精密鑄造中的應用可以分為三種：一是消失成型件（模）過程，用於小量件生產；二是直接型殼法，也用於小量件生產；三是快速蠟模模具製造，用於大批量生產。這三種方法與傳統精密鑄造相比，解決了傳統方法的蠟模製造瓶頸問題。目前，該項技術已經應用於航太、機械、化工、醫藥等行業。在中國比較流行的是快速蠟模模具製造，許多廠家取得了良好的經濟效益。

專·家·提·醒

利用快速成型技術製作蠟模，最關鍵的是要控制蠟模的尺寸和變形，同時盡可能的提高蠟模的表面品質。

6.2.5 【案例】3D 列印機試製樹脂模具

透過 3D 列印機來製作射出成型使用的試製模具，可以提高試製工藝的效率。3D 列印機原本就擁有多種方式，可用的材料也極為豐富。除了利用 3D 列印機進行試製品直接造型之外，如果考慮借助 3D 列印機製作的模具，能夠快捷低廉的獲得的試製品就會隨之擴大到更大範圍。

如圖 6.11 所示是利用 3D 列印機製造的沖壓加工用樹脂模具。在燃燒器試驗中，雖然金屬沖壓部件必不可少，但如果在試製階段製作模具，反覆試驗的話則會導致成本和時間的浪費。如果可以利用樹脂模具進行金屬沖壓加工，這一課題就可以迎刃而解。三菱重工得出結論認為，對於厚度五公釐以上的鎳合金平板，可以採用以 3D 列印機製作的樹脂模具進行沖壓加工。

圖 6.11 沖壓加工用樹脂模具

作為模具的使用方式，不僅可以用於射出成型，此外還可用於沖壓加工。在三菱重工的高砂製作所，為進行燃氣輪機燃燒器構成部件的試製，正在研究採用以 3D 列印機製作的樹脂模具。

6.2.6 【案例】DMLS 在模具上的應用

所謂直接金屬雷射燒結技術（Direct Metal Laser-Sintering，縮寫 DMLS），是指透過使用高能量的雷射束，再由 3D 模型資料控制來局部熔化金屬基體，同時燒結固化粉末金屬材料，並自動的層層堆疊以生成緻密的幾何形狀的實體零件。

這種零件製造工藝透過選用不同的燒結材料和調節工藝參數，可以生成性能差異變化很大的零件，比如從具有多孔性的透氣鋼，到耐腐蝕的不鏽鋼再到組織緻密的模具鋼（強度優於鑄造或鍛造）。這種離散法製造技術甚至可實現直接製造出非常複雜的零件，避免了用銑削和放電加工，為設計提供了更寬的自由度。如圖 6.12 所示為直接金屬雷射燒結技術製作的塑料模具及產品。

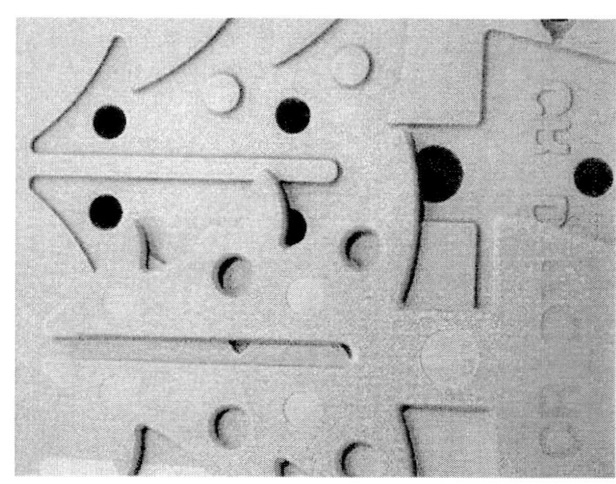

圖 6.12 DMLS 製作的塑料模具

6.3 3D 列印在家電製造領域的應用

如今，3D 列印機在製造業中可謂風頭正勁，特別是對於家電等產品，其產品試製和展示階段與 3D 列印技術密切相關。同時，不僅是各式各樣家電的外形需要利用 3D 列印快速設計與製造，而且部分功能件或結構件也可以利用 3D 列印快速製造出來。

6.3.1 【案例】列印功能完整的揚聲器

一般來說，3D 列印家電中多是用列印出來的零件組裝的，而在美國康乃爾大學，該校機械工程專業的研究生成功透過 3D 列印一次性生成具有完整功能的揚聲器。他們使用兩台本校開發的 Fab@Homes 3D 列印機，無縫整合了塑料、導體和磁性部件，建構的揚聲器一列印出來就能使用。

開發團隊使用的 Fab@Homes 是一種專門用於研究的可訂製 3D 列印機，可以讓科學家們根據自己的需求更換不同的墨水匣、控制軟體和其他參數。

3D 列印揚聲器是一個相對簡單的物品，它由塑料外殼、導電線圈和磁鐵組成。據了解，研究者使用銀墨（silver ink）作為揚聲器的導體，至於磁鐵，使用了一種黏稠的摻有鍶鐵氧體（strontium ferrite）的混合物，如圖 6.13 所示。

圖 6.13　3D 列印揚聲器

不過研究者指出，消費者要想在家中列印電子產品還需要一段時間，因為目前的多數 3D 列印機無法有效的處理多種材料，而且也很難找到相互兼容的材料，比如一台列印機如何同時處理熔點溫度和固化時間天差地遠的導電銅和塑料。

雖然，3D 列印揚聲器微不足道但意義重大，因為這是邁向一次性 3D 列印整個系統方向的一小步。隨著多材料 3D 列印技術的發展，我們就可以結合許多不同的材料來創造新的事物、新的功能。

6.3.2 【案例】3D 列印出超酷水晶音箱

日前，美國 Autodesk 公司軟體工程師伊文· 亞瑟頓（Evan Atherton）在 3D 列印技術實用性問題上取得突破。他利用 3D 列印機，製作了一款可變化顏色的 3D 水晶球音箱，非常美觀時尚。

據悉，該系列利用 3D 列印出的帶燈光音箱主要由兩部分組成：靈活的橡膠底座和透明水晶形狀的上部構造。底座上部的構造使用透明水晶並將其固定在合適的位置，會更加體現出整個音箱的清新風格；下面採用橡膠做底座，這樣有助於減少音箱的諧振，從而讓音質更加清晰純正。

該系列 3D 列印的晶體構造，都是由 Autodesk3ds Max 軟體 3D 設計出來的。音箱外殼則使用的是 Stratasys 公司的 Objet Connex 500 3D 列印機打造的，這台 Objet Connex 500 3D 列印機可以兼容很多不同類型的材料。橡膠底座採用的是橡膠材質，整個過程列印出來總共花費四十個小時左右，如圖 6.14 所示。

圖 6.14　3D 列印機製作出來的酷炫音箱

值得一提的是，這些 3D 列印的音箱，內置了由 LumiGeek 創始人約翰· 泰勒和喬· 馬丁建構的 LED 燈。這些 LED 燈可以透過一個 iPad 應用程式來控制頻率響應。如果自己利用 3ds Max 中的拓撲工具的話，還可以設計更多個性的具有其他圖案和形狀的音箱。

6.3.3 【案例】列印智慧機器人電扇

如圖 6.15 所示為哈佛設計院博士生 Andrew Payne 創造的一款智慧機器人風扇，該設備的三個內置馬達可使風扇上下左右移動，以獲得最佳個人舒適體驗。風扇耗能極低，大約為普通桌式風扇的三分之一。最後，它還能透過無線發送和接收來自中央建築系統和該環境中其他設備的訊息。

圖 6.15　3D 列印智慧風扇

之所以說它是智慧風扇，是因為該風扇擁有內置的攝影機，並且使用臉部辨識軟體追蹤用戶臉部的位置並作出相應的導向，將冷氣引向可提供最大舒適度的區域。

製作這台風扇使用的 ABS 類材　料，Andrew Payne 在 Objet Connex 3D 列印機上列印風扇原型。因為該列印機精確度高，再加上 ABS 類數位材料的效能，使得像螺紋和摩擦力適當的緊固件等極其相配的機械連接及直接列印成部件，然後再對這些部件進行噴砂處理，噴漆並組裝，最後進行專業的「類似成品」的拋光。

6.3.4 【案例】HTC 土豪專用底座音箱

近期，HTC 公司為其旗艦產品 HTC One 開發了一款 3D 列印的附被動式音箱的 Gramohorn II 手機底座音箱。這款手機底座目前售價為九百九十九英鎊。此外還有精鋼材質的限量版手機底座，售價四千九百九十九英鎊，可以說是「土豪」專用手機底座了，如圖 6.16 所示。

雖說這款產品價格昂貴，但是功能著實十分強大。由 3D 列印機打造完成的 Gramohorn II 立體聲揚聲器支援將 HTC One 的前置揚聲器再擴音五〇%而無須電源或電線，同時兩個喇叭作為共鳴腔，使低音頻率和音域得到了增強，從而形成更透徹、更豐富、音質更好的音樂。

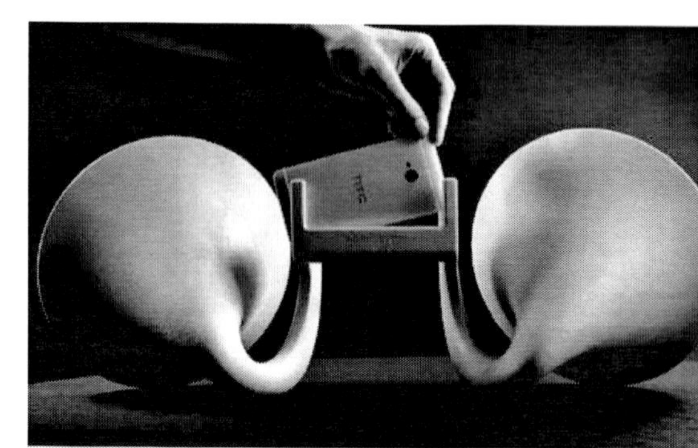

圖 6.16　Gramohorn II 手機底座音箱

揚聲器是使用以石膏為主的複合材料 3D 列印的，手工著色，客戶可選擇任何顏色。當然，用戶也可以自行選擇大小不同的型號。

6.3.5 【案例】3D 列印重力機械時鐘

3D 列印機的興起為人們開闢了製作各種日常用品的途徑。安迪·史密斯用倫敦大學學院辦公室一角的 Makerbot Replicator II，列印了一個依靠重力運轉的機械時鐘。這塊鐘錶採用六百克重力牽引，每四十八小時需要重新上一次發條，如圖 6.17 所示。

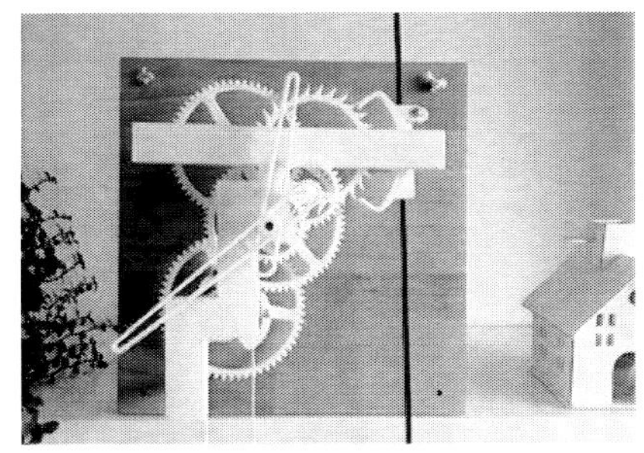

圖 6.17　3D 列印機械鐘錶

在網路上，有不少網站提供木製時鐘的製作方案或工具套件，這些方案往往採用數控型機器或用簡單的曲線鋸切割出各個齒輪。根據在該網站購買的 DXF 格式檔案，安迪用免費的 SketchUp 製作出零件模型，然後將導出的 stl 檔案導入 MakerWare，接著將所有零件逐一列印出來，最終組裝成鐘錶。

在 3D 列印機的中央列印模型，通常不容易出差錯。安迪還在每個齒輪的底部使用了墊子，採用百分之百填充，以增加成品的強度。每個齒輪的列印需要兩小時左右，框架用時三至四小時。最終共花了四天時間列印完成整個時鐘。

3D 列印技術開啟了各種可能性，雖然如今還不是很成熟。列印時鐘是一個嘗試出錯的過程，尤其考驗 3D 列印機的設定能力。數小時內，安裝 SketchUp 並進行建模，製作出可以 3D 列印的模型，著實讓人感覺神奇。

6.3.6 【案例】3D 列印改造攜帶式電腦

樹莓派（Raspberry Pi）是一款基於 Linux 系統的只有一張信用卡大小的單板電腦。它由英國的樹莓派基金會所開發，目的是以低價硬體及自由軟體刺激學校的基本的電腦科學教育。鑑於 Raspberry 非常高的可玩性，眾多電子愛好者紛紛用其創造出了不同的新產品。

圖 6.18 Pi-to-Go 編寫電腦

最近有一位名叫 Nathan Morgan 的玩家，對自己的 Raspberry Pi（model B revision 1）做了一番改造，他利用 3D 列印機（用於製作外殼等）和一系列零部件將其變成了一台攜帶式電腦，如圖 6.18 所示。

這台電腦的名字叫 Pi-to-Go，採用了一塊 640×480 的 LCD 螢幕、內建觸控板的 QWERTY 鍵盤、64GB 三星 SSD（1GB 分割區）、續航超過十小時的可充電式電池、4GB SD 記憶卡，支援 Wi-Fi 和藍牙。

6.3.7 【案例】3D 列印搖一搖充電器

近日，國外有家創意公司利用 3D 列印技術，設計出了一款擁有無限能量的智慧型手機充電器。有了它，你的智慧型手機將從此可以直接透過搖晃手機來充電了。

據悉，這款 3D 列印的智慧型手機充電器，是採用 3D 列印出的長方形塑料殼卡在智慧型手機背面，這樣隨著你身體的活動，它就可以持續充電並直接充到手機裡，因此擁有第一動能的充足能量。

最值得驚喜的是，當你搖動該充電器三十分鐘，你的 iPhone 就可以充到二〇%的電量；當你持續搖晃三個小時，你的 iPhone 將充電滿格。

該 3D 列印的充電器內置了七個主要組件，其中包括共約一百子組件，整個過程可以透過用戶的各種活動，使其內部的磁性元件中的中性浮力發電，之後把它轉換成可用的電能。整個過程的電壓在二伏特至十二伏特之間波動，並將其轉換至穩定的 200 至 500mA/5V 範圍之內。如圖 6.19 所示為充電器 3D 建模過程。

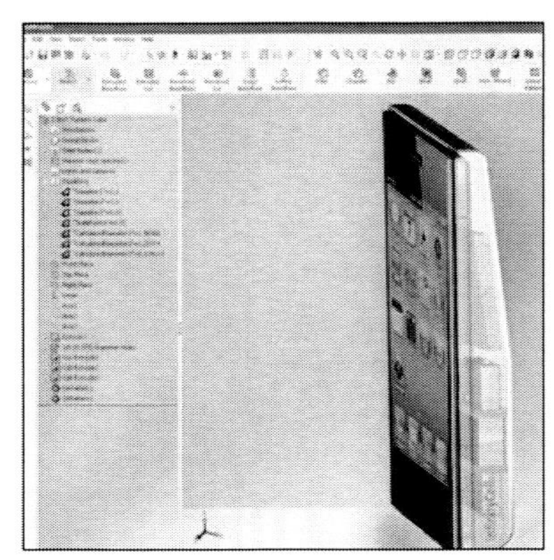

圖 6.19 3D 列印充電器建模過程

專·家·提·醒

值得注意的是，該技術採用了特殊科技，搭配的是鎳／銅箔電池，不會產生任何磁場，因此對人體是無害的。

6.4 3D 列印在玩具製造領域的應用

3D 列印既不需要用紙也不需要用墨水，而是透過電子製圖、遠端資料傳輸、雷射掃描、材料熔化等一系列技術，使特定金屬粉或者記憶材料熔化，並按照電子模型圖的指示一層層重新疊加起來，最終把電子模型圖變成實物。這種特性可以很好的應用在玩具製造行業，因為沒有想像界限的玩具製造，需要複雜的設計與列印工序，3D 列印可以避免這些難題。

6.4.1 【案例】3D 列印鋼鐵人盔甲

隨著電影《鋼鐵人》的上映，主角東尼· 史塔克穿著的「鋼鐵盔甲」，讓無數粉絲心中都擁有一個成為鋼鐵人的夢想。而最近，粉絲們的這個夢想將要實現了。據悉，最新的鋼鐵人 crowdfunding 項目授權在中國深圳成立，旨在建立和大規模生產鋼鐵人套裝，屆時只需要三萬五千美元即可擁有一套 3D 列印鋼鐵人套裝，唯一的區別就是這套盔甲不能飛行。如圖 6.20 所示為鋼鐵人電影圖片。

據了解，該項目網站訊息顯示鋼鐵人 Mark3 的重量只有不到三公斤，套裝根據一百七十至一百八十八公分高的人體身高為標準製成；採用碳纖維增強聚合物體，搭配了兩公釐 EVA 內部墊襯和金屬關節，以增強其穩定性和耐用性，而且還配備了一個「感測器外殼開放系統」和「智慧 LED 雷擊系統」，外表看起來非常酷。

圖 6.20　鋼鐵人海報

目前，該公司正在嘗試進行至少五千套前期訂單的批量生產，這意味著客戶僅需花費一千九百九十九美元就可以得到完整的注塑套裝，如果大家可以等待六至八個月的時間的話，將會得到 3D 列印出的全套裝，套裝售價三萬五千美元，可在三至四個月內交付完成。

筆者認為，對於 3D 列印的鋼鐵人套裝而言，雖說價格著實昂貴，但是能夠圓自己的「鋼鐵人之夢」，省吃儉用一年也是值得的。此外，該公司還提供了一千八百美元 3D 列印的頭盔，也是鋼鐵俠粉絲的選擇之一。

6.4.2 【案例】3D 列印變形金剛玩具

每個孩子都有一個「變形金剛」的夢想，近日，在知名 Thingiverse 的 3D 列印物品檔案分享與原始設計的交流平台上，有人利用相關資源自行設計了一款 3D 列印「變形金剛」——可變形機器人玩具，讓許多孩子的夢想成了真。

這款 3D 列印的變形機器人玩具由 Thingiverse 平台的成員安德魯·林賽設計，模型尺寸大約高十七點一公分，寬九點五公分，在機器人模式下尺寸會大一點，站立時大約高度為三十三公分。

這款 3D 列印的變形機器人玩

具，可以把它從一個電話亭變成一個機器人，反之亦然。玩具身上需要大量的零部件，幾乎超過七十個獨立的部分組裝而成，其他部分，都是採用了安德魯的 PLA 增量式列印機列印出來的，並且最重要的優勢是可以列印出來無須膠水就能直接組裝，如圖 6.21 所示。

圖 6.21 3D 列印變形金剛玩具

目前，這款 3D 列印變形機器人玩具的 STL 檔案可以從 Thingiverse 頁面上下載，之後用戶可以自己進行列印和組裝這款玩具，還能找到使用說明書之類的資料。

6.4.3 【案例】3D 列印讓動漫人物成真

3D 列印機能夠幫助模型愛好者製作自己的個性模型，同時還能將動漫中的虛擬人物列印出來，因此在未來個人桌面 3D 列印機的發展中，動漫迷們和模型愛好者很可能會成為 3D 列印的用戶群體之一。

如圖 6.22 所示，為利用 3D 列印技術製作出來的《星際大戰》中尤達大師的模型。該模型是由 YouTube 用戶 BusyBotz 使用一台家用 3D 列印機列印的，售價一千英鎊。BusyBotz 使用的設計圖來自於 Thingiverse 網站。3D 列印機從無到有、逐層列印尤達大師，每層的厚度為零點一公釐。模型的內部採用蜂窩結構，列印完成後的尤達大師模型，擁有令人吃驚的細節。

圖 6.22 尤達大師的模型

此外，除了尤達大師的模型以外，綠巨人浩克也恢復了它的原貌。3D 列印出來的綠巨人浩克，綠色的大塊肌肉栩栩如生，頭髮與臉部細節刻畫非常精細，如圖 6.23 所示。

圖 6.23 3D 列印綠巨人浩克模型

6.4.4 【案例】3D 列印 EVE 西洋棋

3D 列印技術的精確性與個性化，使得其在模型製作領域深受歡迎。近期，一款炫酷十足的 3D 列印西洋棋「橫空出世」，在玩具製造行業中大放異彩。

這款西洋棋並不是簡單的西洋棋，而是以大型多人線上遊戲《EVE Online》為藍本製作而成的。《EVE Online》由冰島 CCP 公司開發，以宏大的太空為背景，高度融合硬科幻元素，為玩家展現了一個自由的虛擬宇宙世界。玩家駕駛各式船艦在超過五千個恆星系中穿梭，在遊戲的宇宙中能進行各種活動。

新穎的設計理念、獨樹一幟的遊戲方式，領先業內的先進技術，讓《EVE Online》成為劃時代的網遊巨作，同時也擁有了一大批遊戲粉絲。因此在這款西洋棋出現伊始，迅速變得火爆。

要製作以 EVE 飛船為藍本的棋子，首先需要獲得 EVE 的艦船模型，同時還要搭配牢固同時不失美感的底座，經過多方考慮，設計者決定採用流線型底座。確定了基本外型設想後，設計者開始對棋子模型進行 3D 建模，如圖 6.24 所示。

在真正動手製作時，設計者選用的是光敏樹脂雷射快速成型（Stereo Lithography Appearance Rapid Proto-typing）。將需要製作的棋子 3D 檔案輸入列印機，雷射就將一層層對池內的光敏樹脂液

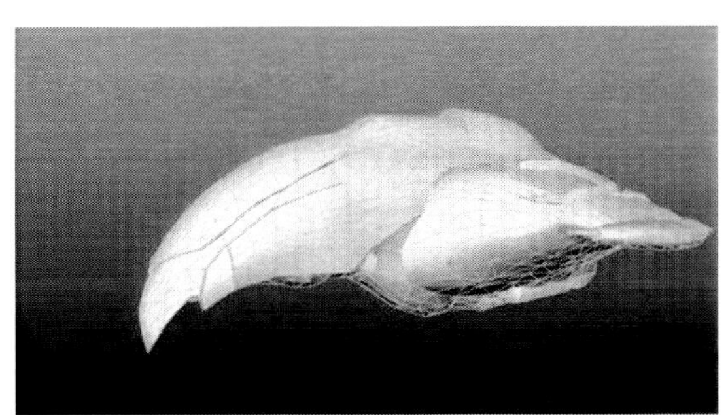
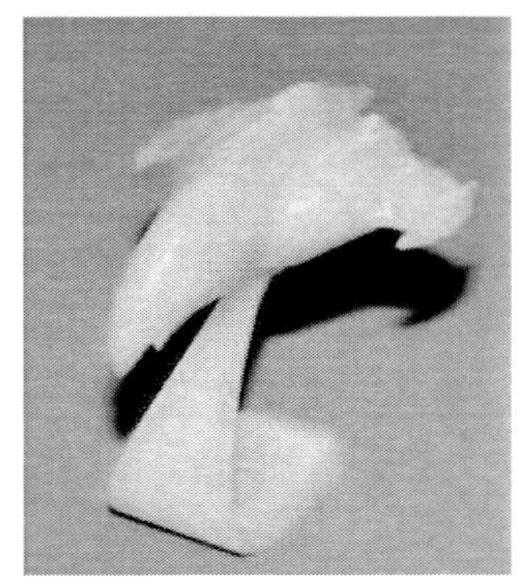

圖 6.24 3D 建模及基本模型

進行精確固化。完成一層之後整個工作面下沉零點一公釐，並在其基礎上進行新一層列印，整個列印過程持續約數小時。最終經過噴漆，一顆顆精美的棋子就脫殼而出了。

對於棋盤的製作也頗費心思。首先，對於整塊壓克力利用 CNC 數控機床技術進行精加工，確保棋盤的準確尺寸。但這樣的棋盤顯然不能達到大家的要求，為了營造出 EVE 的感覺，在棋盤壓克力部件底部印刷了 EVE 世界的星圖，如圖 6.25 所示。

圖 6.25 最終完成的西洋棋

6.4.5 【案例】3D 列印真實芭比娃娃

芭比娃娃是二十世紀最廣為人知並且最暢銷的玩偶，由 Ruth Handler 發明，於一九五九年三月九日舉辦的美國國際玩具展覽會上首次曝光，並在隨後的幾十年內風靡全球。一直以來，芭比娃娃夢幻般的身材都是少女們追求的目標，然而，最近有研究者利用 3D 列印技術製作出了真實的芭比娃娃，透過對比，發現芭比娃娃和正常女孩的身材差距實在太大，如此「魔鬼身材」可能會引誘女孩們絕食減肥。

研究者用電腦成像技術設計出按比例放大的芭比娃娃，結果顯示，3D 版芭比娃娃脖子太過纖細無法支撐頭部。並且如果真有人像芭比娃娃一樣，那麼她的體重將為一百一十磅（約合五十公斤），身體質量指數為十六點二四，而這卻符合了厭食症患者的體重標準。如圖 6.26 所示為芭比娃娃與正常身材女孩的對比。

圖 6.26　芭比娃娃與正常身材女孩的對比

之後，研究者調查了美國十九歲少女的正常身材比例，然後將其應用到芭比娃娃身上，列印出正常身材的芭比娃娃，透過對比，發現芭比娃娃「夢幻般」的身材是不存在的。

6.4.6【案例】3D 列印製作 X- 魔術方塊

由伊利諾理工學院一位名為 Dane Christianson 的學生設計的魔術方塊靈感拼圖（Cube inspired puzzle），近日成為人們關注的熱點。這是一種 X 形狀的魔術方塊，稱之為 X- 魔術方塊，目前這款 X- 魔術方塊已經透過 CAD 檔案和 3D 列印機製作出來，如圖 6.27 所示。

與普通魔術方塊不同的是，X- 魔術方塊的四面多出一層，形成一個 X 形狀，六個面還是和普通魔術方塊一樣各有一種顏色。X- 魔術方塊共有五十二個運動部件，一百零二個顏色單元，高達一百二十五乘以一百萬的十次乘方組合方式。

圖 6.27 X- 魔術方塊

目前，3D 列印魔術方塊已經在 Kickstarter 平台上推出，預定價格為三十五美元。如果自己有 3D 智慧列印機，只需要花費五美元下載 X- 魔術方塊的 STLs 檔案自己製作。

6.4.7 【案例】3D 列印完美訂製玩具車

玩具汽車一直是孩子們喜愛的玩具之一，近日，三位玩具發明家利用 3D 列印技術完美訂製了一種新的微型 Modarri 玩具車，如圖 6.28 所示。這種玩具車是有著轉向和懸掛系統、用手指推動的一款很酷的微型車，玩具車積木式設計允許車主透過使用附帶的六角工具換件，可以使用來自不同車輛的零件，製作出一輛具有獨特的外觀和性能的新汽車。

圖 6.28 微型 Modarri 玩具車

每台玩具車包括以下部件：底盤、擋風玻璃、座椅底板、座椅、框架、四輪、前懸架和後懸架等。目前，該小組已經計劃發表一些 Modarri 汽車零部件的 CAD 檔案，讓大家創建和 3D 訂製材料、顏色，列印自己的設計。

6.4.8 【案例】第一個 3D 列印雙翹滑板

如今，3D 技術的快速發展，人們想出了各式各樣的設備，透過 3D 列印技術列印出來。有人就設計出了使用 3D 列印技術打造出來的世界第一款雙翹滑板，如圖 6.29 所示。

這塊滑板的製作者是一位來自荷蘭的天才設計師山姆· 阿伯特，整個作品利用 3D 列印技術製作而成。列印過程並不是簡單的列印一整塊滑板，因為滑板的大小要比普通的托盤大很多，因此設計師將滑板分成三塊進行列印。然後透過機械插入式的方法拼接起來，確保精準度和堅固程度。

最終，這塊雙翹滑板憑藉最佳的視覺效果和複雜細節，在 CGTrader 和 3D Print UK 同時舉辦的 3D 列印大賽中，獲得了最佳 3D 列印模型作品集的獎項。

6.5 3D 列印在航太領域的應用

一般來說，航太產品要求長壽命、高可靠和能適應各種環境，同時又要滿足高強度、輕量化的要求，所以結構通常較為複雜，對金屬材料加工技術的要求也較高，這也使得航太產品的研發製造週期都比較長。

隨著 3D 列印技術的出現，特別是高性能金屬零件直接積層製造技術的發展，為航太產品從產品設計、模型和原型製造、零件生產和產品測試，都帶來了新的思想和技術途徑。

6.5.1 【案例】製造飛機風洞模型

所謂風洞試驗，是指透過人工產生和控制氣流，以模擬飛行器或物體周圍氣體的流動，並可量度氣流對物體的作用及觀察物理現象來研究太空飛行器的氣動特性，如圖 6.30 所示。

目前，飛行器風洞模型是飛機研製中必不可少的重要環節，飛機風洞模型的加工品質、週期和成本影響著飛機研製的效率。目前採用傳統數控加工的方法製造風洞模型，存在著加工週期長、成本高，而且外形複雜和結構難以加工的缺陷。

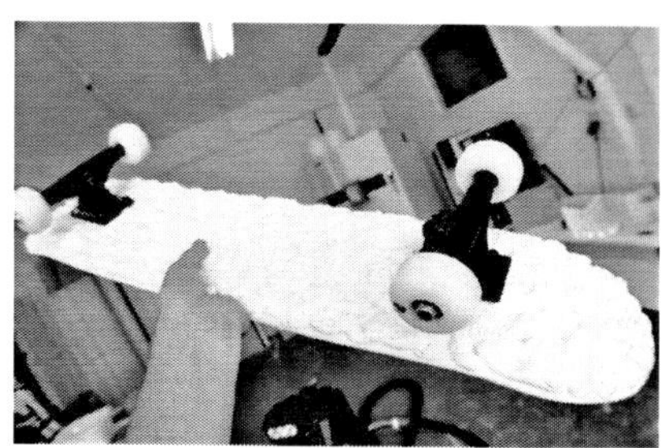

圖 6.29　3D 列印雙翹滑板

圖 6.30　風洞模型

而 3D 列印在風洞模型方面有非常積極的作用，以前的風洞模型設備都是直接由人工製造出來，透過 3D 列印，就可以準確反映設計師對空氣動力學形狀的設計，還可以模擬飛機的一些量的分布，在吹風洞時，就能準確的進行動力學的仿真。

專·家·提·醒

在傳統的工業設計中，產品的強度和剛度不好把握，一般情況下會做光彈應力分析的實驗，如果有了 3D 列印技術，就可以用設備列印出透明的材料來做光彈實驗，可實現應力視覺化，以辨識設計中不足的區域。

6.5.2【案例】研發太空 3D 概念列印機

NASA（美國國家太空總署）一直以來都是航太事業的佼佼者，近期，該機構再次「出擊」，提出一個名為 SpiderFab 的專案。據悉，這是由航太初創公司 Tethers Unlimited 提出的將 3D 技術和航太事業結合在一起的概念專案。NASA 為這個專案注入了五十萬美元的資金，並計劃在二〇二〇年正式對外展示。

SpiderFab 專案其實是一款軌道飛行器，這是一個太空 3D 概念的列印機，設計者設想未來的軌道飛行器可進行自我複製，或者巨型空間望遠鏡有朝一日可以取材於太空垃圾或者小行星材料等，如圖 6.31 所示。

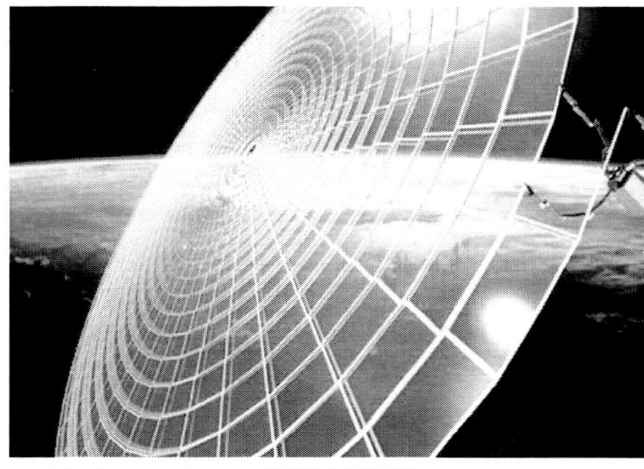

圖 6.31 SpiderFab 專案軌道飛行器

設計者指出，使用 3D 列印技術使得在軌道上建造空間飛行器部件變得更加簡單，透過 3D 列印也可以用於製造巨大空間天線或者空間望遠鏡，其規模比目前的軌道望遠鏡大十倍或者二十倍，並不需要考慮如何折疊設計放入火箭的整流罩內，只需要執行該任務的軌道衛星具有 3D 列印技術和製造的原材料即可。筆者不得不說，如此天馬行空的設想，讓人不得不驚嘆3D列印的神奇。

要特別指出的是，截至到目前為止，NASA已經資助了多個3D太空列印項目，該機構希望藉此能夠找到3D列印太空梭內部部件的方法。Tethers執行長兼首席科學家Rob Hoyt稱，一旦這種技術研發成功，NASA所需要的太空部件不但產量可提升上萬倍，而且其列印出來的部件將擁有更優秀的性能。

6.5.3 【案例】美國空中巴士欲列印概念飛機

日前，美國空中巴士公司表示將利用3D列印技術來打造概念飛機，而作為負責該專案的設計者之一，一位名為Bastian Schafer的設計師就正在忙於透過3D列印製造概念飛機的工程。據悉，要想利用3D列印飛機，需要一台大小如同飛機庫房一樣的3D列印機方可完成，至少這台3D列印機約為80公尺×80公尺的規格才可以。如圖6.32所示為「空中巴士A320」飛機，據稱3D列印概念飛機就是以A320為藍本製造。

儘管目前還有很多問題沒有攻克，但3D列印技術已經實實在在的為很多有夢想的人們帶來了機會。3D列印技術擁有多種優勢，不僅節約成本，還能有效實現資源和材料的節省，同時製造週期也得到縮減。因此，相比傳統製造方式，利用3D列印技術來製造飛機至少可以有效降低六五%的重量，這個結果將是驚人的。

據了解，這款3D列印技術打造的概念飛機，將會採用多項創新設計理念來完成，並且全面滿足綠色環保的倡議，因為它完全是利用可回收的飛機艙和可加熱的飛機座位，同時透明牆體可為乘客帶來全新的視覺感受。

圖6.32　空中巴士A320客機

6.5.4 【案例】3D 列印發動機噴嘴

奇異公司是一家多元化的科技、媒體和金融服務公司，致力於為客戶解決世界上最棘手的問題。近日，奇異公司將目光轉向了 3D 列印與航空領域的結合上，公司計劃用 3D 列印技術來大規模製造發動機部件。如果這項計劃成為現實，那麼飛機、汽車等成本將有可能大幅下降，生產週期也會大幅縮減。

二〇一三年，奇異航空與斯奈克瑪合作，利用積層製造技術生產 LEAP 發動機的噴嘴，並且技術十分成熟，公司計劃最晚二〇一六年啟動全速生產，初步預計奇異每年將需要製造約兩萬五千個發動機噴嘴。這種生產規模大大超出了目前積層製造的產能，如圖 6.33 所示。

除了航空部門，其他奇異部門也在研究 3D 列印如何改進產品設計和生產。奇異一直在用 3D 列印做實驗，製造超音波探針，並且尋找在風輪機中使用該技術的方法，以及設計新的燃氣輪機零件等。

圖 6.33　GE 公司製造的產品

第七章
食品產業：
好玩的 3D 食物列印

章節預覽

利用 3D 列印機製作美食，擁有許多優勢，不僅液化的原材料能很好保存，而且可以高效利用廚房空間。更重要的是可以根據自己的口味對食譜做不同的調整，比如讓餅乾更加薄脆，或讓肉更加鮮嫩多汁，這一點讓追求多樣化口味的現代人頗為青睞。

重點提示

» 3D 列印與食品產業
» 認識 3D 食物列印機
» 3D 列印在飲食方面的案例
» 3D 列印在食品餐具的應用

7.1 3D 列印與食品產業

俗話說：民以食為天，飲食一直是人們最大的事情，隨著生活水準的提高，人們的口味也相應提高。如今，3D 食物列印能夠滿足人們的個性需求，人們可以根據不同的年齡區段，制訂個性化的營養配方，而且將成為懶人和特殊人群的果腹之道。

7.1.1 3D 列印食物你敢吃嗎

近日，美國太空總署（NASA）投資了十二點五萬美元，委託 Anjan Contractor 和他的系統／材料研究公司研發 3D 食物列印機，而第一種面世的 3D 食物將會是披薩。

據了解，第一款 3D 食物列印機由 RepRap 3D 列印機原型改造而成，而 3D 披薩的原材料也不是麵粉，而是由營養粉、水和油製成，如圖 7.1 所示。更令人食欲全無的是，這些營養粉其實來自昆蟲、草和水藻。

圖 7.1 3D 列印的披薩

之所以首先選擇列印披薩，是因為披薩是蛋白質類食物中形態相對容易列印的一種。而且，作為原材料的營養粉保質期長達三十年，非常適合長距離的空間旅行。

7.1.2 3D 列印機變身家庭主廚

對於眾多「宅男宅女」來說，簡單便捷的填飽肚子是夢想中的事情，如今隨著 3D 列印的應用，這種夢想實現了。只要按下「列印」按鈕，一陣嗡嗡聲過後，一塊美味的披薩就被製作出來了。當然，這不是微波爐，而是化身為家庭主廚的 3D 列印機的功勞。

西班牙巴塞隆納一公司開發了一款 3D 食物列印機——Foodini，可以運用各種成分「列印」食物，從巧克力到餛飩，只要它們是鬆軟的，這個偉大創舉就能實現，如圖 7.2 所示為 3D 列印製作披薩。

圖 7.2 3D 列印製作披薩

Foodini 作為一個家用設備，目的在於為人們節省手工製作食物的時間，精簡製作過程。該設備擁有六個噴嘴，為製作多種食物創造了可能性。

製作者可以運用該設備自主決定食物的形狀、高度、體積，可以製作大塊的食物，如巧克力塔；或者扁平的食物，如餅乾。到目前為止，該設備的研發團隊已經列印出豆餡餅、漢堡，還完成了一塊披薩。

有了這台列印機，「吃貨」們就再也不用為吃發愁了。想吃什麼東西，只要購買原料，就可以根據自己的需要設定不同的模式，列印出自己想要的美食。

7.1.3 太空人用 3D 列印機做飯

美國太空人現在回想早年的太空飛行，最感到痛苦的不是失重，也不是上廁所不方便，而是飲食太差。當時，太空食品多半像漿糊一樣，吃的時候從像牙膏的管子中往嘴裡擠；或者壓縮得像小肉丁一樣乾巴巴的，需要靠嘴裡的唾液去慢慢融化方能下嚥，而且這些食品通常淡而無味。

隨著科技的發展及對太空人飲食習慣的重視，太空人的食物種類與口味變得多樣。以最近上天的「發現號」太空梭為例，帶上去的食品不但有新鮮的麵包、水果、鳳梨丁罐頭、巧克力等，還有裝在太空食品盒裡的美味食品，例如青豆、香菇、肉丸等，也有如同普通速食店裡一樣包裝的番茄醬、烤肉醬等調味品。

不過，攜帶如此多的食物也有缺點，因為在太空梭中，重量與空間十分寶貴，這也就限制了攜帶食物的數量。近期，美國太空總署（NASA）著手解決太空人的飲食問題，他們想到的「終極」方案是，用3D列印機為太空人做飯，並且已經投入資金進行研究。如圖7.3所示為3D列印機製作出來的甜點。

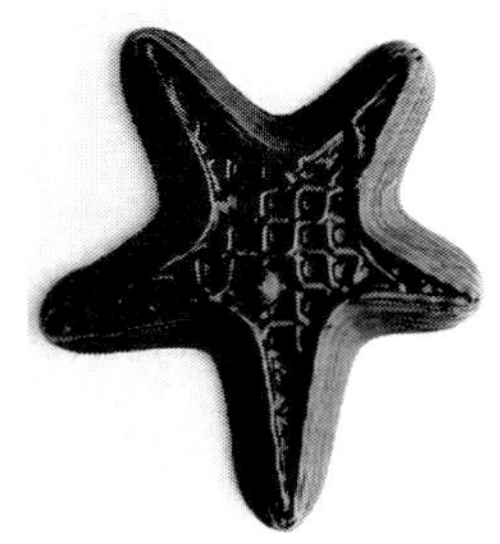

圖7.3　3D列印機製作的甜點

根據設想，這種3D列印機將按照「數位食譜」混合各種粉末，製造色香味俱全的食品。做出的食品可以針對每名太空人的營養需要、健康狀況和口味而客製，甚至能夠根據太空人的媽媽的烹飪習慣，在太空中吃到媽媽做出的食品。

專·家·提·醒

為了方便食用，太空食物多被切成一口就能吃下的大小，並用可食用的合成薄膜小塊包裝。常見的太空食品主要有普通罐裝食品、低水分食物、脫水食物、原狀食物和飲料五類。

7.1.4　3D列印與分子美食

所謂分子美食，又稱為分子料理，是指把葡萄糖、維生素C、檸檬酸鈉、麥芽糖醇等可以食用的化學物質進行組合，改變食材的分子結構重新組合，創造出與眾不同的可以食用的食物。例如，把固體的食材變成液體甚至氣體食用，或使一種食材的味道和外表酷似另一種食材，包括泡沫狀的馬鈴薯，用蔬菜製作的魚子醬等，如圖7.4所示。

圖7.4　分子美食

這種美食流派名為分子美食學（Molecular Gastronomy），是世界最先進的料理方式。所謂的分子美食學就是用科學的方式，去理解食材分子的物理或化學變化和原理，然後運用所得的經驗和資料，把食物進行再創造。有意思的是，發明這種美食學的不是某位大廚，而是由一個物理學學者 Nicholas Kurti 和一個化學學者 Herve This 創立提出的。

如今，3D 列印與分子美食遇到了一起，互有聯繫又有互補，相信在不久的未來，兩者必將碰撞出不一樣的火花。

7.2 認識 3D 食物列印機

3D 食物列印機，是一款可以把食物「列印」出來的機器。它使用的不是墨水匣，而是把食物的材料和配料預先放入容器內，再輸入食譜，餘下的烹製程序會由它去做，輸出來的不是一張又一張的文件，而是真正可以吃下肚的食物。

7.2.1 3D 食物列印機的誕生

日前，西班牙自然機器公司（Natural Machines）發明了一款 3D 食物列印機——Foodini，這是一款融「技術、食物、藝術和設計」於一身的產品，讓人們無須滿身大汗的在爐火前烹煮，輕輕鬆鬆就能製作出漢堡、披薩、義大利麵和各類蛋糕等多種美味食物。

Foodini 內設的五個膠囊可用來儲存不同食材，就如同普通列印機裝有不同顏色的墨水匣一般。它所製作出的食物形狀、大小和用量都由電腦操控，如圖 7.5 所示。

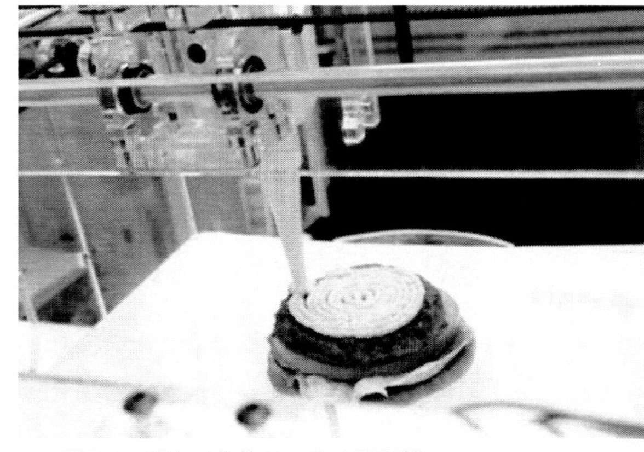

圖 7.5 正在工作的 Foodini 列印機

在使用 Foodini 時，首先要把新鮮食材攪拌成泥狀後裝入膠囊內，然後只需要在該設備的控制面板上選擇想要做的食物圖標就可啟動製作。Foodini 上有六個噴嘴，可以透過不同的組合，製作出各式各樣的食物。

此外，用戶還能透過 Foodini 自主決定食物的形狀、高度、體積等，不僅能做出扁平的餅乾，也能完成巧克力塔，甚至還能在食物上完成卡通人物等造型。不過，這台機器不負責烹煮食物，用戶需要把列印好的食物加熱煮熟才能享用。

設計者製作 Foodini 的目的在於幫助人們節省手工製作食物的時間，精簡製作過程，從而鼓勵人們養成健康的飲食習慣，多吃自製食品，這也是低碳飲食的要求。

7.2.2 食物列印機的工作原理

3D 食物列印機採用了一種全新的電子藍圖系統，不僅方便列印食物，同時也能幫助人們設計出不同樣式的食物。

該列印機所使用的「墨水」均為可食用性的原料，如巧克力汁、麵糊、乳酪等。一旦人們電腦上畫好食物的樣式圖並配好原料，電子藍圖系統便會顯示出列印機的操作步驟，完成食物的「搭建」工程。

食物列印機將大大簡化食物的製作過程，同時也能夠幫助人們製作出更加營養、健康而且有趣的食品，這款 3D 食物列印機上市後，可供家庭餐館等不同場所使用。

7.2.3 3D 食物列印機的應用

對不少廚師而言，這項發明意味著他們可以開發新菜品，製作個性美食，並且使用食物列印機製作食物可以大幅縮減從原材料到成品的環節，從而避免食物加工、運輸、包裝等環節的不利影響。廚師還可借助食物列印機發揮創造力，研製個性菜品，滿足挑剔食客的口味需求。如圖 7.6 所示，為 3D 食物列印機製作出來的個性美食。

此外，設計者還在食物列印機所用的電腦輔助設計軟體基礎上推出「廚師電腦輔助設計軟體」，允許使用者自行設計食譜並與他人分享，比如「你按下列印按鈕，機器會詢問你需要多少份」。

屆時，對烹飪一竅不通的人可以下載名廚研製的食譜，用食物列印機做出精緻大餐，或者「列印」出醫生推薦、營養全面的美味菜餚。

圖 7.6 3D 列印個性美食

7.3 3D 列印在飲食方面的案例

雖說現在 3D 列印食物的技術還不成熟，但是在國外已經有了很多成功的實例，下面為大家一一介紹。

7.3.1 【案例】3D 列印的巧克力雕塑

試想在不久的將來，我們從微波爐形狀的 3D 列印機中端出一盤特色巧克力，餐盤中的巧克力造型獨特，有思想者、機器人，甚至一台迷你的曳引機。其實這不僅是巧克力，它還是藝術。

先前，Google 為配合 Android 4.4 操作系統的推出，攜手雀巢——KitKat 巧克力製造商，生產雕塑系列 3D 印刷巧克力。雀巢公司委託十個南非最熱門的創意人才，設計出的巧克力的原創雕塑——3D 列印巧克力，如圖 7.7 所示。

圖 7.7 3D 列印的巧克力雕塑

所有的設計都採用了 Android 操作系統，基於免費提供的線上 3D 建模工具創建的。所有涉及的作品，由 Hans Fouche 巧克力的 RepRap 式列印機用 Hans Fouche 巧克力為原料進行創建。

3D 列印這些雕塑看似簡單，其實是極其困難的。該專案的負責人說，為了避免在 3D 列印過程中塌陷，在複雜性、體積、重量和形狀方面有許多限制，並且採用的是一次列印一些層，然後把它們黏合在一起的方式。

7.3.2 【案例】3D 列印製作情人巧克力

情人節是與愛人分享浪漫和甜蜜的時刻，巧克力和玫瑰都是當天不可缺少的元素，而將「自己」融入甜蜜的巧克力中送給愛人更是一種新潮的浪漫。二〇一三年的情人節，日本的男人們就體驗了一場特別的浪漫。為迎接二月十四日的情人節，日本列印機銷售公司 KS Design Lab 在東京推出一項活動，使用 3D 列印機製作酷似自己的巧克力人像作為情人節禮物，期間有十五名女性參加了活動，用兩天時間製成了自己的「分身」。

製作情人巧克力的過程並不複雜，首先需要經過 3D 掃描臉部表情，然後再用電腦進行調整。接著，3D 列印機列印出以醫用矽酮為材料的塑模，最後將巧克力融化後注入模具即可，如圖 7.8 所示。

圖 7.8　3D 列印巧克力

如此製造出來的直徑約三公分的巧克力人像十分精巧，連牙齒的形狀都清晰可見。這次活動的費用為六千日圓，稍嫌昂貴，但仍有五十多人報名。筆者個人覺得，將情人的頭像當作實物吃下去，聽起來並不像是表達愛意，所以說還是製作出來留作紀念好了。

7.3.3 【案例】3D 列印人形棒棒糖

如圖 7.9 所示，是日本 FabCafe 推出的一項服務，他們以糖為原料，用 3D 列印的方式製造出顧客的縮微版複製棒棒糖。並且據說只需要兩個簡單的步驟就可以完成。首先是全身 3D 掃描，相當於建模；然後，以糖為原料將其列印出來，這樣人們就可以得到一套棒棒糖版的「迷你自己」了。

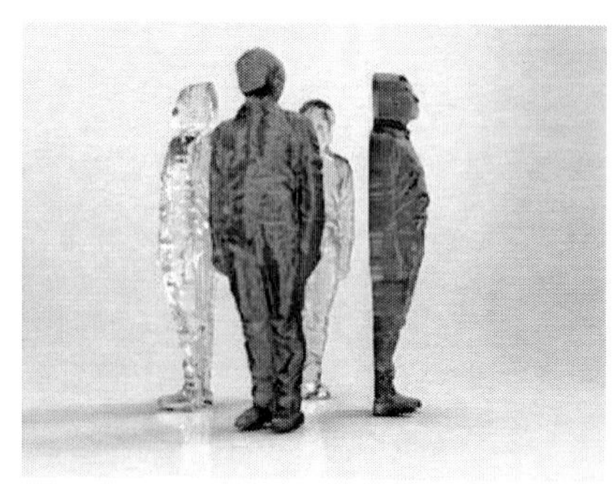

圖 7.9　人形棒棒糖

製造商 FabCafe 希望這項服務能帶給人們更多關於白色情人節（White Day）的禮品創意，並且花費不貴，全套六十五美元就能搞定。

7.3.4 【案例】開 3D 列印甜品小店

作為一名「吃貨」，相信大多數人對於美味的糖果甜點毫無抵抗力。近期，「吃貨們」又有福了，一對來自美國加州洛杉磯的夫婦，在辦公室利用 3D 列印機列印糖果製品，憑此創意，他們開了一家名為「糖果實驗室」（The Sugar Lab）的 3D 列印甜品小店。

據悉，當卡爾（Kyle）和麗茲（Liz von Hasseln）夫妻倆還是建築系學生時，就想為他們的朋友製作生日蛋糕，卻苦於家中無烤箱。因而，他們試著用校園裡的一台 3D 列印機「列印」蛋糕。經過多次嘗試，他們列印出帶有好友名字的蛋糕表面裝飾。而此前，3D 列印機專用於建築師們建構物理建築模型。之後，他們改良了技術，並於畢業兩年後創建了「糖果實驗室」公司，專門用 3D 列印技術製造糖製的、可食用的各種雕塑形狀。

列印過程同樣十分簡單，列印機內預存有糖果 3D 模型，按下「開始」鍵後，列印機就能製造出不可思議的 3D 特色糖果，其看起來精緻無比，堪比藝術品。所用的原材料是一種可直接食用也可以用於裝飾蛋糕或糕點的霜狀糖，如圖 7.10 所示。

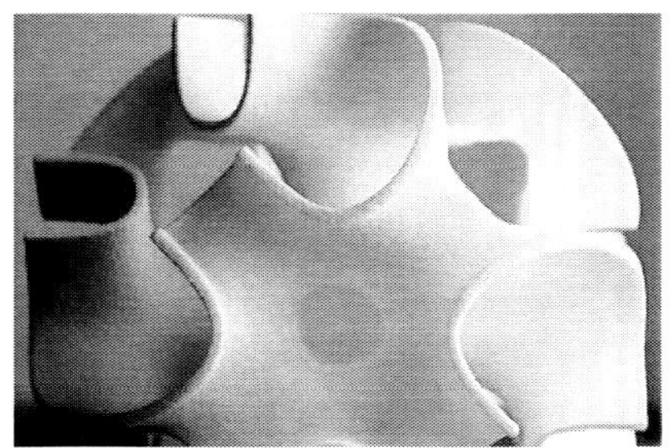

圖 7.10 3D 列印特色糖果

至今，他們夫婦試驗過用不同的糖加入香草杏仁等調味品製作點心。目前，他們甚至與好萊塢「魅力都市糕點店」（Charm City Cakes）的知名糕點師達夫· 高曼（Duff Goldman）合作，製造出帶有 3D 列印特色結構的四層大蛋糕。

7.3.5 【案例】3D 列印美味可口月餅

一年一度的中秋佳節，特別對於中國人來說有著極其重要的意義。闔家團聚的時候月餅自然不能少，而如今市面上的月餅你是否吃膩了呢？現在，越來越多的 DIY 月餅開始出售，尤其是在淘寶等網站上，各種 DIY 月餅及原料已經成為熱門產品。

不得不說，在這個彰顯個性的時代，DIY 越來越受歡迎，而 3D 列印的出現完全可以滿足人們的個性化追求。3D 列印月餅，就是將月餅所需的各種材料，透過 3D 列印機擠壓出來再層層堆疊而成，這是目前較為流行的一種方式，如圖 7.11 所示。

圖 7.11　3D 列印機直接列印月餅

此外，還有一種 3D 列印月餅的方法，是先用 ABS 塑料列印出月餅模具，然後將月餅皮和餡填充到模具裡，刻出造型各異的月餅，這比起傳統的模具需要刀具、夾具來說，更加方便快捷，如圖 7.12 所示。

用 3D 列印機列印一款自己專屬的 DIY 月餅，既有自己親自參與製作的過程，又極具個性化，相信如果送給親朋好友，意義可謂相當重大。

7.3.6 【案例】iCoffee 打出個性奶泡

經常喝咖啡的人都知道，咖啡奶泡打起來是很困難的，稍有不慎就會導致奶泡太厚或是太硬，而且大多數奶泡攪拌機器並不實用。如今，設計師 Huang Guanglei 解決了這個問題，他設計了一款名為

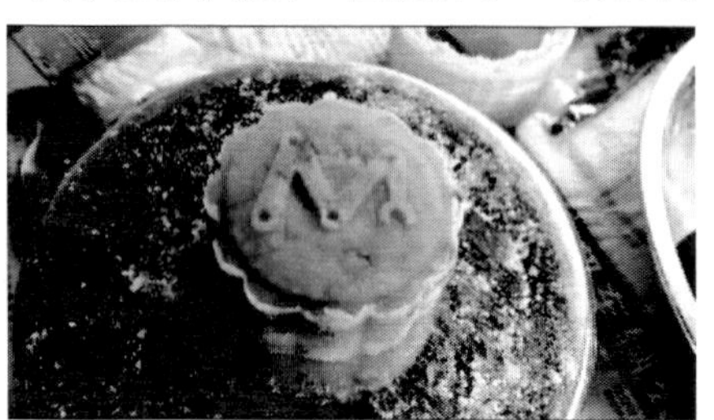

圖 7.12　利用 3D 列印模具製作月餅

iCoffee 的咖啡機，可以幫助人們隨心所欲打奶泡。

簡單的說，設計師將咖啡機和列印機兩個概念合二為一，只是，普通噴墨列印機噴出的是墨水，而 iCoffee 咖啡機噴出的卻是牛奶。透過一個類似於列印機噴頭的結構，iCoffee 咖啡機可以在咖啡的表面按照需要噴出若干的拉花，從而顯現出特定的圖案和文字，如圖 7.13 所示。

圖 7.13　列印個性奶泡

除了咖啡機中內置的這些圖案和文字外，還可以透過藍牙從你的手機上讀取。以後要喝咖啡的時候，就可以把自己喜歡的圖案或者文字「列印」在咖啡上面了。

7.3.7 【案例】3D 列印新鮮肉類產品

如今，肉類已經成為老百姓日常生活不可或缺的食品，而肉類的價格波動也給老百姓的生活造成了壓力。比如，美國的大旱造成動物飼料價格的上漲，也帶動肉類產品價格的暴漲。那麼，如何讓肉的價格不再暴漲或暴跌呢？

近日，美國矽谷傳奇投資人 Peter Thiel（皮特· 泰爾）最近又投資了一個新鮮專案：用 3D 列印技術生產鮮肉，如果這個技術成熟後，將會讓鮮肉的價格穩定下來。

據悉，該專案由密蘇里州一個名叫 Modern Meadow 的創業公司主持開發，已經獲得了來自泰爾基金會一筆六位數金額的投資。他們的設想是利用實驗室培養出來的細胞介質生成一種類似鮮肉的替代物質，這種物質同樣能提供人體所需的蛋白質。而透過 3D 列印技術，這種物質看起來就像真正的鮮肉一樣，如圖 7.14 所示。

如果這項技術研發出來，其生產出的肉類產品在初期可能會價格很高，但在技術成熟之後，省去多個環節的 3D 列印技術，將會讓鮮肉的價格大大降低並且穩定在一個價格上。屆時，將為老百姓提供價格最低廉、最新鮮的鮮肉。

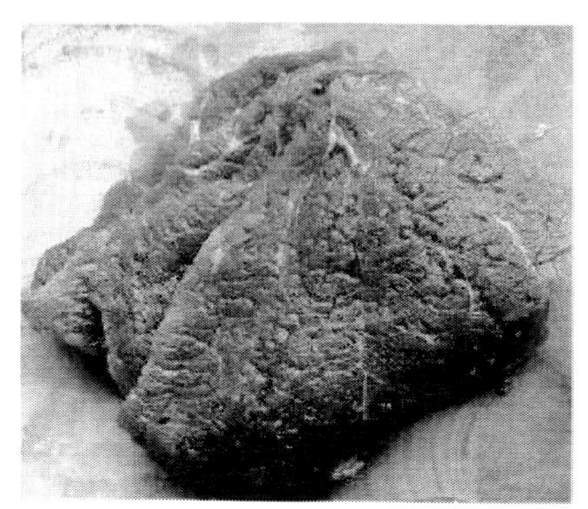

圖 7.14 3D 列印鮮肉

圖 7.15 3D 列印果凍

7.3.8【案例】3D 列印果凍祝福圖案

如今 3D 列印技術的應用絕對是「沒有做不到，只有想不到」，日前，一位名為 SpriteMods 的「大神」，透過一台由 CD-ROM 改造的小型 3D 列印機，製作出了具有個性化圖案的果凍。

他最初的靈感來源於朋友生日會上，在聚會中，他發現果凍中有氣泡，而且由於果凍是凝固狀的，這些氣泡不能隨便移動。他由此產生靈感：要是使用一個帶有針頭的針筒，並在針筒空筒裡放進蔬菜汁或果汁，再把針頭插進果凍裡打出一些汁液，是否能在果凍裡畫圖案呢？

說做就做，SpriteMods 設計了一個 3D 列印機。這個列印機上有一個安裝在木板上的舊 CD-ROM 光碟機，而列印機的某一裝置上安裝有一個針筒針頭，這個裝置旁邊有三個步進馬達在其周圍移動。打開 3D 列印機時，列印機裡儲存的液體就會透過針頭打進果凍裡，如圖 7.15 所示。

由於列印機使用的部件及其本身，相對於其他 3D 列印機來說都非常小，因此整個列印裝置只需要使用 10 伏特的筆記型電腦的電池供應能源。這意味著這台列印機非常方便攜帶，可以隨意移動。

7.3.9 【案例】3D 列印餅乾和餅乾模具

如何把自己喜歡的動漫形象變為美味的餅乾呢？其實你不需要成為烘焙高手，只需要一台 3D 列印機就能實現這個夢想。

如圖 7.16 所示，為使用 UNFOLD Pastruder 3D 列印機製作餅乾，裝滿餅乾麵團的加壓針筒擠出不同形狀的餅乾，最後經過烘乾即可。

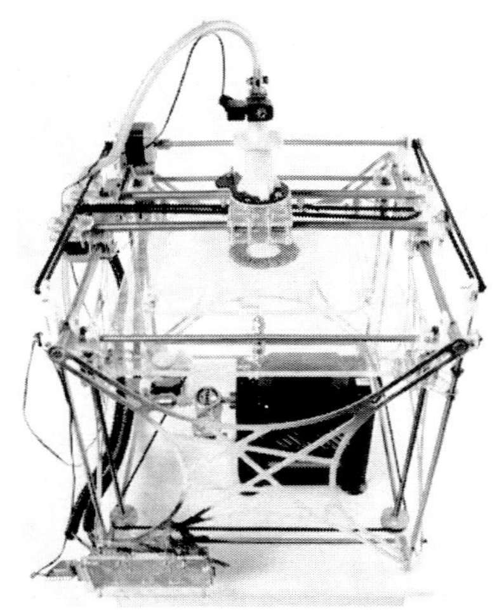

圖 7.16 UNFOLD Pastruder 3D 列印機

如果你對現有的餅乾造型不滿意，也可以使用 3D 列印的餅乾模具。想要線上購買餅乾模具，可以去光顧 Athey Moravetz。單個 3D 列印的餅乾模具售價為四至六美元之間，每套模具售價在十二至三十六美元之間，包括精靈寶可夢、彩虹小馬、瑪利歐等，如圖 7.17 所示。

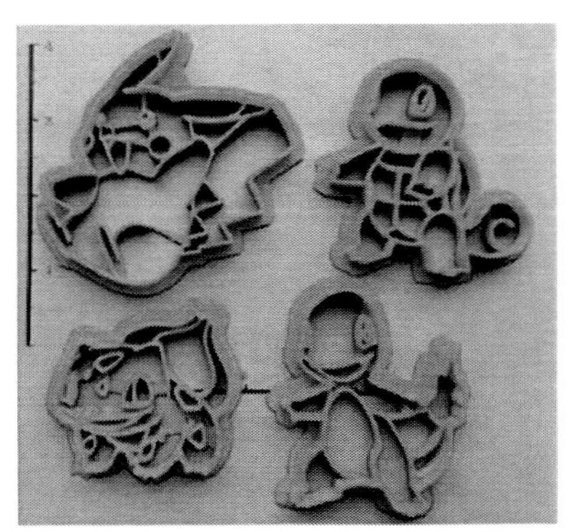

圖 7.17 3D 列印餅乾模具

如果你更喜歡親手設計並列印幾款餅乾模具，可以在 Cookie Caster 畫板上天馬行空的設計和製造餅乾模型。然後免費下載 STL 檔案，用 3D 列印機列印即可。

7.3.10 【案例】3D 列印清晰的曲奇餅乾

3D 列印的食品形狀是否完整、外觀是否誘人，關鍵在於分辨率，因為這關係到食品的精細程度和成品形狀的完整度。

近日，美國華盛頓索爾海姆積

層製造實驗室的一名學生布蘭登·鮑曼，透過研究列出了一份列印高分辨率 3D 曲奇餅乾的配方：一杯麵粉、二分之一杯砂糖充分混合、一條奶油棒、二分之一杯蜂蜜、一茶匙香草、四分之一茶匙鹽。用 3D 列印機列印十至十五次，用攝氏一百七十七度的溫度烘烤七至十二分鐘。

曲奇一被列印出來，加熱平台就會自動烘焙曲奇，這種烘焙可稱為「聯機烹飪」。使用這份配方列印出來的曲奇餅乾擁有極高的「分辨率」，花紋及圖案十分清晰，並且非常美味，如圖 7.18 所示。

圖 7.18　曲奇餅乾

專·家·提·醒

即使一次簡單的曲奇餅乾列印也是一項複雜的工程程序，任何蘇打粉或發酵粉都會迅速膨脹。水會使列印的曲奇餅乾癱軟、散開，在易於列印、保持高烘烤分辨率和維持口感三者之間找到平衡點，是最大的技術難題。

7.4　3D 列印在食品餐具的應用

其實在食品產業中，人們每天使用的餐具與吃喝的食物同等重要。一方面餐具的安全性關係到人們的飲食健康，另一方面個性化的餐具能夠舒緩人們的生活壓力，在這兩方面，3D 列印都有顯著的成果。

7.4.1 【案例】3D 列印火箭咖啡杯

一般來說，咖啡杯由負離子粉、電氣石、優質黏土和其他基礎材料燒結而成。咖啡杯釋放出的高濃度負離子可以對水發生電解作用，產生帶有負電的氫氧基離子，使水中的大分子團變小，增強了水的溶解力和滲透力。因而咖啡杯內裝的飲用水對飲料有更強的溶解能力，飲料效果更佳。

日前，一款頗具個性的咖啡杯

吸引了人們的目光，這是一只帶尾翼的陶瓷「火箭杯」（Rocket Espresso Cup）。拋物面杯體設計，大約可容納近六十毫升的咖啡，如圖 7.19 所示。對於習慣以咖啡開始一天工作的人們來說，喝下這蓄勢待發的「火箭燃料」，相信會讓你精力充沛的。

這只咖啡杯不只是這樣的底座噱頭，其實它是用 3D 列印技術來完成的模具，這大大縮短了製作週期，並讓整個過程更加簡單、直接。

圖 7.19 陶瓷火箭杯

7.4.2 【案例】3D 列印鍍銀不鏽鋼餐具

近來，3D 列印涉及的領域越來越多，所打造出的成品也越來越新奇。設計師 Francis Bitonti 將最新的 3D 列印技術和餐具的製作工藝相結合，從而成功打造出了一套純銀或鍍銀的不鏽鋼刀叉勺，其精緻的工藝及繁雜花樣的設計令人驚嘆。

這套最新 3D 列印出的餐具擁有鍍銀的外觀，四個獨立的分支連貫成一個整體的纖維把柄，用起來更健康，如圖 7.20 所示。

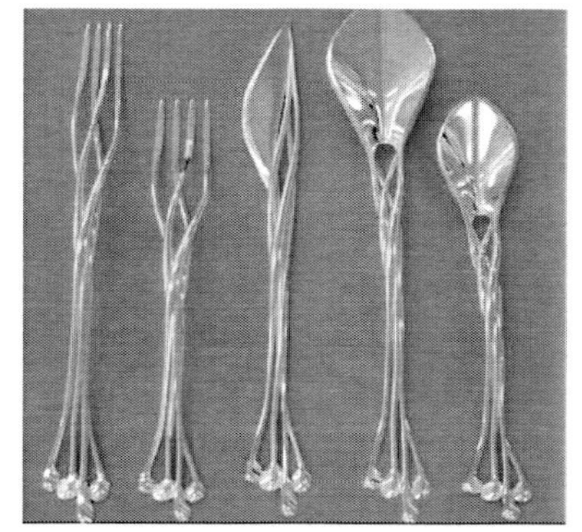

圖 7.20 3D 列印餐具

據稱，設計師 Francis Bitonti 所在的工作室，一直從事於將 3D 列印作為設計工具的作品。之前該工作室已成功設計出 3D 列印的椅子、牆飾和服裝配飾，最新設計的作品就是這套 3D 列印版餐具。這套餐具使用鋼材料 3D 列印，然後在外表鍍銀，因此無毒無害。

7.4.3 【案例】3D 列印的糖果餐具

如今，3D 列印糖果風潮正

夯。一位加拿大的設計師菲利普利用一台仿造的 3D 列印機，用糖列印了各式各樣的碗盤。這台自製的 3D 列印機擁有一個盒框架和木製轉盤，透過一個小馬達驅動。糖粒穿過漏斗，落到轉盤上，形成圓柱形的沙丘結構。如果需要一個小盤子，只要改變沙丘的直徑就可以了。

3D 列印機列印出來的形狀被用於製造矽膠模型，再在石膏中澆鑄，用骨瓷進行製造。最後形成的骨瓷作品是獨一無二的，因為它們保留了糖質餐具獨有的紋理，如圖 7.21 所示。提起利用糖製作餐具的靈感，菲利普說，糖是完美的替代品，可以用水沖洗掉黏附在矽膠上的殘留顆粒。

圖 7.21　3D 列印的糖果餐具

最終，這套名為「沙丘」的糖果餐具作品在倫敦砂石與黏土展會上展出。展會對作品的介紹是：「沙丘」是一組精美的骨瓷瓷器餐具，透過盤和碗展示了巧妙的手工藝新技術。石膏模型的澆鑄，透過效仿 3D 列印的成品，最大程度的突顯簡約精美的圖案。菲利普自製的模擬 3D 列印機創作出了手工或電腦無法設計的形狀。

移動、缺陷和隨機的材料沉積形成了這組作品。列印出來的形狀被精心的利用並轉化為實用的瓷器作品，展現出工匠的技能，創作出這組奇妙的「沙丘」。

7.4.4 【案例】3D 列印可食用筷子

試想這樣一個情形：當你用餐完畢，服務生幫你拿起亮閃閃的製筷架，把筷身探入側邊不起眼的小洞，很快筷子表膜徹底除去。你接著會驚奇的發現筷子能自然而然的吸附在高腳杯側壁，魔術般靜悄悄的被溶解去，然後就得到了一杯用筷子製作的飲料。這不是什麼魔術，這是利用最新食品專用 3D 列印機列印出的分子美食筷，如圖 7.22 所示。

與傳統的筷子相比，分子美食

筷擁有無可比擬的優勢，在機械性能、延展性、各種酸鹼條件測試、摩擦力、高溫耐受、應力等範圍都有極大的提升，最關鍵的是這種筷子能夠食用，只需要將筷子表面的一層膜撕掉，這根筷子就能成為美食。

圖 7.22 分子美食筷

此外，分段的可拼接設計讓「分子美食筷」成為人們隨時隨處可享受美食的身邊產品，可以說「分節便攜性」讓「分子美食筷」從餐桌走向日常生活，況且每一節的口味都能安排出獨特與不同。

目前，分子美食筷有多種口味供食客選擇，雞汁味的、藍莓味的、烏龍茶味等，一應俱全；它有多種營養，全面維生素補充型的、清熱降火的、補鐵補鈣的、海參鮑魚蟲草滋補的、加碘補硒的。它是一道美食，咬碎它，內中溢出魚子醬、參汁、泡發好的燕翅、美酒；它有多種形式，是糖塊、固體飲料、口香糖，重要的它還是筷子，因為在外觀與使用上你看不出與傳統筷子有任何區別。

專·家·提·醒

在醫藥領域，「分子美食筷」還有廣泛的拓展領域，想像一下，許多口服藥都是一日三次、飯後服用的，因此具有「降血壓」、「降血糖」的可食用筷，可以避免藥物漏服、忘服，實現平穩降壓、降血糖。

7.4.5 【案例】每天列印一個咖啡杯

西班牙高產設計師伯納特·屈尼（Bernat Cuni）最近想出了一個怪點子：他想借助新興的 3D 陶瓷列印技術，完成他所謂的「每天一個咖啡杯」計劃。原本只是模型的咖啡杯，很快就變成了觸手可及的現實事物，充分體現出了這種技術的多樣性和立體性。暫且不考慮屈尼製造的咖啡杯的實用性，這種新鮮的想法和技術已經給使用者耳目一新的感覺，3D 列印咖啡杯如圖 7.23 所示。

圖 7.23 3D 列印咖啡杯

「每天一個咖啡杯」計劃歷時三十天，屈尼每一天都會製作出一種稀奇古怪的咖啡杯。每個杯子從構思、設計、成型到製成，所花費的時間都控制在二十四小時之內。此外，他所使用的塗釉陶瓷也符合安全、耐熱性和可循環使用的標準。不過，杯子的價錢可不便宜，每個杯子（直徑約四點五公分）的價格從三十六至八十一美元不等。

從概念變身為實物最重要的是建構現實模型，整個 3D 列印過程需要花費大約四小時的時間。在平鋪的陶瓷粉上的特定區域沉積有機黏結劑，每建成一層，在頂部繼續添加陶瓷粉和黏結劑，直到整個模型完工。之後模型將會被送入爐中加熱，這樣黏結劑就會被固化。出爐後掃掉外層的陶瓷粉末，這樣一個實體的模型就算是做成了。被清理掉的陶瓷粉還可以用於下一個模具的製造。

為了讓杯子永久的保持住結構外形，需要送入爐子中再用高溫「磨練」一番。透過使用一種水性噴霧對其預先上釉，可以減小表面粗糙程度，然後再進行低溫加熱，為最終在表面上釉打下基礎。層層加工之後，帶著亮麗光澤的咖啡杯就「修成正果」了。

7.4.6 【案例】3D 列印 Uppercup 咖啡杯

這款由 James McKay 設計，在 Pozible 進行群眾募資的 Uppercup 咖啡杯，如圖 7.24 所示，以可重複使用為出發點，採用真空隔熱的雙杯概念，Uppercup 由外層的透明絕緣塑膠及內層的白／黑色 Tritan 材質構成，在輕鬆攜帶滾燙的咖啡同時，並不會隨著使用而留存任何異味。而可一百八十度旋轉的杯蓋則用於密封／開啟飲用口，並由時興的 3D 列印技術製作。

圖 7.24 Uppercup 咖啡杯

第八章
交通工具：
勾勒出奇特的外出移動工具

章節預覽

未來出門會乘坐什麼樣的交通工具呢？最新 3D 列印汽車設計展為未來的交通工具發展描繪了藍圖：汽車能夠在空中盤旋，以前所未有的速度在地面行駛。這些奇特的交通工具有一個共同的特點：都是採用 3D 列印機製造的。

重點提示

» 3D 列印與交通工具
» 3D 列印與汽車的應用案例
» 3D 列印與飛機的應用案例
» 3D 列印與其他交通工具案例

8.1 3D 列印與交通工具

從自行車到摩托車，從汽車到飛機，3D 列印技術正助力交通工具製造業的發展。當前最新設計的新穎的 3D 列印交通工具，向人們呈現著 3D 技術的美好未來。

8.1.1 3D 列印零部件樣品試製

3D 列印技術優勢在於能快速更改設計差錯、提高生產效率、降低開發成本。相較於傳統的模具開發及鍛造、鑄造等複雜的工藝，簡化了中間環節，從而減少了人力與物力的消耗，縮短了開發週期。

相對於目前零部件普遍需要四十五天以上的開發週期，3D 列印技術依據零部件的複雜程度，只需要一至七天的開發週期，並且在複雜零部件的製造方面具有突出的優勢。如圖 8.1 所示為汽車零部件樣品。

對於自主品牌供應商來講，零部件樣品試製環節是零部件商非常重視的試驗田。樣品試製若採用傳統製造工藝，則往往需要開發許多模具並透過複雜的工藝來生產，因而大大拉升了樣品試製的成本，3D 列印技術的應用或許能夠彌補這些短處。

圖 8.1　汽車零部件樣品

8.1.2 滲透汽車個性化客製

二〇一三年十一月，摩托羅拉宣布與 3D 列印廠商 3DSystem 開發了 3D 印刷生產平台專案 ARA，吹響了進軍開源手機硬體系統的號角。這一專案的主要目的就是為用戶生產個性客製化的手機，屆時用戶可以像組裝 PC 那樣，選擇不同的硬體來拼湊成個性化設備，如圖 8.2 所示。

圖 8.2 摩托羅拉與 3D System 開發的項目

隨著行動網際網路、雲端運算等新興資訊技術的發展，個人體驗終端也越來越多樣化，人們對於不受外部環境拘束的自由體驗的追求更加強烈，其個性化需求日益明顯。這種需求同樣催促著社會生產、製造模式的改變。

3D 列印技術存在的意義，就是能夠使人們將數位世界與現實生產結合得更為緊密，將產品製造和個人需求無縫對接。

當然不只是手機，網際網路帶來的個性化也同時催促汽車個性化客製時代的到來。隨著汽車更新換代頻率的加快，人們對汽車功能的選擇權需求也逐步加深，或許在不久的將來，汽車就可以實現更深層次的個性化客製，而非目前簡單的外觀區分。

而自定義汽車的銷售方式中，最大的難題莫過於個性化客製將降低生產的效率，並對規模生產帶來難度。此時，3D 列印技術的應用或許就能帶來更大的想像空間。人們可以在諸如 ARA 之類的硬體平台上得到自己所喜歡的汽車零部件，例如汽車保險桿、後照鏡等內外飾件，來組裝成自己的客製化汽車。

再者，利用 3D 列印技術生產的零部件也可以降低維修成本，將損壞、嚴重短缺的零部件列印出來，也降低了庫存成本。

8.1.3 3D 列印勾勒未來汽車

3D 列印技術改變了整個製造業，同時也使人們的生活發生變革。在 3D 列印技術下，未來的汽車會是什麼樣子呢？或許現在還無法想像，但是從 MakerBot 和 GrabCAD 公司的未來交通工具設計展中，透過那些參選的 3D 列印汽車設計模型，或許能夠看到未來交通工具的影子，無論是汽車、摩托車還是飛機、太空飛行器，都讓人們看到了不一樣的未來。

利用3D列印機來列印交通工具，是對未來交通工具發展的美好設想。這些3D列印機列印製造出來的交通工具模型，在二〇四〇年將製造出實體模型。德國設計師設計的「阿爾法概念車」，結合了高速汽車元件和冷核融合引擎，能夠在公路和空中行駛，如圖8.3所示。該設計獲得了第一名，也為人們描繪了未來的汽車能夠在空中盤旋飛行的藍圖。

圖8.3　阿爾法概念車

第二名則是加拿大吉普列爾·奧爾汀設計的二〇四〇直驅汽車，如圖8.4所示，該汽車提供懸浮座椅，能夠自如轉動方向，採用完全開放式駕駛艙，以滿足人們的駕馭汽車的渴望。這些3D列印汽車只是未來交通工具的前奏，隨著3D列印技術的發展，3D列印交通工具將成為未來的主流。

如今，3D列印已經成為一種潮流，並開始廣泛應用在設計領域，尤其是工業設計、數位產品開模等3D列印中，可以在數小時內完成一個模具的列印，節約了很多產品從開發到投入市場的時間。二〇一三年二月十八日，美國總統歐巴馬在國情咨文演說中，多次強調3D列印技術的重要性，稱其將加速美國經濟的成長，並計劃建立3D列印中心。

8.1.4　3D列印革新汽車製造業

3D列印技術正在逐步簡化概念車模型的製作過程，整個「列印」過程的原材料幾乎都是由塑料構成的，整項工程將會花費數週的時間，以逐步完成各個汽車零部件的製作。

根據汽車品牌的不同，工程師用傳統的方法製作一個汽車進氣管的計算模型，這也是整個引擎模型製作過程中最繁瑣複雜的一部分，要製作這原型，需要花費四個月的時間，而且製作成本達到了五十萬美元。但是如果用3D列印技術製作的話，同樣一個原型的製作只需要花費四天的時間，而且費用也降到了約三千美元。

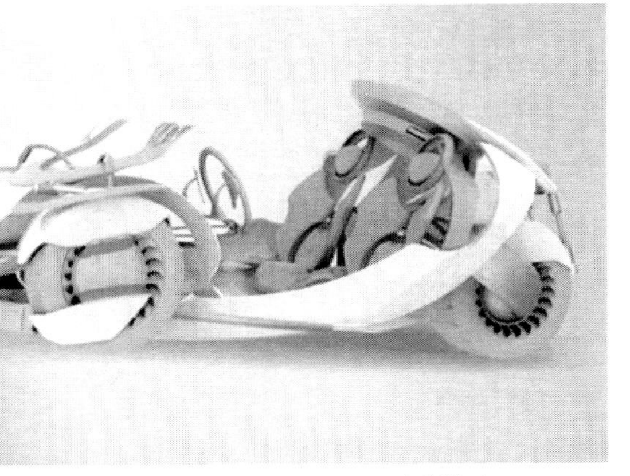

圖 8.4 2040 直驅汽車

3D 列印模型的原理是這樣的，塑料薄層逐漸累積組成，然後形成一個 3D 的立體模型。雪佛蘭（Chevrolet）Malibu 車款的北美原型機也緊緊跟隨該製作理念，並用 3D 列印技術製作完成，如圖 8.5 所示。

專·家·提·醒

3D 列印技術對汽車製造業最大的貢獻，就是減少了特殊工具器材的使用需求，以及在專案設計中可被修改的特定部件的特殊模具的使用需求。同時也使工程師可以嘗試更前衛的設計，並且方法更經濟更快速。

圖 8.5 雪佛蘭 Malibu 車款

8.1.5 3D 列印能否顛覆汽車行業

對 3D 列印機來說，造型複雜的物體和最簡單的立方體、圓柱體是一樣的，而且材料更節省。可以方便快捷並精確的製造造型複雜的物體，這就是 3D 列印的最大優勢，同時也是 3D 列印顛覆汽車行業的切入點。

如同列印的成本要高於印刷成本一樣，對於大批量製造的產品而言，3D 列印的成本要遠遠高於模具沖壓、澆鑄、注塑批量生產的成本。理論上，可以透過 3D 列印的方式，製造一輛汽車的外殼，但是這種方式製造出來的汽車價格高得離譜，競爭力相對較低，如圖 8.6 所示為 3D 列印汽車模型。

圖 8.6　3D 列印汽車模型

因此，3D 列印技術給汽車行業帶來了革新性發展，但成本優勢仍需要進一步挖掘。而我們需要未雨綢繆的是：3D 列印汽車，一旦這種全球雲端製造模式形成 ，必將體現出其廉價、快捷的一面。

8.1.6　3D 列印貫穿飛機研發全過程

目前，3D 列印技術在飛機的設計、製造和維護全過程中都得到有效的應用。在研製階段，可以透過 3D 列印技術製造其等比例模型；而在製造階段，3D 列印技術可用於加工製造關鍵零部件；在維修過程中，可透過 3D 列印技術用同一材料將缺損部位修補成完整形狀，修復後的零件性能不受影響，大大節約了時間和金錢。

目前的 3D 列印技術通常分為四類，包括固化成型技術、疊層實體製造技術、熔融沉積造型技術和雷射燒結技術。航空製造領域最前端的 3D 列印技術當屬高性能金屬構件雷射成型技術，該技術是以合金粉末為原料，透過雷射熔化逐層堆積，從零件數模一步完成高性能大型複雜構件的成型。其優勢在於能夠製造出採用傳統鑄造和機械加工方法難以獲得的複雜結構件，且很少或幾乎沒有材料浪費。例如，美國的 F-22 飛機中，尺寸最大的鈦合金整體加強框所需毛坯模鍛件重達兩千七百九十六公斤，而實際成型零件重量不足一百四十四公斤，造成大量的原材料損耗。

另外，3D 列印技術所需的製造設備相對單一。傳統方法通常需要大規格鍛坯加工及大型鍛造模具製造、萬噸級以上的重型液壓鍛造裝備，製造工藝複雜，生產週期長，在鑄造毛坯模鍛件的過程中會消耗大量的能源，也降低了加工製造的效率，而雷射 3D 列印技術能克服上述缺點。

8.2 3D 列印與汽車的應用案例

3D 列印技術在交通工具領域的應用，集中體現在汽車製造行業，許多利用 3D 列印技術製造出來的汽車零部件與概念車，讓人們看到了未來 3D 列印業的繁榮。

8.2.1 【案例】Urbee 2：第一輛 3D 列印汽車

二〇一三年三月一日，世界第一款 3D 列印汽車 Urbee 2 面世，它是一款三輪混合動力汽車，多數零部件來自 3D 列印，如圖 8.7 所示。正如 MakerBot 和 Form 1 正在重新定義製造業，Urbee 2 正在致力於改變我們製造汽車的方式。

圖 8.7　Urbee 2 汽車

Urbee 2 汽車造型奇特，擁有像滑鼠一樣的外形，三個輪子，採用混合動力。僅看車型，人們很難想像這是一款可以行駛的汽車，更不可思議的是，這款車的大部分部件是「3D 列印」出來的。Urbee 2 由美國設計師 Jim Kor 製造，並計劃量產這款汽車。設計者透露該車成本五萬美元，已有十四個訂單。

1．製造材料

Urbee 2 依靠 3D 列印技術「列印」外殼和零部件，研究人員的主要工作包括組裝和調試。這輛汽車有三個輪子，除引擎和底盤是金屬，用傳統工藝生產，其餘大部分材料都是塑料，整個汽車的重量為五百四十四公斤。

傳統汽車製造是生產出各部分，然後再組裝到一起，3D 列印機能「列印」出單個的、一體式的汽車車身，再將其他部件填充進去。

2．製造時間

製造 Urbee 2 整個過程大概花了兩千五百個小時。工作人員首先把實體的機構件放到藍光區域內，旋轉不同的角度，就可以在電腦上快速生成立體圖。

對相關數據資料調整後，另一台類似於列印機的設備在原料上利用新資料製作新內飾門板，它在木料上按照既有資料進行切割、打磨，一兩個小時後完成了新門板。

3．量身訂製

根據汽車業資深分析人士指出：「一旦 3D 列印技術大量使用，汽車生產環節中傳統的製作模具環節可以被完全替代，生產週期和成本有望大幅下降。」在新車量產前，開發大量模具耗時、費錢，而如果利用 3D 列印製作模具，有望使汽車製造工藝做到又快又好。

專·家·提·醒

對於一些小眾需求，汽車企業也可以考慮。比如，消費者希望讓自己的新車門把手與眾不同。這樣的需求現在是不可能滿足的，因為製作一個新把手就要開一個新模具，其成本有可能數十萬元，然而如果能夠利用 3D 列印，那麼成本只增加了一點點。

8.2.2 【案例】全球第一輛 3D 列印賽車

在二〇一二年國際大學生方程式大賽中，一輛全新的賽車吸引了人們的目光，這輛名為 Areion 的賽車，是全球第一輛由 3D 列印機列印的賽車，是由十六位工程師組成的 Group T 小組製造並展示的。

圖 8.8　Areion 賽車

如圖 8.8 所示，這輛名為 Areion 的賽車，車身大部分是由 3D 列印機製作，車身前部列印出的鯊魚皮結構可以減少阻力和增加推力，在德國霍根海姆賽車道上從零提速到每小時一百公里僅用了三點二秒，最高時速一百四十一公里。

賽車採用的尖端技術包括電力驅動系統、生物複合材料和比利時 3D 列印廠商 Materialise 的大型物件列印技術等。

8.2.3 【案例】3D 列印機列印出奧迪汽車

製造屬於自己的汽車想來是大多數人的夢想。如今進入了 3D 列印的時代，任何奇思妙想都可以透過 3D 列印機列印出來，不久的將來，人們可以列印他們自己的汽車，或者任何他們想要的物件。近日，一位設計師便利用 3D 列印技術製作了汽車零件，使自製汽車的夢想離我們更近一步，如圖 8.9 所示。

圖 8.9 奧迪汽車

奧迪是世界上出色的汽車製造商之一，已經涉足 3D 列印機領域進行快速成型。工程師可以快速的為汽車製造車輛的零部件，以查看成品情況。截至目前，雖然他們只是製造了小零件如擋泥板和空調出風口，但這已經是個良好的開端。

奧迪只給新車創造新的部件，那麼那些通常得花數百甚至數千美元，用在已經不生產的配件上的經典車的車主們又該怎麼辦？ 事實證明，3D 列印機讓這些問題變得不再難以解決，生產商可以為其創建精確的零件副本。

專·家·提·醒

現在，3D 列印機僅僅被用於為汽車快速製造新的配件，這項技術對於汽車收藏家來說，將會成為一個巨大的優勢。同時，它對於汽車製造商的影響也是巨大的，汽車製造商可以在新款汽車推向市場之前，對這些新部件進行測試，以保證產品的穩定。

8.2.4 【案例】列印自行組裝的概念汽車

作為人們出外不可或缺的交通工具，汽車可謂是備受人們關注的消費商品之一。此前，就有人利用3D列印技術列印出了概念車。

一位來自車輛設計專業畢業的Nir Siegel，利用3D列印技術成功設計出一款可訂製和自行組裝的概念汽車，並由此而獲得了二〇一三年的皮爾金頓汽車最佳設計大獎，如圖8.10所示。據悉，這款概念汽車的設計初衷，是將汽車設計的發展和服務與時俱進，避免過時的思維或設計，利用創新和前瞻性的眼光來滿足用戶需求。

據了解，這款3D列印的概念自裝汽車，是用了一款被稱之為Genesis的3D列印機器人所列印的。這款3D列印機器人能為自己列印一個汽車，而用戶一旦購買了這款Genesis，並且在客戶家中進行交付和初始化設定之後，Genesis將會定義並且根據自己的規格來列印一款一模一樣的汽車，是不是很神奇！

儘管目前這款3D自行組裝汽車仍然是一個概念，但它的技術在未來有可能再進步。Nir Siegel目前是倫敦皇家藝術學院的車輛設計師，相信以後會有更多像他一樣的年輕設計師們，根據產生經濟的增加及環保設計的壓力，來進行技術上的創新，如玻璃或創新方面的創新設計，這些都直接影響著未來汽車行業的發展。

圖8.10　3D列印概念汽車

8.2.5 【案例】3D列印再現超級跑車

Imperia是一個古老的比利時汽車品牌，它有過曾經的輝煌，卻又和這個國家的汽車工業一道經歷了兩次世界大戰所帶來的毀滅性打擊。沉寂了半個世紀之久，Imperia才終於被喚醒。復出的Imperia由比利時的一家致力於環保汽車研發的公司Green Propulsion進行打造。這家公司為Imperia開發出了一款名為Imperia GP的混合動力跑車，並於不久前進行了發表，如圖 8.11 所示。

混合動力引擎、三百五十匹馬力幫助 Imperia GP 達到超級跑車的駕駛體驗，只需要四秒，就能完成從零到每小時一百公里的加速。並且這輛跑車還擁有駭人聽聞的低排放水準，每公里僅有五十克的二氧化碳排放量。

Imperia GP 跑車是一個傳奇全新技術的複製，它強勁的動力源於功率一點六升的渦輪增壓汽油引擎，而製作這款引擎的模具是由 3D 列印技術完成的，如圖 8.12 所示。

圖 8.11　Imperia GP 跑車

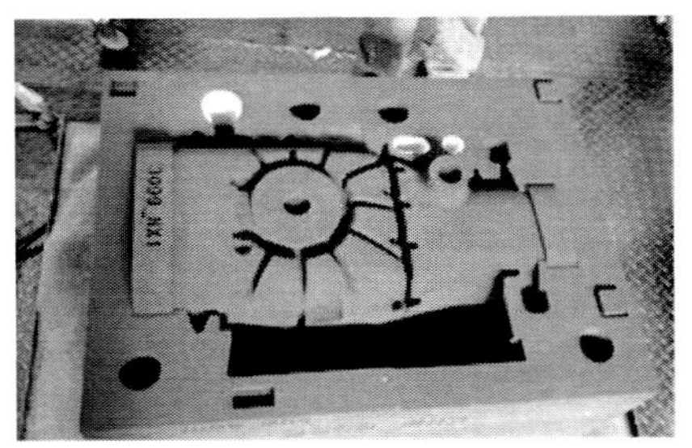

圖 8.12　3D 列印砂模

8.2.6 【案例】3D 列印機製造賽車座椅

近日，來自拜羅伊特大學的 Elefant 車隊，成功利用 3D 列印機以沙質為材質列印出了賽車的車座，這很好的證實了不僅只有金屬鑄件，沙質也很適合層壓模板。據悉，該大學的學生們正在透過 Voxeljet 3D 列印機，打造的最新採用沙質為模具的賽車座椅。

據賽車車隊的相關人員介紹，由於每個新的賽車座椅在安裝之前都要進行測試，從而根據需求作出相應各方面的調整。因此，如果採用金屬做模具的話，會給後期調整加工帶來一定困難。

然而，選擇採用沙質做模具的話，會更容易打磨和後期加工，也很方便 Voxeljet 3D 列印機進行操作。因此，沙質做模具的覆膜是該項目材質的理想選擇。

如圖 8.13 所示為 3D 列印的汽車座椅，該設計是根據所需、分別設計幾個單獨的部件，隨後再根據賽車座椅形式進行組裝。而該沙質模具將會被多次使用。賽車座椅模具在層壓過程中，碳纖維墊被放置在模具上面進行列印並塗有環氧樹脂。這個過程反覆進行，直到完成所需的材料厚度。最後座椅將被真空包裝在塑膠袋中，並在室溫下固化。

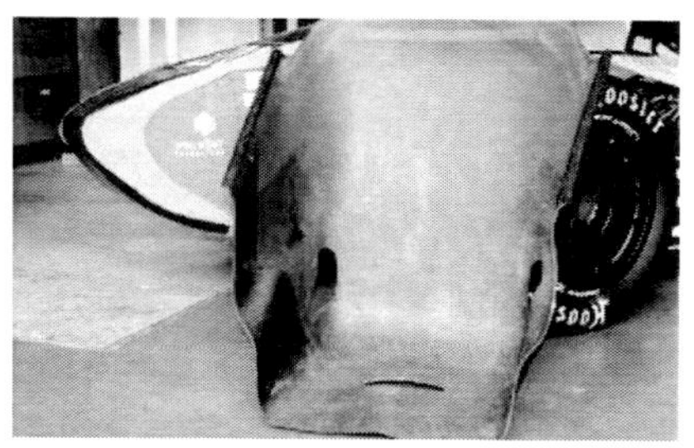
圖 8.13　3D 列印賽車座椅

8.2.7 【案例】3D 列印汽車輪轂流程

眼下的 3D 列印技術不能僅用「好玩」兩個字來形容，這種基於 CAD 資料快速成型技術，正在對包括汽車及其配件在內的製造業產生巨大影響。汽車輪轂設計是汽車 CAD 造型設計中一個舉足輕重的環節，如何靈活、快速設計企業所需要的輪轂立體 CAD 模型，成為輪轂製造廠家和 CAD 設計師們共同關心的問題。

近日，一位汽車行業的資深 CAD 工程設計師以汽車輪轂為例，向大家展示透過立體 CAD 軟體完成前端設計後，如何進行 3D 列印迅速製作汽車輪轂模型，進行前期的品質檢查，降低出錯率，節約了時間、材料。如圖 8.14 所示為 3D 列印完成的汽車輪轂模型。

圖 8.14　3D 列印汽車輪轂模型

該設計師指出：進行輪轂的立體 CAD 設計，可透過輪轂基體創建、輪幅創建、把輪幅和輪轂基體做布林運算、旋轉切除輪轂花紋、用倒圓角功能做最後的倒圓角修飾等五大步驟進行。

簡單的說，就是透過 3D 列印軟體把產品資料輸入給 3D 列印機，即可進行產品列印。由 3D 列印機在電腦的立體 CAD 資料圖像的控制下，列印機的若干噴頭以極細微的厚度，一層層噴出液態材料，再使液態材料融合成固體物件，汽車輪轂模型就大功告成了。

8.2.8 【案例】3D 列印出汽車渦輪機葉輪

Voxeljet 是一家德國 3D 列印機製造商，其突出的技術優勢是產品非常龐大，其製造的 3D 列印機成型體積可到達幾立方公尺，主要為製造業用戶提供產品。如圖 8.15 所示為 Voxeljet 公司利用 3D 列印出來的汽車渦輪機葉輪。

眾所周知，汽車引擎是靠燃料在汽缸內燃燒做功來輸出功率的，由於輸入的燃料量受到吸入汽缸內空氣量的限制，因此引擎所輸出的功率也會受到限制。

圖 8.15　3D 列印出來的汽車渦輪機葉輪

如果引擎的運行性能已處於最佳狀態，再增加輸出功率只能透過壓縮更多的空氣進入汽缸來增加燃料量，從而提高燃燒做功能力。因此在現有的技術條件下，渦輪增壓器是唯一能使引擎在工作效率不變的情況下增加輸出功率的機械裝置。

而渦輪增壓器的製造一直是汽車製造行業的一大難題，尤其是汽車渦輪機葉輪的製造，由於造型複雜、材質要求嚴格等原因，葉輪的設計製造變得非常困難。不過利用 3D 列印技術，Voxeljet 公司的設計師們很快就完成了汽車渦輪機葉輪的製作。

設計師們花費了近五個小時印刷精確砂型，如圖 8.16 所示，而傳統的製造模具，模型板或單獨芯盒的生產可能需要幾個星期。之後經過進一步的澆鑄等複雜工序，這件渦輪機葉輪就完成了。

圖 8.16　印刷精確砂型

8.2.9 【案例】列印雪鐵龍概念車儀表板

近日，一款名為猛獁（Mammoth）的超大型 3D 列印機，成功用光固化的技術列印出雪鐵龍系列概念車 The Citroen GT 的部分儀表板。

據悉，猛獁（Mammoth）3D 列印機是目前全球最大的 3D 列印機，是由總部位於比利時的 Materialise 公司自主研發。而這家 Materialise 公司，多年來一直致力於快速成型領域的開發與研究，如圖 8.17 所示為猛獁超大型 3D 列印機。

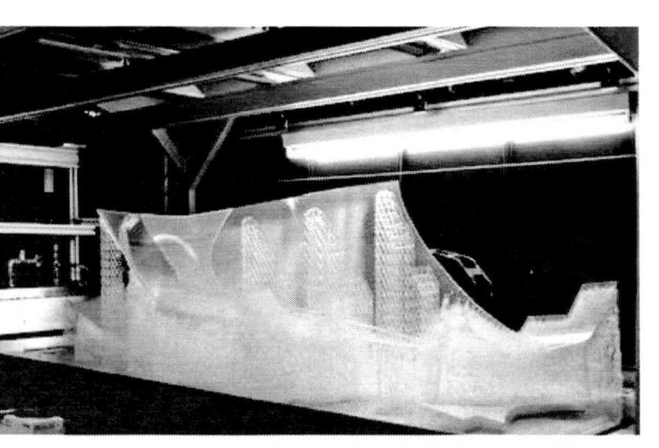

圖 8.17　猛獁超大型 3D 列印機

雪鐵龍（Citroen）公司全新打造概念車 The Citroen GT，其上面的部分儀表板就是由 Materialise 公司猛獁 3D 列印機用光固化的技術列印的。所用儀表板部件列印好後再噴塗高品質的金屬色，就可以嵌入這些超級炫酷的汽車，3D 列印儀表板如圖 8.18 所示。

圖 8.18　3D 列印儀表板

8.2.10【案例】自製 3D 列印仿真四驅車

最近，有一位 DIY 達人使用立體 CAD/CAM 軟體和 3D 列印機製作了他的第一輛仿真四驅車，前後耗時兩個半月。首先，設計者蒐集了很多 3D 列印資料，研究發現用立體 CAD/CAM 圖紙對 3D 列印的品質效果最明顯，特別是 CAD/CAM 一體化功能能提高設計到製作效率。

但是問題也隨之而來：一是選擇怎樣的軟體來完成快速設計造型；二是不清楚四驅車的結構；三是根本就不知道四驅車各零部件的尺寸。單獨的零件尺寸好辦，但要真正讓零件契合起來就比較困難了，所以需要更易學易用、操作方便、功能齊全的 3D 設計軟體，最後經過多方考量他選擇了一款立體 CAD/CAM 軟體，製作了仿真四驅車如圖 8.19 所示。

圖 8.19 3D 列印仿真四驅車

經過多次修改，一個 1：10 的玩具四驅車最終列印成型。這款玩具四驅車擁有四十公里的時速，透過配件組裝後完美的呈現出來，為更多 3D 列印愛好者開創了先例，如圖 8.20 所示。

圖 8.20 最終成型的四驅車

專·家·提·醒

由於目前 3D 列印機未在市場上大規模應用，普通人只能去體驗店、實驗室、一些工廠加工自己的設計。相信隨著 3D 列印技術的不斷成熟，在不久的將來，這種列印機會進入批量生產，眾多普通家庭就可以利用它實現自己的設計夢想。

8.2.11 【案例】用 3D 列印機自己列印整車

現在人們常在購買汽車時，同時購買整車，在此之前，整車全部或部分零配件可能需要進口，接著在當地工廠完成組裝，最後放到汽車商行裡銷售。整個過程可謂非常複雜，週期也很長。

現在，假設一下這樣的購車場景：你從商行選好車型，付款之後得到一台 3D 列印機，然後把 3D 列印機拉回家，接通電源，根據說明書操作 3D 列印機，讓它自己列印出一輛汽車。聽上去非常不現實，但這並非天方夜譚，至少有人已經提出了具體方案。

以色列設計師 Nir Siegel 設計了一款名為「創世紀」(Genesis) 的 3D 列印奧迪概念車，讓買家可以透過一台 3D 列印機在自己家裡列印出一輛奧迪汽車，省去了零件生產、運輸、組裝等大部分環節，如圖 8.21 所示。此外，由於允許用戶採用 3D 列印機自己列印整車，這意味用戶可以進行更加靈活的客製，比如改變車身的顏色等。

圖 8.21　創世紀（Genesis）3D 列印奧迪概念車

8.2.12 【案例】最大雷射 3D 列印機列印輪胎

雷射 3D 列印機（Laser 3D printers）是在平面雷射列印技術和 LED 列印技術的原理上開發出來的，使用一種全新的方式製造立體物件，將平面列印技術和工業熔鑄技術合為一體，相比現有 3D 列印技術，可大幅提高列印速度和列印精度，並可以列印出現有 3D 列印機所不能列印的許多產品，實現一種全新的產品製造模式。

日前，由大連理工大學參與研發的最大加工尺寸達一點八公尺的世界上最大雷射 3D 列印機進入調試階段，其採用「輪廓線掃描」的獨特技術路線，可以製作大型工業樣件及結構複雜的鑄造模具。這種基於「輪廓失效」的雷射立體列印方法已獲得兩項國家發明專利。如圖 8.22 所示為汽車輪胎 3D 模型。

圖 8.22　汽車輪胎 3D 模型

據介紹，該雷射 3D 列印機只需要列印零件每一層的輪廓線，使輪廓線上砂子的覆膜樹脂碳化失效，再按照常規方法在攝氏一百八十度加熱爐內將列印過的砂子加熱固化和後處理剝離，就可以得到原型件或鑄模。這種列印方法的加工時間與零件的表面積成正比，大大提升了列印效率，列印速度是一般3D列印機的五至十五倍。

8.3 3D 列印與飛機的應用案例

除了 3D 列印地面上的交通工具，設計師們已經製造出了能夠上天的飛機，其中不僅有飛機零件與配件，還有各類飛機模型，甚至包括整個飛機。下面向大家展示一下 3D 列印在飛機製造領域的應用案例。

8.3.1 【案例】世界第一款 3D 列印飛機

二〇一一年八月一日，英國南安普敦大學的工程師設計並成功製造出了世界上第一架「列印」出來的飛機，讓飛機設計的經濟學發生革命性改變。這款飛機名為 SULSA，是一種無人駕駛飛機，整個結構均採用 3D 列印這種方式，包括機翼、整體控制面和艙門，如圖 8.23 所示。

SULSA使 用 EOS EOSINT P730 尼龍雷射燒結機列印，透過層層列印的方式，列印出塑料或金屬結構。整架飛機可在幾分鐘內完成組裝並且無須任何工具。這款電動飛機翼展兩公尺，最高時速接近一百英里（約合每小時一百六十公里），巡航時幾乎不發出任何聲響。雷射燒結允許設計師打造，通常情況下，需要借助昂貴傳統製造技術的形狀和結構。

專·家·提·醒

這項技術讓高度客製化的飛機成為現實，從提出設想到第一次飛行在短短幾天內便實現。如果使用常規材料和製造技術，例如合成物，這一過程往往需要幾個月的時間。此外，由於製造過程無須任何工具，飛機的外形和體積能夠在沒有額外成本情況下發生根本性變化。

圖 8.23　SULSA 無人飛機

8.3.2【案例】美國研製 3D 列印無人機

二〇一二年，美國維吉尼亞大學工程系研究人員，研製出一架透過 3D 列印而成的無人飛機，巡航時速可達到四十五英里，如圖 8.24 所示。

這架飛機的機翼寬六點五英呎，是由列印零件裝配構成。二〇一二年八月和九月初，研究小組在維吉尼亞州米爾頓機場附近進行了四次飛行測試，這是迄今第三架用於建造飛行的 3D 列印飛機，巡航速度可達到每小時七十二公里。

圖 8.24　3D 列印無人機

美國維吉尼亞大學工程師大衛·蕭佛稱，3D 列印技術現已證實是應用於教導學生的一種寶貴工具。據悉，他和工程系學生史蒂芬·伊絲特和喬納森·圖曼共同建造這架 3D 飛機。蕭佛稱，五年前為了設計建造一個塑料渦輪風扇引擎需要兩年時間，成本大約二十五萬美元，但是使用 3D 技術，他們設計和建造這架 3D 飛機僅用四個月時間，成本大約兩千美元。

8.3.3　【案例】3D 列印讓無人機飛起來

如圖 8.25 所示為喬治亞州的 Area-I 公司與 Solid Concep 合作建造的無人機 PTERA 737 式樣比例模型。PTERA 飛機是技術評價研究樣機，其目的是提供一種低成本的測試平台，測試新的控制和監測技術。PTERA 使用選擇性雷射燒結（SLS）3D 列印技術來製造元件，其組件包括油箱、副翼、控制面和襟翼等。

圖 8.25　PTERA 737 式樣比例模型

雷射燒結技術透過 CO2 雷射燒結列印床上的尼龍粉末，形成尼龍的連續固體層，直到生產出最終產品。本來 PTERA 副翼是手工打造的，但是如果利用傳統方式打造副翼需要花二十四天。而利用 SLS 3D 列印副翼在三天之內就完成了設計，並且安裝結構一次性建構完成，省去了昂貴和費時的後處理，相對傳統的方法，積層製造業也大大降低了組件的重量。

專·家·提·醒

此外，PTERA 的油箱也受益於 SLS 工藝，具有內置防晃動擋板設計，一次性製造成型，大大幫助了 PTERA 的平衡並延長了飛行距離。通常油箱是用鋼或其他金屬製造的，但 Area-I 採用 SLS 技術 3D 列印 PTERA 的油箱，內部具有特殊密封膠，大大縮短了生產週期，而且重量比以前輕很多。

8.3.4 【案例】3D 列印機設計和試飛飛機

AFRL 發現實驗室中的三個實習生利用 MakerBot Replicator 2X 3D 列印機設計和創建一個自行定義的 3D 列印飛機。

他們設計的飛機，被稱為一次性微型飛行器（DMAV），其機身是用價值十六美元的塑料 3D 列印出來的， 它沒有使用炭棒或其他內部鋼筋材料，使得這種飛機相對於其他獨特的 FDM 飛機結構而言，完整性大為增強，3D 列印飛機如圖 8.26 所示。

圖 8.26 3D 列印飛機

3D 列印飛機計劃是由空軍研究實驗室和萊特兄弟研究所發起，並在萊特· 派特森空軍基地附近主辦。設計者米爾頓基德、班· 羅茲和布萊恩· 傑克遜利用 3D 列印技術測試這個功能齊全的飛機。在第一次飛行的過程中，這個重約零點六八公斤的飛機直接下降到地面，第二次飛行時修改了多次，最終成功起飛。

8.3.5 【案例】日本開發 3D 列印撲翼飛機

早在二〇一二年十二月，日

本的撲翼機廠商設計和建造出一個令人印象深刻的 3D 列印飛行爬蟲。在 Autodesk 12 3D 中創建立體模型及主要部件，然後透過 Shapeways 進行 3D 列印。最近，該工作室的一項研究再次引起了業內的關注，就是使用桌面 3D 列印機列印撲翼飛機，如圖 8.27 所示。

撲翼飛機是由橡膠帶和薄膜狀的塑料羽翼製成的，可以像飛機一樣在相當長的時間內在一定高度飛行。該工作是對撲翼機最近的一次更新中，加入了馬達和遙控裝置，可以控制飛行器進行遠程飛行。飛機寬度為七百六十公分，長度為兩百五十公分，飛行重量僅為八點七公克。

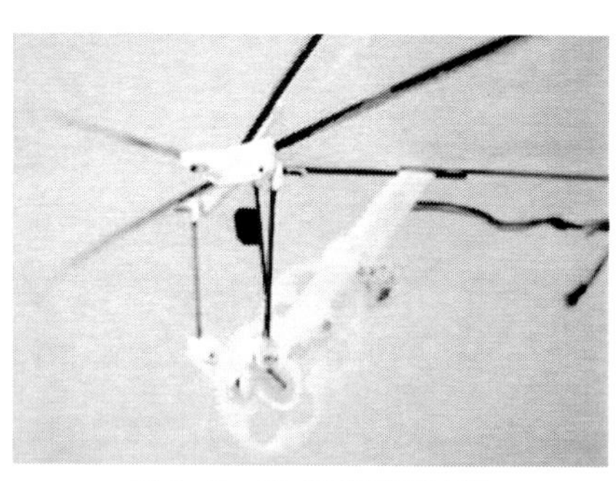

圖 8.27 3D 列印撲翼飛機

專·家·提·醒

目前撲翼飛機使用的遙控為 2.4GHz DSM2 通訊，未來將被藍牙技術取代。值得關注的是該飛行器的主要部件由 MakerBot Replicator 2X 列印製造。

8.3.6 【案例】法國 3D 列印製造無人機

法國 Survey Copter 公司是歐洲航空國防航天公司（EADS NV）的子公司，專門從事應用遠端系統的設計、生產和組裝無人機的監控攝影和影像業務。該公司此前以外包形式生產無人機，並一直尋找一個內部解決方案，以降低成本並確保更高的效率和自主權。如圖 8.28 所示為該公司利用 3D 列印技術製作的無人機。

現在，Stratasys 公司的 3D 列印機已經可以提供最好的列印精度，並且可以使用高達九種顏色的 ABSplus 熱塑性 3D 列印材料。其中，Stratasys 公司的 Fortus 400mc 3D 列印機可以列印出精準、耐用和穩定的 3D 零件。

圖 8.28 Survey Copter 公司製作的 3D 列印無人機

Survey Copter 公司已經部署了多台 Stratasys 3D 列印機，使用高性能 FDM 熱塑性塑料，用於生產小型無人機系統的零部件，包括直升機和固定翼兩種機型，分別達到三十公斤和十公斤，所需要 3D 列印的零部件包括光學炮塔、結構元件、電池倉外殼、支援建構和比例模型的機械結構。如圖 8.29 所示為無人機攜帶的攝影設備。

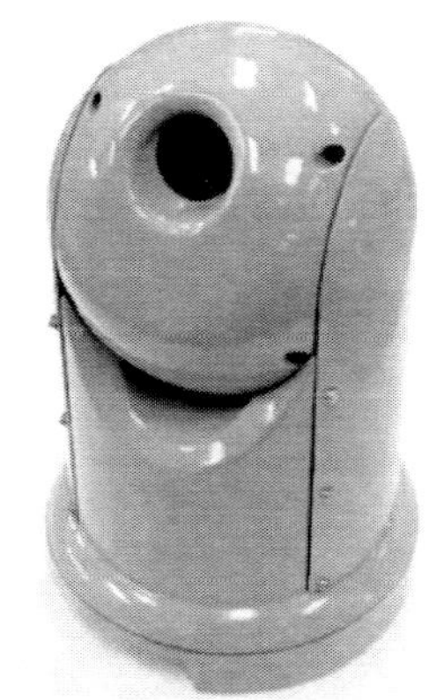

圖 8.29　無人機攜帶的攝影設備

8.3.7 【案例】打造輕型無人直升機

近日，輕型無人直升機旋轉翼系統的開發團隊——FLYING-CAM，聯手義大利 CRP 集團的知名添加劑製造材料 Windform 和雷射燒結（3D 列印）技術領導者摩德納，打造了一個名為 SARAH 的自動直升機空中響應系統，如圖 8.30 所示。

圖 8.30　SARAH 自動直升機

據悉，這款輕型無人直升機的機身結構由複合型材料製造，是由 CRP 利用雷射燒結 3D 列印技術打造的。這不僅為無人機提供了快速的響應時間，還有效促進了生產的時間和生產的效率，與此同時，為無人機提供了一個更容易客製的平台。

專·家·提·醒

利用雷射燒結 3D 列印技術完成的無人機「SARAH」系統，達到了前所未有的公分等級精度的 3D 圖像情報，靈活度和精度上都有了品質的提升。

8.3.8 【案例】3D 列印稀缺飛機材料

在飛機製造領域，材料的選擇尤為重要，一些高難度稀缺材料的製造限制著飛機行業的發展，而3D列印技術的應用很好的解決了材料難題。

結合粉末冶金，3D列印可以在雷射燒結中進行一定的材料複合，這為目前停止不前的金屬基複合材料發展提供了強心針。在雷射列印前鋪粉時，鋪設纖維在粉層中可以直接燒結出單向纖維增強的金屬基複合材料，極大的提高材料的強度，應用金屬基複合材料可以在現有金屬構件的強度基礎上將結構重量降低三〇%至五〇%，如圖8.31所示為金屬基複合材料。

圖8.31　金屬基複合材料

此外，雷射燒結不僅可以製造目前難以製造的金屬基複合材料，甚至能製造更難的陶瓷基複合材料。

陶瓷基複合材料是製造超高音速飛機的基礎，這是一種強度非常高的材料，同時也是一種極為耐高溫的材料，從二十世紀六〇年代起就有人想用陶瓷作為耐高溫的渦輪、引擎氣缸、活塞等設備，但這種材料極難熔煉和成型，製造難度極高。如圖8.32所示為陶瓷基複合材料尾噴管調節片。

目前，已經有多個國家及公司利用3D列印與雷射燒結技術製造出了陶瓷基複合材料。比如普惠與POM嘗試用雷射列印直接製造陶瓷的渦輪葉片，甚至嘗試一次性直接列印出整級的帶環帶冠的陶瓷渦輪。美國奇異公司則利用奈米粉末進行陶瓷粉末和金屬粉末混合進行雷射燒結，嘗試用來製造非冷卻或低冷卻的渦輪葉片，這一技術有利於製造推重比二十至五十的渦輪噴氣發動機。

專·家·提·醒

陶瓷材料一向強度高，耐高溫，但是材質脆，彈性差，抗拉強抗剪弱，利用纖維增強陶瓷可以最大程度的把陶瓷高強度耐高溫的特性發揮出來並能避免彈性差、抗剪差的易碎易裂的缺陷，是未來高溫材料領域和航空引擎製造領域非常具有前瞻性的技術之一，它是建構推重比超過一百的引擎的主要技術之一，是飛機實現四馬赫以上巡航速度的基礎之一。

圖 8.32　陶瓷基複合材料尾噴管調節片

8.4　3D 列印與其他交通工具案例

3D 列印技術在汽車與飛機領域的應用，顯示了其強大生命力，同時也為自行車、摩托車等交通工具的製造開闢了先河。

8.4.1 【案例】捷安特 3D 列印自行車坐墊

捷安特是行銷全球的著名自行車品牌，其銷售網路橫跨五大洲，五十餘個國家，公司遍布中國大陸、美國、英國、德國、法國、日本、加拿大、荷蘭等地。捷安特擁有四十多年生產各類自行車的專業經驗，將先進的生產技術、管理模式及行銷全球的成功理念，致力於精心打造每一個零部件，如圖 8.33 所示。

圖 8.33　捷安特自行車

如今，捷安特與 3D 列印相結合，利用 3D 列印技術來製作自行車坐墊，而且這並不是原型模具，而是即將用在實際的產品中，如圖 8.34 所示。

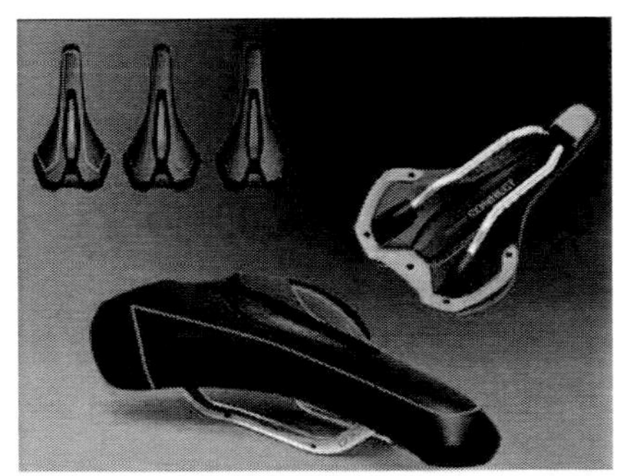

圖 8.34　3D 列印自行車坐墊

使用兩種不同的工藝，捷安特能夠快速的製作實用的模型，用以測試不同的使用環境，然後再生產出實際的外形。第一種工藝他們會使用 SLS（選擇性雷射燒結技術），將尼龍材料粉碎後製成坐墊的表層。結果就是，實際上這樣製造出來的坐墊和普通產品並沒什麼區別，所以捷安特透過測試後就知道最終產品的情況。

第二種工藝，他們使用 SLA 技術生產表層和填充物的模具，這些模具會應用在將來的產品上。和傳統的工具和模具相比，捷安特的工序更能節約成本，生產速度也有所提升。

8.4.2 【案例】Airbike：第一輛 3D 列印自行車

Airbike（空氣自行車）是世界第一輛全 3D 列印的自行車，由位於布里斯托爾附近的歐洲航空國防航天公司（EADS）製造。設計者首先使用電腦輔助設計軟體設計出了 Airbike 的模型，然後將設計圖紙發送給一台列印機，列印機裡逐層疊放著幾層熔化的尼龍粉，隨後列印出了這輛自行車。

在列印過程中，電腦軟體將立體設計圖分割成很多平面層，同時使用雷射束將粉末熔化，讓其成為列印材料的首層，接著在其上覆蓋一層新粉末，這樣逐層疊加，最終「堆出」了這輛自行車。

以往的自行車都是由一個個部位組裝完成，包括齒輪、腳蹬、輪子等，但 Airbike 本身就是一個零件。無論是輪子、軸還是軸承都是一次列印出來的，不用把它們組裝在一起都可以活動自如。聽起來似乎不可思議，但「列印」確實可以達到這種效果。在平面列印中可以列印出不連續的線條，立體的列印同樣可以列印出彼此不相連的物體。如圖 8.35 所示為 Airbike 自行車。

圖 8.35　Airbike 自行車

用列印的方式製造機械產品有很多好處。如果用傳統的工藝，將會有大量的材料在製造過程中被切削，3D 列印只需要傳統製造法十分之一的材料，同時因為減少了螺栓等連接件，所以重量也大大減輕。另外，因為它的製造方法非常方便，所以如果你想製造一輛完全符合自己身材的自行車，把電腦中的數據資料稍稍改一下即可。

8.4.3 【案例】使用 3D 列印訂製自行車車架

最近，位於美國紐約的阿斯特廣場，驚現了一批利用 3D 列印技術打造的形狀各異的自行車車架，讓人倍感新奇。據悉，這一系列自行車車架是由美國設計師 Bitonti 為紐約市交通局設計的一系列公共交通及場所設施的一部分，如圖 8.36 所示。

圖 8.36 Squiggle 自行車車架

這系列被稱作 Squiggle 的自行車車架，採用了模組化的系統設計，生產出一大批獨特的 3D 立體結構。基本組件是由原始的柏拉圖式幾何的方法來驅動，這被用於生成成套部件。

這些部件每一個都透過獨特結構的方法來生產，可以被聚合在各種批次的自行車架上。每個組件內的冗餘連接和對稱性，有允許在各個方向上被接合的部分，建立每個都有它自己的獨特結構的數百個自行車架，經濟上是可行的。

該專案的未來期望，是為整個城市設計一大批每個都和用戶有獨特關係的自行車停車架。

8.4.4 【案例】3D 列印的自行車後視鏡

騎自行車沒有後視鏡一般來說還是比較危險的。由紐西蘭設計師 Annabelle Nichols 的一個概念製作出的一個木製的車把和一對後視鏡，如圖 8.37 所示。

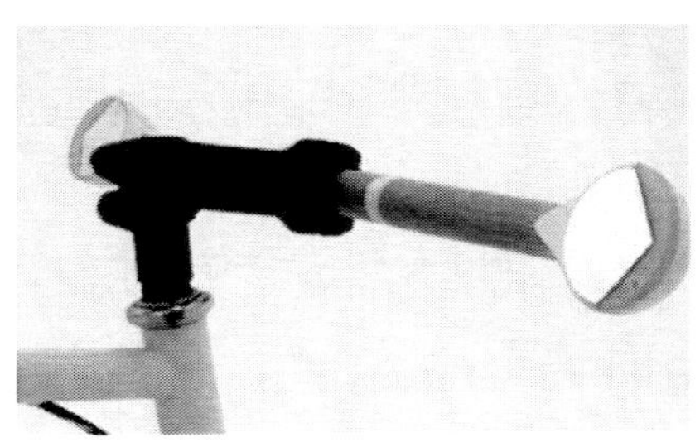

圖 8.37 3D 列印自行車後視鏡

設計師 Annabelle Nichols 將後視鏡整合到單車木製把手上，拓寬了騎行者的視眼，可以方便的看到後方的車輛，而不需要經常扭頭。更為實用的是無縫整合的 LED

燈，夜晚騎行時，撥動旋轉按鈕，向後方車輛傳達轉向的意圖。流線型的白色外殼透過3D列印機列印，用戶可以修改CAD圖紙中鏡片的焦點和角度，調節後視鏡的視眼範圍，達到自己滿意的效果。

8.4.5 【案例】3D列印「中國龍」摩托車

來自美國奧蘭治郡的摩托車零部件生產商OCC，利用3D列印技術，成功打造出一款咆哮的「中國龍」造型摩托車，整個車子造型相當霸氣，整個龍身體的細節都刻畫得非常活靈活現，讓人感嘆神奇的想像竟然成真。

據悉，美國探索頻道播出的一個真人秀節目，有個主題是關於「看誰能打造最好的訂製摩托車」，這家位於美國奧蘭治郡的摩托車零部件商OCC就接手了節目中的需求，開始完成客戶的「夢想」，從而成功打造出了這款「中國龍」造型摩托車。

該款「中國龍」造型摩托車配備了S&S 100立方英吋的引擎和一個滾雷幀，其中就數龍頭製作最「精良」。龍頭所有的細節包括角、牙齒、眼瞼牙齦和鼻孔，都是透過3D Studio Max的圖形設計軟體進行了精細的程式化，讓其成品更逼真，細節更是讓人嘆為觀止。

由於以往的傳統概念中，訂製摩托車會涉及許多複雜的零件設計項目及問題。並且，以往的摩托車採用的部件大多數由鋁鋼坯或高密度泡沫構成，但是以該方法生產需要相當長的時間，並且往往需要多台機器一起工作，綜合起來的時間、成本及所涉及的勞動力和各個部分的工作量都會非常重，但是利用材料堆積技術和3D列印技術，這一切都變得不一樣。

8.4.6 【案例】3D列印電動摩托車

近日，在義大利素有「引擎之都」稱號的摩德納，義大利第一輛採用F1技術的電動摩托車Energica Ego開發成功，如圖8.38所示。這輛摩托車的製造商CRP集團在車身的整流罩、大燈蓋和機械電氣部分的一些零件上使用了選擇性雷射燒結技術（SLS）和名為Windform的碳纖維增強聚醯胺基材料。

利用 3D 列印技術製造的 Energica Ego 時速可達到每小時兩百四十公里，一次充電可騎行一百五十公里。電池充電交流電需要不到三個小時，直流電則需要一個半小時。Energica Ego 還配備了一個 KERS 制動系統，該系統可以像 F1 賽車那樣回收部分能源再利用。

圖 8.38 Energica Ego 摩托車

Energica Ego 預計於二〇一五年推向市場，屆時它還是採用傳統的生產製造技術，現在這輛畢竟是概念車。原先以 3D 列印的部分，如由 Windform 整流罩等的生產，還是使用規模生產的流水線來製造。所有的金屬部件，如引擎架、平叉、電池組外殼等將用鋁材鑄造。

8.4.7 【案例】美國海軍列印出醫院船模型

近日，美國海軍水面作戰中心（NSWC Carderock）成功完成了 USNS 醫院船（T-AH 20），這艘艦船的模型是透過 3D 列印機列印製造的，如圖 8.39 所示。

NSWC Carderock 是專業從事艦船模型製造的機構，它已經擁有一個多世紀的船模建造歷史。為美國海軍的未來艦隊提供了最前沿的船模技術。Carderock 工程師稱，3D 列印技術的出現使他們在船模建造業上如虎添翼，使他們擁有了前所未有的能力，可以提供更快、更精準、更低成本的海軍艦船模型。

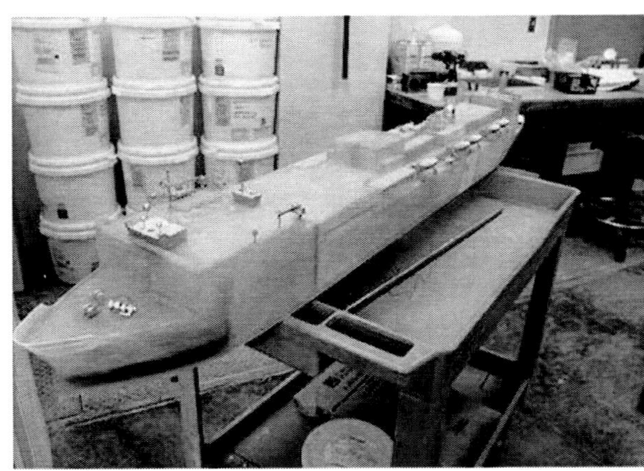

圖 8.39 3D 列印醫院船模型

列印這艘艦船模型的 3D 列印機是目前美國最先進的 3D 列印機

之一，它擁有提供大型、複雜船模的 3D 列印能力。使用 3D 列印技術相對於普通製造來說，可以大大減少模型的成本和裝配時間，更重要的是可以連續二十四小時進行列印輸出而不需要人工看管。

當然 3D 列印艦船模型並不是一件容易的事情，除了外觀結構之外，還需要工程師利用動力學、氣學、機械、電氣工程等專業知識，對模型的每一個細節進行處理，以達到標準要求。

專·家·提·醒

醫院船是專門用於對傷病員及海上遇險者進行海上救護、治療和運送的輔助艦船。醫院船殼體的水線以上塗白色，兩舷和甲板標有紅十字圖案，懸掛本國國旗和紅十字旗，在任何情況下不受攻擊和捕拿。根據相關國際法規定，醫院船不可侵犯，醫院船有義務救助交戰雙方的傷員，交戰各方均不得對其實施攻擊或俘獲，而應隨時予以尊重和保護。

第九章
服飾配件：
玩轉無限創意的生活

章節預覽

除了在工業與醫療領域的應用外，3D 列印在人們日常生活方面也有一些應用。從 3D 列印的服裝、鞋子，到個性化的首飾配件，再到創意十足的各種小發明……不得不說，3D 列印正在改變人們的生活，使其變得更加美好。

重點提示

» 3D 列印在服裝領域的應用
» 3D 列印在鞋業領域的應用
» 3D 列印與飾品設計的案例
» 3D 列印與創意配件的案例

9.1 3D 列印在服裝領域的應用

隨著科技的越發發達，科技與時尚服裝設計相結合的案例也越來越多，也受到廣大市場的歡迎，說到服裝設計工具，都離不開剪刀與縫紉機，而受到科技風暴的影響，3D 列印技術正在顛覆傳統的服裝設計，不僅能夠讓設計師實現超越平面的靈感，也讓科技與時尚靠得更近。

9.1.1 【案例】Lady Gaga 3D 列印的連衣裙

圖 9.1 身著 3D 列印長裙的 Lady Gaga

二〇一三年十一月十日，在歌手 Lady Gaga 的最新專輯《Artpop》發表會上，一向造型大膽的她穿著一件 3D 列印的頭飾和長裙引爆全場，如圖 9.1 所示。

這件 3D 列印的服飾是由中國設計師謝衛龍設計的，謝衛龍現就讀於倫敦皇家藝術學院，同時在演播室做兼職工作，他花了一個星期設計了整件衣服和配件。之後由比利時的一家 3D 列印服務和方案商 Materialise 列印製作，整套服飾都是使用輕質塑料 3D 列印機製成，非常時尚。

專·家·提·醒

目前，與時尚圈接觸最頻繁的 3D 列印廠商就數 Materialise 了，在一年之內，其先後參與製作了巴黎時裝週、法蘭克福車展和紐約時裝週的多款 3D 列印頭飾和服裝，把 3D 列印服務提供給了行業和消費者。

9.1.2 【案例】3D 列印內衣亮相時裝秀

二〇一三年十二月十日，在全球著名內衣品牌「維多利亞的祕密」的年度時裝秀上，一位身著鑲有無數施華洛世奇水晶的 3D 列印內衣亮相的超模驚豔了全場，如圖 9.2 所示。

圖 9.2 「冰雪女王」內衣

這套服裝以「雪」為主題，並且服裝是在獲得了模特兒的全身 3D 掃描資料後，為其量身訂做的。在整件作品中，3D 列印技術被用來創造美麗的翅膀、王冠和雪花圖案，其上綴滿數以百萬計的施華洛世奇水晶，光彩奪目。

這次年度時裝秀，由維多利亞的祕密聯手 3D 列印公司 Shapeways 的設計師 Bradley Rothenberg 共同打造。

提到利用 3D 列印技術製作時裝，一位 Shapeways 工業設計師 Duann Scott 解釋道：「這是前所未有的製作衣服的新方法。我們見過一些 3D 列印的時尚產品，比如一些歐洲的高級服飾。這些衣服顯得死板、過於注重技巧，沒什麼好穿的。而這次是第一次將 3D 列印技術融入到主流品牌，不再是死板、僵硬、猶如外星人一樣，而是更加優雅，更加性感的服裝展示。起碼是可以穿的。」

專·家·提·醒

Shapeways 公司是世界著名的 3D 列印設計與製作公司，它是一個基於網路的社群／市場，為設計師託管店面，為客戶託管以設計檔案發送過來的 3D 列印產品。

9.1.3 【案例】3D 列印的 Verlan 連衣裙

在二〇一三年十月的紐約時裝週上，展出了一件 3D 列印的 Verlan 連衣裙，如圖 9.3 所示。它的設計者是來自紐約市的一個設計師法蘭西斯，這是第一個使用 MakerBot 靈活的細絲創造 Verlan 連衣裙，由一個新的長絲聚酯材料製成。

圖 9.3　3D 列印 Verlan 連衣裙

設計師製作這件衣服使用了兩台 MakerBot Replicator 的桌面級 3D 列印機，列印機花了近四百個小時的時間來列印該禮服。

專·家·提·醒

製作連衣裙的材料是一點七五公釐的彈性長絲，它具有柔軟，彈性的感覺，比 PLA 材料更靈活。該材料常用在醫療領域中的縫合線、牙套、義肢等。

9.1.4 【案例】3D 列印 Zensah 運動服裝

美國著名的壓縮服裝生產商 Zensah 生產的壓縮腿套一直受到美國運動選手的熱愛，這也是他們第一次用 3D 列印機創建這一款優勢商品。3D 列印技術可以幫助 Zensah 加快生產時間，探索市場訂製的 3D 列印服裝，並且可以嘗試使用尼龍和其他非常規原料的傳統塑料材料。

近期，Zensah 公司宣布，他們正在將 3D 列印技術應用到產品開發和製造過程中，並計劃在鹽湖城舉辦的戶外零售商夏季市場（Outdoor Retailer Summer Market）展示 3D 建模和 3D 列印能力。如圖 9.4 所示為 Zensah 推出的 3D 列印運動服裝。

圖 9.4　Zensah 推出的 3D 列印運動服裝

「Zensah 曾在十年前率先引進高科技 3D 無縫壓縮服裝技術，」公司發言人 Ryan Oliver 說道：「我們將看到 Zensah 把 3D 列印技術和運動服裝整合在一起，作為一個新興領域，或許將研發出智慧紡織品和耐磨技術，甚至是一些還未想像到的，我們將專注於開發 3D 列印產品，幫助運動員達到自己的目標。」

9.1.5 【案例】概念版衣服 3D 列印機

對於一些「懶人們」來說，太多的衣服不僅意味著繁重的洗衣服任務，同時也是對家庭空間的一大挑戰。近日，一位名叫約書亞·哈里斯的工業設計師，利用 3D 列印技術提出了一款專門列印衣服的概念 3D 列印機，用來緩解未來城市生活中的家庭空間，並順利解決了這個難題，如圖 9.5 所示。

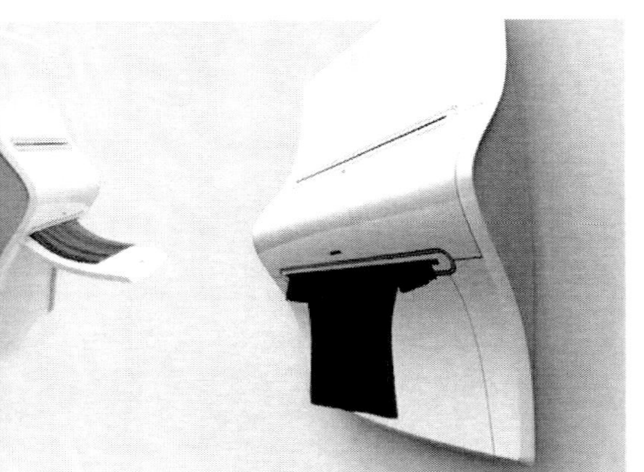

圖 9.5 概念版衣服 3D 列印機

據悉，要想利用這款概念型衣服 3D 列印機在家列印，首先要在網路上設計市場下載自己看好的款式，然後利用這款機器自己把衣服列印出來。

專·家·提·醒

有趣的是，當你想換一件新的衣服時，只需要把衣服放回到這款機器，舊的衣服會被粉碎成線並且進行清潔，並原路返回到墨水匣中，以便下次列印使用，整個過程有效的降低了成本和資源的浪費。

在巴黎時裝週上，一位名叫 Iris van Herpen 的荷蘭時裝設計師展示了利用 3D 列印技術製造的兩款時裝作品，第一件作品是由披肩和短裙組成的銀灰色套裝，如圖 9.6 所示，另一件作品則是一款黑色禮服。

圖 9.6 3D 列印時裝

9.1.6 【案例】3D 列印時裝亮相巴黎伸展台

據介紹，用於製造這兩款時裝的 3D 列印技術，來自 3D 列印機製造商 Stratasys 公司和比利時添加劑生產企業 Materialise 公司，其中 Stratasys 公司所研發的名為 Objet Connex multi-material 3D 的最新 3D 列印機，能夠同時列印出軟硬兩種質地的物品，這就為運用 3D 列印的方式製作時裝創造了條件，未來這項新技術，將有望把高級服裝繁雜的訂製程序簡化為一行行的電腦代碼。

9.1.7 【案例】世界第一款 3D 列印比基尼

大到飛機、汽車，小到模型、玩具，3D 列印可謂是無所不能。如今，3D 列印界再次突破，世界上首款3D列印的比基尼泳衣成功問世。時裝設計師瑪麗· 黃與 3D 模型專家詹娜· 費瑟，利用 Rhino 3D CAD 設計軟體創造出 3D 列印比基尼的「藍圖」，然後透過機器「列印」出複雜的幾何圖形，如圖 9.7 所示。

圖 9.7　3D 列印比基尼

同時運用 SLS 技術，用非常纖細的繩子連接起無數圓形薄片，進而織出泳衣的「布料」。設計者還編寫了一個電腦程式，透過改變圓形薄片的大小、分布，以及連接方式，確保泳衣該牢固的地方牢固，該柔韌的地方柔韌。

這款名為「尼龍 12」的高科技比基尼泳衣完全由尼龍材料製造而成。眾所周知，尼龍擁有牢固、易彎曲，以及厚度僅零點七公釐的纖細特點，使得它成為絕佳的 3D 列印材料。另外，它還有卓越的防水功能，是製造泳衣的上好材料。

目前，「尼龍 12」泳衣的製造將完全客製化，即設計者會先掃描消費者的體型，再為其量身「列印」出一套合身的泳衣。據悉，「尼龍 12」已經在線上商店開售，目前價格比較昂貴，上下截分別售價兩百美元至三百美元之間。不過，可以預見，這種高科技泳衣的價格將隨著 3D 列印製造技術的更廣泛應用而逐漸下降。

9.1.8 【案例】3D 列印衣服隨便穿

近日，一家名為 Nervous System 的工業設計工作室，開發了一款免費的桌面應用程式 Kinematics。該軟體可以讓人們在家裡用普通的 3D 列印機列印彈性的物品，如布匹、服裝等。這表示 3D 列印服飾將不再是伸展台上的專利，用戶在家裡就可以穿上自己列印的衣服了。

Kinematics 軟體模擬和壓縮技術可以把一個比 3D 列印機還大的 3D 模型，壓縮到適合列印的尺寸，使用彈性材料列印完成後再展開，與設計的模型完全一致，特別適合列印彈性的大尺寸物體，如圖 9.8 所示。

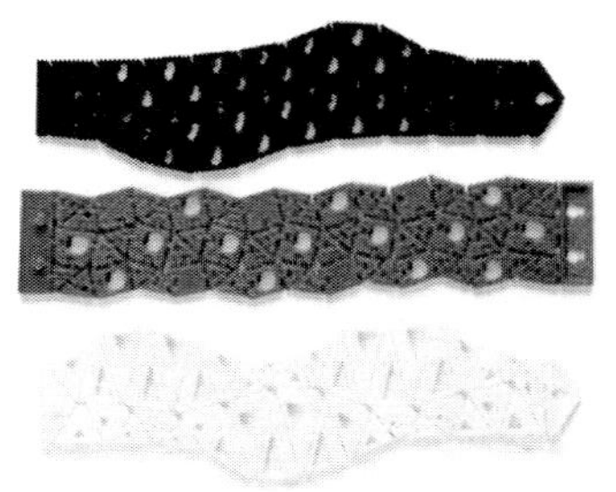

圖 9.8　3D 列印材料

比如要列印一個手鍊，Kinematics 可以將模型分解成數以百計甚至是數以千計的三角形，所有的三角形都互相連接，然後折疊成可以被 3D 列印機列印的形狀，一次列印出來。目前，Nervous System 正在努力增強該軟體的功能，使其支援對更加複雜的物品的列印，比如衣服。

專·家·提·醒

3D 製衣技術有三個關鍵點，一是自動 3D 身材測量系統；二是自動 3D 製版系統，將前面測量的數據資料及客戶對樣式的選擇轉化為機器能識別的語言；三是 3D 編織機，這也是最關鍵的一步。

9.1.9 【案例】3D 列印服裝亮相倫敦畫廊

眾所周知，如今 3D 列印技術的發展如火如荼，幾乎涉及各個領域。在慶祝薩奇畫廊十週年之際，當代領先的國際藝術博覽會 COLLECT 將返回位於倫敦的薩奇畫廊，並在這個世界上最好的畫廊展示其利用 3D 列印技術創造的一系列設計作品。

據悉，展出的作品包括 3D 列

印的服裝服飾，以及家具、珠寶、雕塑和建築等。展會中最具亮點的是藝術家 Daniel Widrig 利用 3D 列印技術創造的一系列瘋狂作品，如圖 9.9 所示。

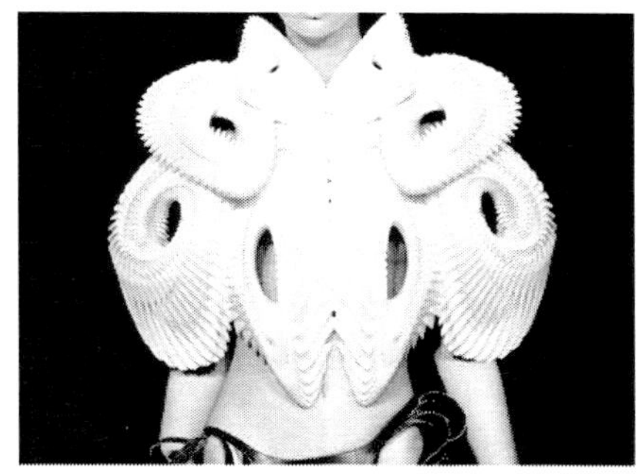

圖 9.9　3D 列印作品

9.1.10 【案例】3D 列印圖案女裝驚豔十足

日前，一款 3D 列印圖案的女裝在網路商店上驚豔亮相，一經推出就受到了時尚人士、愛美女性的關注和熱捧。據了解，該款 3D 數位列印圖案是由香港夢愛莎集團獨家首創，採用 3D 列印圖案製作的裙子具有色彩豔麗、立體感強、精美絕倫的特點，在歐美、韓國、日本等國隆重推出後備受好評，銷量暴增，如圖 9.10 所示。

圖 9.10　3D 列印圖案女裝

為什麼 3D 列印圖案修身淑女裙如此受歡迎呢？透過觀察，我們可以發現該款連衣裙與普通的連衣裙相比具有無可比擬的優勢。該款連衣裙選用五色立體、充滿創意色彩與絢爛的數位印花面料，驚豔搶眼，在設計上更是獨闢蹊徑。

領、背部位的輕紗拼接設計透露出女性的神祕感；袖外側縫採用包邊設計，時尚而考究，整體風格優雅大氣。這也是為何這款女裝一經推出，便深受時尚人士、愛美女性的關注和熱捧的原因。

專·家·提·醒

線上服裝銷售已成趨勢，結合新科技後，大眾不久即有望輸入個人體型數據資料後線上試穿，避免選購衣物到手後卻發現衣不合身。

9.2　3D 列印在鞋業領域的應用

除了列印衣物之外，3D 列印機還能製作出各式各樣的鞋子，包括漂亮時尚的高跟鞋及動感輕便的運動鞋等。

9.2.1 【案例】3D 列印跑鞋自我修復

對於如今的年輕人來說，一旦自己的愛鞋破損了可能就要和它說再見了，因為修補的鞋子不再完美。近日，一款由 3D 列印可以自我修復的鞋子讓人們不再擔心鞋子破損，如圖 9.11 所示。

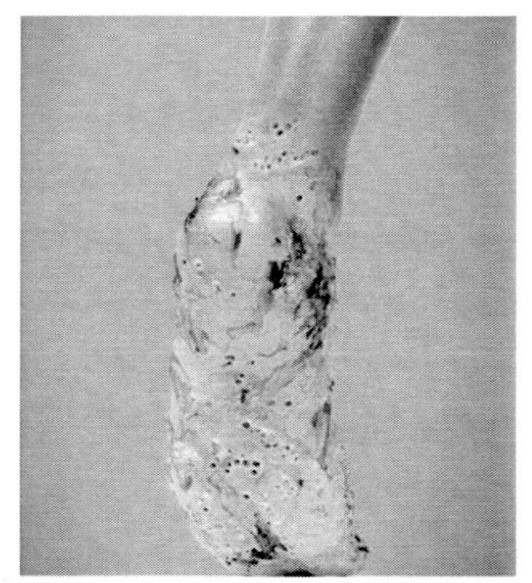

圖 9.11　3D 列印 Protocells Trainers 跑鞋

這款名為 Protocells Trainers 的跑鞋，由倫敦設計師和研究人員 Shamees Aden 開發，是基於原細胞（Protocell）原理開發，然後使用 3D列印技術根據使用者的腳的大小量身製作的。

設計者指出，基本的原始細胞分子自身並不具備活力，但它們組合在一起時卻能形成生命體。混合不同的原始細胞，能夠創造出不同的性能組織。這種跑鞋以原始細胞為材料，貼合感極佳，在不同光、熱、壓力的條件下，可以進行多樣的生物編碼，產生多種特性，彷彿就是人類的第二層皮膚。

此外，透過 3D 列印技術製作出來的腳模，也可以獲得符合用戶雙腳的精確尺碼。同時，跑鞋還會根據用戶在運動時對鞋子產生的壓力，自行調整形狀生成氣墊，在必要時提供額外的緩衝。

專·家·提·醒

據了解，在跑步結束後，跑鞋中的原細胞將失去能量，鞋子會被放置在一個充滿原始細胞的液體容器中，以保持這些「生命體」的健康。容器中的液體就像是充電器和興奮劑一樣，幫助鞋子恢復活力，在夜間自我修復。更有意思的是，這些液體還可以被染成任意顏色，當跑鞋中的細胞恢復以後，液體的顏色就成了跑鞋的顏色。

9.2.2 【案例】3D 列印 iPhone 高跟鞋

隨著智慧手機的普及，越來越大的手機螢幕讓不少喜歡輕裝上街購物的人們「叫苦不迭」，因為手機往哪裡放總是一個不大不小的問題，而下面這款透過 3D 列印製作的高跟鞋則另闢蹊徑，把手機套與高跟鞋完美的融合到了一起，如圖 9.12 所示。

圖 9.12　3D 列印 iPhone 高跟鞋

這款 iPhone 高跟鞋是由位於阿姆斯特丹的 3D 工作室的設計師設計。而高跟鞋上的 iPhone 外殼的設計則來自一家 3D 列印網站提供的模型。據介紹，這雙鞋的大小為三十七號，大小適中。

不過筆者覺得，雖然這雙高跟鞋的確很拉風，不過其使用價值還是值得懷疑的。首先是重量問題，一雙高跟鞋再加一部 iPhone 的重量，對於上街暴走血拚的人們來說還是有一定壓力的，而且把 iPhone 放在鞋上，其受損的機率也會大大增加，看來這款設計距離實用價值還有一段路要走了。

9.2.3 【案例】3D 設計圖紙千變萬化

作為 Freedom of Creation（FOC）創意總監、3D 原型製作的先驅者，芬蘭設計師 Janne Kyttanen 一直以來都在挖掘 3D 列印的潛力。近期，他為 Cubify 個人 3D 列印機設計了眾多鞋子的圖紙，用戶可以免費下載任何的設計圖紙，並利用 CubeX 列印機將它們列印出來。目前共有四種風格可供選擇，包括 Leaf、Macedonia、Fact、Classic，如圖 9.13 所示。

圖 9.13 Janne Kyttanen 設計的鞋子造型

9.2.4 【案例】3D 列印細胞結構鞋子

如圖 9.14 所示為紐西蘭設計師斯圖爾特的最新設計 XYZ151 鞋，其靈感來自於自然的細胞結構。這款 XYZ151 鞋是使用 Stratasys Objet 公司多材料 3D 列印機完成的，達到了彈性和剛性的完美平衡。這種通風、簡約的設計，實際是由六種「混合材料」製作而成。

圖 9.14 創意細胞結構鞋子

Stratasys Objet Connex 3D 列印機是該公司最出色的 3D 列印設備之一，微調功能是它的一大亮點。此外，列印機能夠產生保護性能和耐用性最佳組合的鞋子，用戶的腳的尺寸透過 3D 掃描精確測量後輸送到最終產品上。

生理學家認為，腳底較少的緩衝軟墊實際上對身體是有益的。較薄的鞋底讓人類「觸摸」地面環境，並相應的調整自己的生物力及身體適應性。

9.2.5 【案例】3D 列印設計骨頭鞋子

如果你覺得 3D 列印出來的鞋子只適用於運動，那就大錯特錯了，3D 列印的創新發展正在讓你我都感到驚呆。

如圖 9.15 所示為源於動物骨頭的靈感而用 3D 列印設計的鞋，來自倫敦的鞋類設計師 Chaemin 使用 3D 列印技術，設計出了一系列源於動物骨頭的靈感的設計，令人大開眼界。

如今，3D 列印正帶著它源源不斷的創意，衝擊著傳統製造工業和傳統藝術。同時，3D 列印技術的發展也正在向著一個又一個「不可能」去挑戰，然後將其以一種不可思議的方式展現在人們面前。相信在不久的將來，不僅僅是3D列印的鞋子，還會有更多創意十足的產品出現。

9.2.6 【案例】3D列印鞋子省時省錢

著急出門赴約卻又找不到合適鞋子來搭配服裝的場景，可能很多人都經歷過。然而在不遠的將來，面對這一令人煩惱的情況時，或許會多出一種更為便捷的選擇——使用列印機「列印」鞋子，如圖9.16所示。

對於普通消費者來說，「列印」鞋子聽起來令人難以置信。其實上，3D列印機的運作程序與普通的噴墨式列印機相類似，只不過是用液態塑料代替墨水，直接「列印」出立體的塑料產品而已。在外觀上，它就像是微波爐和麵包機的混合體，大小也和它們差不多。

有了這台列印機，人們只需要登入提供3D列印產品的網站，選中自己中意的款式並將其下載下來，然後立即「列印」出這款產品。除鞋子外，網站還會提供其他配飾的下載。

專·家·提·醒

3D列印鞋子這項技術不僅為消費者節省了時間和金錢，還免去了物流運輸環節，使購物方式更加便捷環保。

圖9.15 來自動物骨頭靈感的3D列印鞋設計

圖9.16 3D列印鞋子

9.2.7 【案例】3D 列印 DNA 概念鞋

對於喜歡慢跑等運動的朋友來說，一雙舒適、合腳的鞋子無疑是一切的基礎。下面這款 DNA 3D 列印概念運動鞋，正是為這一消費人群應運而生的。據悉，這款 DNA 3D 列印概念運動鞋來自創意工作室 Pensarstudio，透過配對已採集數據資料、使用者運動行為並當場進行運動鞋原型設計，為使用者創造出世上最舒適、最合腳、最獨一無二的運動鞋款，如圖 9.17 所示。

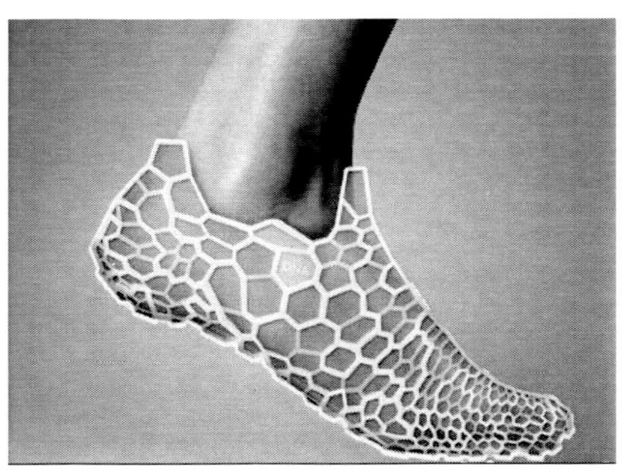

圖 9.17 DNA 3D 列印概念運動鞋

不僅如此，其透過 DNA 資料進行 3D 列印設計理念，不僅能夠在當下快速的根據用戶的腳型設計獨有的鞋款，而且還可以根據用戶平時的足部運動方式、特點，當場為使用者製造出最合適自己的運動鞋。

工作室項目負責人表示，有了這款 DNA 3D 列印運動鞋系統，運動愛好者和職業運動員再也不必走進商場，挑選那些「大眾款」的運動鞋。

首先，使用者僅需穿上搭載壓力感測器和加速器的訓練運動鞋模型跑上幾圈，接著將已經記錄下使用者足部數據資料的運動鞋模型拿進專賣店上傳資料，接著你唯一要做的事就是靜靜等待最適合自己的那雙運動鞋的「誕生」。

專·家·提·醒

值得一提的是，將來此款 3D 運動鞋列印機還能夠透過使用者的足部數據資料，設計出能夠改善使用者跑步姿勢、身體協調等功能的運動鞋。倘若這款 DNA 3D 列印運動鞋概念設計成真，那麼它絕對是職業運動員和運動愛好者的首選。

9.2.8 【案例】3D 列印機列印出高跟鞋

3D 列印機是神奇的，它可以列印出你想要的任何形狀，只要你設計得出，再結合軟體與 3D 列印機，就沒有什麼是列印不出來的。如圖

9.18 所示為利用 3D 列印技術列印出來的高跟鞋。

圖 9.18　3D 列印機列印出高跟鞋

近日，英國某記者就利用 3D 列印機列印出了自己所設計的高跟鞋。她設計與列印高跟鞋的原因在於找不到與自己紅色禮服能搭配的高跟鞋，於是就自己動手設計出了理想的高跟鞋，雖然她沒有 3D 列印機，但是可以到 3D 列印服務店裡把她心愛的高跟鞋列印出來。

不過有些遺憾的是，列印出來的高跟鞋穿上去並不是很舒服，但是以目前 3D 列印機的發展速度，筆者相信在不久的將來，一定能列印出看上去又時尚又美麗，穿起來又舒服的高跟鞋。

9.2.9 【案例】第一款 3D 列印的足球鞋

近日，NIKE 發表了一款最新的概念型足球鞋 Vapor Laser Talon，該款鞋最大的亮點是首次採用了 3D 列印技術製造，足球鞋造型霸氣又有新意，如圖 9.19 所示。

Vapor Laser Talon 球鞋基板的製作應用了名為 Selective Laser Sintering 選擇性雷射燒結技術，利用高能雷射將多種塑膠材料直接融合燒製而成，相比傳統工藝產品不僅重量更輕（僅重一百五十八點七五公克）且製造耗時更少。NIKE 宣稱 Vapor Laser Talon 球鞋擁有傳統方法無法達成的複雜工藝，能夠幫助足球運動員在前十步之內就獲得更快的速度。

目前 NIKE 尚未宣布 Vapor Laser Talon 球鞋的上市日期和價格，考慮到其背後蘊含的高科技，估計這樣的產品不會便宜。

9.2.10 【案例】3D 列印 New Balance 田徑跑鞋

近日，著名運動品牌 New Balance 也繼 NIKE 之後，推出了自己品牌的 3D 列印技術製造的田徑跑鞋。

圖 9.19 Vapor Laser Talon 足球鞋

據悉，New Balance 此次是專門為專業運動員的雙腳打造的新跑鞋，與用沙子製玻璃一樣，也採用了選擇性雷射燒結技術。

由於每個運動員的鞋子的力學資料不同，因此採用移動捕捉技術採集好數據資料後，用選擇性雷射燒結技術可讓鞋子各方面參數精度更高、更合腳。採用這種技術製造的跑鞋更加輕巧，各方面性能也很出色，可以有效幫助運動員比賽時更好的發揮。如圖 9.20 所示為 New Balance 最新推出的 3D 列印田徑跑鞋。

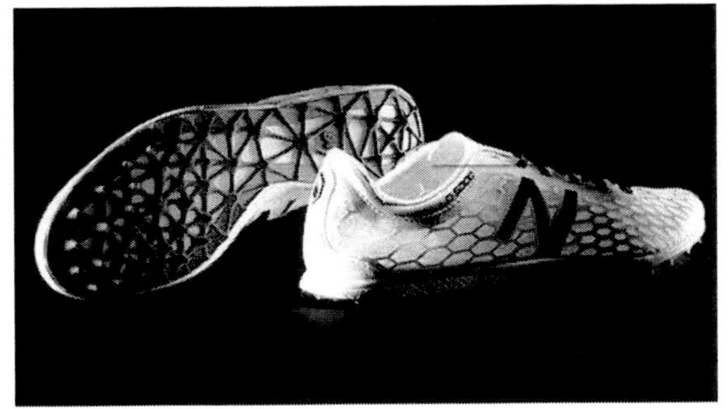
圖 9.20 3D 列印田徑跑鞋

目前，這款採用 3D 列印藝術訂製的跑鞋標價相當昂貴。儘管如此，相信總會有人願意出高價為自己訂製一雙，以感受 3D 列印技術奇妙體驗。

9.2.11 【案例】「樹根鞋」奪人眼球

3D 列印技術在當今社會已經不算稀奇，各種奇妙的 3D 列印產品也慢慢為人們所接受，近日，知名時尚設計師 Iris van Herpen 與鞋類設計師 Rem D Koolhaas，聯合打造了一款充滿未來風格的超酷 3D 列印「樹根鞋」，並在巴黎時裝週上推出，如圖 9.21 所示。

圖 9.21 3D 列印「樹根鞋」

這雙鞋外形看起來就像是無數根鬚纏繞在一起，使用 Stratasys 公司和 Objet Connex 公司的 3D 列印機列印。每層只有十六微米，分別使用了剛性黑色和白色不透明材料。

設計者表示，Stratasys 公司的 3D 列印技術能夠建立錯綜複雜、相互交織的鬚裝鞋跟，模仿樹根在腳下扭曲和盤旋，這是其他任何一項製造技術都做不到的。

9.2.12 【案例】3D 列印鞋墊預防糖尿病足

所謂糖尿病足（DF），是糖尿病綜合因素引起的足部疼痛、皮膚深潰瘍等病變的總稱，是糖尿病慢性併發症之一，也是導致糖尿病病人致殘死亡的主要原因之一。

一直以來，糖尿病足就是臨床醫學治療的難題之一，如今只要根據病人的腳型列印出鞋墊，墊在特製的鞋子裡，糖尿病患者穿上這樣的鞋，可以很好的預防糖尿病足，如圖 9.22 所示。

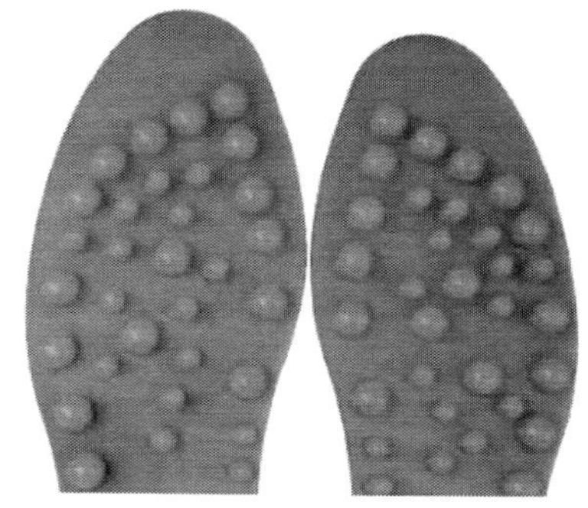

圖 9.22 3D 列印鞋墊

該鞋墊的生產過程並不複雜，首先根據電腦數據資料計算出鞋子的最佳尺寸，之後將修改後的立體圖案透過程式傳遞到3D列印機裡，僅需半個小時，一雙 3D 列印鞋墊就出爐了。該鞋墊對比普通鞋墊而言呈現不規則，多部位有凹凸不平的質感，相信也沿用了中醫學中的穴道治療知識的應用。

這款神奇的鞋墊是第一套 3D 列印的醫用鞋墊，穿上它能夠讓雙腳走路時腳底的受力變得均勻，從而預防壓力性潰瘍，減少糖尿病足的發生。

專·家·提·醒

當然，對於糖尿病患者來說，並不是穿上這種鞋子就萬事大吉了。3D 列印鞋墊只能造成預防和保護的作用，要減少糖尿病足的發生，控制血糖才是最為重要的。

9.3　3D 列印與飾品設計的案例

3D 列印因不受想像力限制的特點，使得其在創意飾品的設計上獨具優勢，從獨特首飾到個性飾品，3D 列印都能得心應手的製作出來。

9.3.1 【案例】3D 列印時裝飾品

隨著 3D 列印技術的不斷普及，時尚行業也開始利用這種先進的技術為人們帶來漂亮的作品。倫敦設計師凱瑟琳· 威爾斯（Catherine Wales）近日就利用 3D 列印技術，創作出了一系列讓人眼前一亮的時裝配飾，不得不讓人感嘆當時尚遇見科技時，所迸發出來的火花是如此耀眼華麗。

如圖 9.23 所示為威爾斯利用 3D 列印技術創作出來的 Project DNA 系列作品，其中包括利用 3D 列印技術和白色尼龍製作出來的內衣配飾、羽毛裝，以及羊角形頭飾及面罩等。

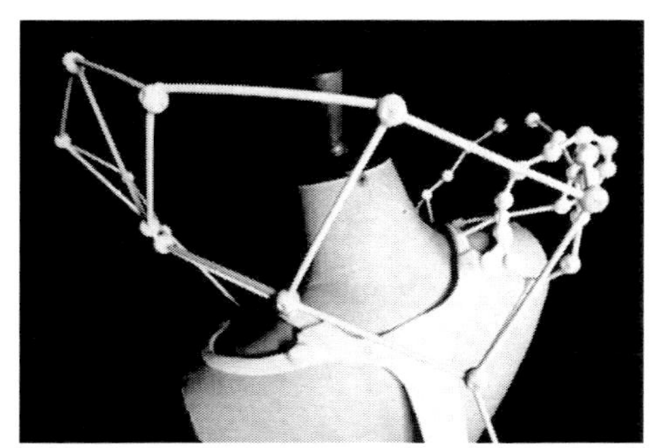

圖 9.23　Project DNA 系列作品

9.3.2 【案例】3D 列印個性化面具

自從 Thingiverse 網站上的用戶 kongrorilla 在二〇一二年的萬聖節上，創造了這個相當酷的手紙質工藝低多邊形面具之後，許多製造商都紛紛利用非紙張創造了自己品牌的低聚合面罩。

近日，一位名叫 Busy Botz 的青年，在為休士頓的小製作馬戲團做準備的時候突發靈感，他發現這款低多邊形面具就非常棒，於是從 Thingiverse 網站下載了一個 3D

模型，這是一個由 The 3D Library 製作而成的可列印的 3D 版本的低多邊形面具，如圖 9.24 所示。

Busy Botz 的低多邊形面具，是由 MendelMax1.5 3D 列印機列印在藍色的 ABS 上的。該面具重量約為兩百公克，總列印時間為五小時三十分鐘，面具採用一〇%的直線填充和每層零點三公釐的厚度，看起來非常酷。

圖 9.24　3D 列印低多邊形面具

9.3.3 【案例】3D 列印可閃爍領結

在我們賴以生存的社會，社交禮儀是非常重要的，保持適當而體面的距離是與他人交往的基本準則。最近線上創意分享社群 Instructables 上的用戶 Aleksei Sebastiani 用 3D 列印機做了一個 LED 領結，當別人與你靠得太近，讓你覺得不舒服時，LED 燈會閃爍。設計者稱這是一個簡單而優雅的方式，以幫助保持人們的個人安全空間不被那些過於健談和自來熟的人入侵。

Sebastiani 把這個別緻的領結命名為「個人空間防衛者」(Personal Space Defender)。如果有人出現在領結零點五公尺的範圍之內，領結就會閃一下，如果這個人還不明白知趣的後退，而一直停留在這個範圍，領結就會狂閃不止。使用者可以根據自己的需要設定警示距離和閃爍頻率，如圖 9.25 所示。

圖 9.25　3D 列印閃爍領結

9.3.4 【案例】列印新款時尚領結

日本設計工作室 Monocircus

推出了新款時尚 3D 列印領結，使用的是快速原型技術。與普通的布料製成的領結相比，這種 3D 列印領結採用聚酰胺塑料，背面設有鈕扣插槽，穿戴時只需要將領結直接扣在鈕扣上即可，無須額外的絲帶，如圖 9.26 所示。

圖 9.26　3D 列印領結

目前，Monocircus 推出的 3D 列印領結售價一百一十六美元，可以在聚會上當作有趣的禮物送給朋友。

9.3.5【案例】3D 列印的 LED 帽子

帽子是人們生活中不可缺少的服裝配飾，一頂個性十足的帽子能夠吸引眾人的目光。近日，兩位韓國的女設計師 Younghui Kim 與 Yejin Cho 設計了一款名為「光之重心」（Gravity of Light）的重力感應式互動 LED 像素燈，並將其設計成一頂漂亮的帽子，帶有細膩和柔美的特點。如圖 9.27 所示為 LED 像素燈。

重力感應式互動 LED 像素燈的靈感來源於重力和流水之間的關係，而對於帽子的愛好者們來說，這款由重力感應式互動 LED 像素燈製成的帽子絕對能讓他們喜出望外。重力感應式互動 LED 像素燈的外殼透過 3D 列印製造，內嵌電路，表面由一系列如像素點般排列的 LED 燈構成，會隨著用戶的頭部擺動，感應重力方向的變化調整發光的位置，遠看光就如同水流般在帽子的表面變幻。

9.3.6 【案例】第一款 3D 列印男士配飾

時下生活品質的提高，男士佩戴飾品已經成為了一種時尚。而且男士飾品更能展現出男士獨有的氣質，同時能使身分修養提升到另一個層次，所以越來越多男士會注重飾品上的搭配。

近日，被稱為「美國最優秀的 3D 列印設計師之一」的尼克· 格雷厄姆宣布推出全球第一款 3D 列印的男士配飾系列。該系列是男士服裝及配飾，格雷厄姆的第一個自命名全方位 3D 設計和生產的配件包括領帶別針、手鐲、皮帶扣，將列印點拋光鍍鎳材質，經拋光黃金鋼和磨砂黑鋼，如圖 9.28 所示。

圖 9.27　LED 像素燈

圖 9.28　3D 列印男性配飾

9.3.7 【案例】3D 列印分子結構式飾品

二〇一三年九月二十六日，Mixee 實驗室推出了新的 3D 列印分子結構式飾品，這是一款個性十足的 3D 列印分子結構式飾品，目前包括「咖啡、愛情、巧克力」等主題，如圖 9.29 所示。

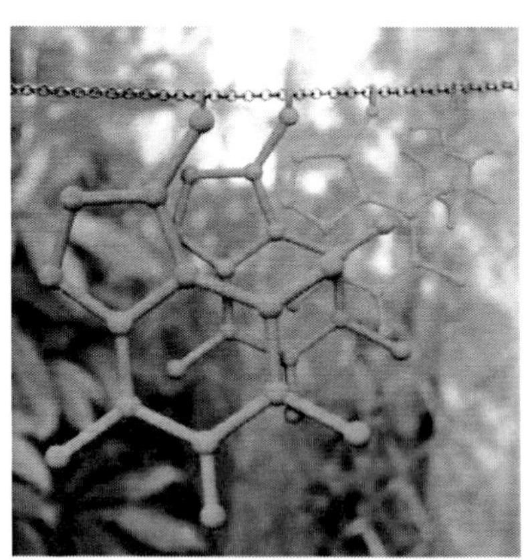

圖 9.29　分子結構式飾品

製作這些 3D 列印分子結構式飾品配件的 3D 列印材料有好幾種，可以選擇彩磨砂、尼龍塑料、3D 列印不鏽鋼、純銀或鍍金黃銅等。

人們可以從網路上訂購，或在網站上搜尋你喜歡的樣式來列印，還可以調整 3D 列印分子結構式飾品的厚度，創建最小的分子結構設計。

這些設計收費為十美元，尼龍塑料與不鏽鋼材料六十美元，純銀鍍金黃銅一百六十美元，每一個設計將需要大約二至三週，3D 列印好後郵寄到購買者手中。

9.3.8 【案例】3D 列印出珠寶首飾

有著「3D 列印界的亞馬遜」之稱的 Shapeways 公司，是一家創業型 3D 列印公司，製作工廠設在美國紐約，其最讓人感興趣的就是 3D 列印出的珠寶首飾，如圖 9.30 所示。

眾所周知，珠寶加工一直都是個性化訂製行業裡的領跑者。但是苦於傳統加工行業技術的局限性，而使得更多極具概念性的設計無法實現。現在有了 3D 列印機，珠寶行業的加工技術、加工成本及造型複雜程度則可以不用擔心了。

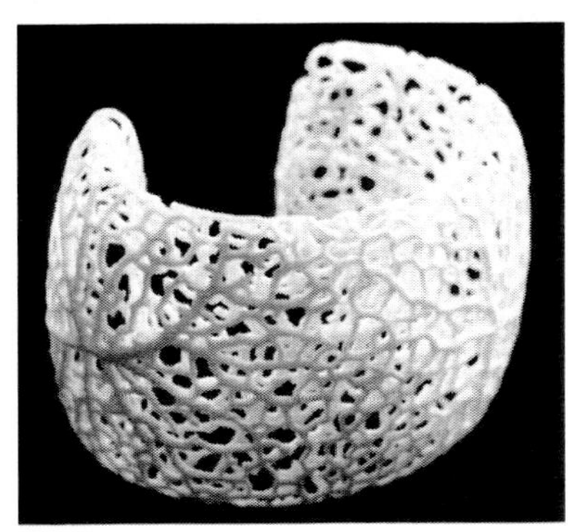

圖 9.30　3D 列印出的珠寶首飾

這家 Shapeways 公司裡有大量的設計師們對珠寶類情有獨鍾，並且已開始利用 3D 列印製造首飾，無論是怪異的設計還是另類的創意，都很讓人驚嘆。

專·家·提·醒

目前，珠寶 3D 列印已經有所發展，但 3D 列印技術暫時還不夠成熟。相信在不久的將來，不只是珠寶首飾，還會有更多的日常用品都有可能用 3D 列印技術成功列印出來。

9.3.9 【案例】獨特的 3D 列印珠寶店

Sivam Krish 是一名來自澳洲阿德雷德的 3D 列印愛好者，他一直致力於研究可用於珠寶設計的 3D 列印算法。Sivam 認為，珠寶設計一定要做到個性化，獨一無二。所以他在設計過程中對每一個零件都使用了複雜的算法，以確保最終產品的唯一性，如圖 9.31 所示。

他的這種創新與個性的追求與 Kickstarter 網站不謀而合。Kickstarter 於二〇〇九年四月在美國紐約成立，是一個創意方案的群眾募資網站平台。該網站致力於支持和激勵創新性、創造性、創意性的活動，透過網路平台面對公眾募集小額資金，讓有創造力的人有可能獲得他們所需要的資金，以實現他們的夢想。

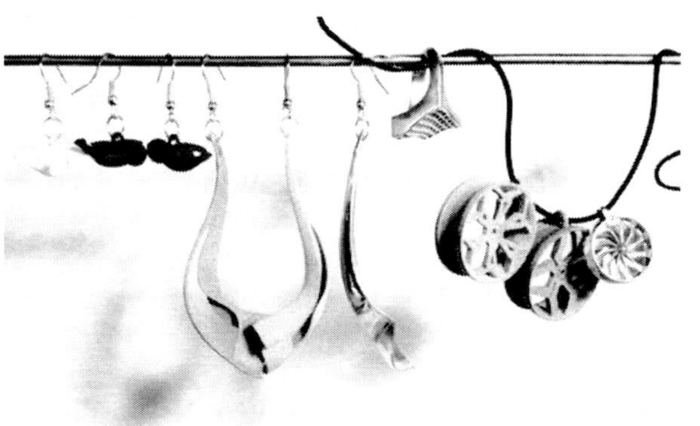

圖 9.31　Sivam Krish 設計的獨特珠寶

目前 Sivam 已經在 Kickstarter 開了一家店鋪，並且他的目標是銷售額達到三千美元，用來向未來的投資者證明他的創意珠寶設計不是小眾產品，有更廣闊的發展前景。

9.3.10【案例】可代替公車卡的戒指

近日，Kickstarter 上出現了一個新專案叫做 Sesame 戒指，它可以用來代替智慧交通卡，用於乘坐公共交通。這是 3D 列印與可穿戴設備的首次合作，從原型產品來看，兩者的確碰撞出了火花。

這款戒指的儲值、扣款和普通交通卡類似，而且這種可穿戴的設計讓你告別翻包掏兜還找不到公車卡的窘境。製作 Sesame 戒指的團隊表示，如果專案資金募集成功，他們將繼續升級戒指，不僅會增加產品的光澤感和金屬感，還會加入更多功能。

如圖 9.32 所示是 Sesame 戒指的原型產品，目前有多種顏色可選，包括黑色、白色、紅色、藍色、橙色、黃色還有綠色。戒指表面可選金色或銀色並在上面刻上四個客製化字母，比如 Emma 或 Josh 等。但是這個戒指也有致命的缺陷，那就是如果你的名字是五個或以上字母，則是無法製作出來的。

圖 9.32 Sesame 戒指的原型產品

如果想要訂購這枚特殊的戒指，用戶先要選擇戒指的整體顏色，然後是表面顏色、尺寸，最後選擇好自己需要訂製的四個字母，即可上傳自己的2D表面設計圖案。戒指的儲值和使用如圖 9.33 所示，和普通公車卡一摸一樣。

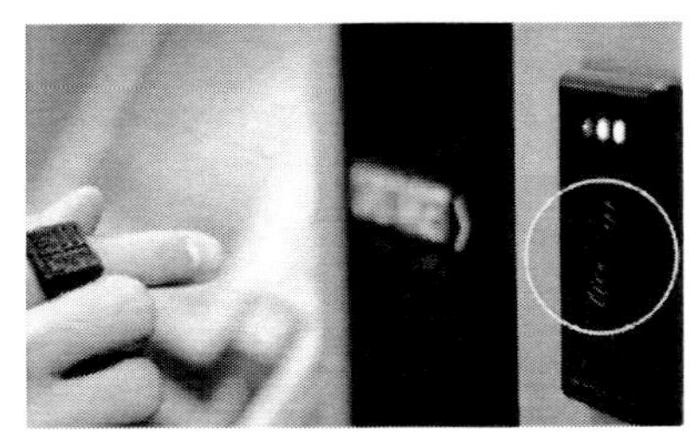

圖 9.33 Sesame 戒指的使用方法

目前，該團隊面臨的最大挑戰是模具製作的問題，由於現在採用的是 3D 列印技術，增加一枚戒指或者一種顏色意味著成本的增加。並且現在團隊只有一台 3D 列印機，如果要縮短生產時間，需要花重金購置一台 3D 列印機，成本很高。

因此該團隊也在找尋新的鑄造辦法，例如噴射造型或者壓模法等，對於產量巨大的情況，可以造成一定的緩解效果。

專·家·提·醒

現如今，可穿戴設備可謂是越來越流行，從手錶到戒指，只要涉及的地方都有人嘗試，目的是減少需要隨身攜帶的零碎物品，增加生活的便利性。

9.3.11 【案例】3D 列印建築造型珠寶

在科技方面，3D 列印機與 3D 列印技術無疑是另類與個性的最完美詮釋，而說到個性化，珠寶加工自是對此類需求最迫切的行業之一，因此，3D 列印與首飾行業的結合是必然的結果。隨著眾多專業設計師涉足 3D 列印首飾領域，許多看似怪異的設計產品讓人不得不感嘆想像力的威力。

如圖 9.34 所示是美國費城的珠寶設計師 Joshua Demonte 的建築造型的概念首飾設計。據 Joshua Demonte 自己的說法，他的設計靈感來自於這些古老的建築，他試圖將這些細節重現以替代傳統的首飾造型，改變人們對首飾造型的古板印象，從這個角度來說，他無疑是成功的。

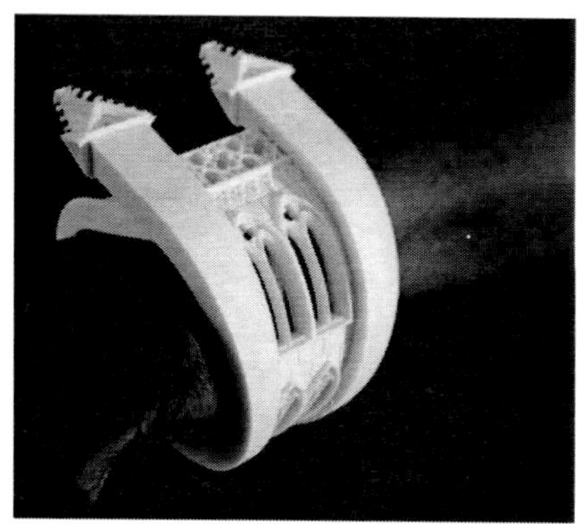

圖 9.34 建築造型的首飾

專·家·提·醒

首飾的複雜程度決定了其製作成本的高低，而 3D 列印所具備的優勢正好可以平衡消費者的需求與加工成本之間的矛盾，即加工成本與造型複雜程度完全無關。

9.3.12 【案例】3D 列印訂製個性化眼鏡

由於人們的臉部形狀存在很大的差異，有時只是鏡框的微小變化，都會給人們帶來不舒服或舒服的佩戴體驗，而一般實體店鋪銷售的鏡框根本無法滿足按需訂製的要求。現在，Protos Eyewear 公司正打算推出為個人訂製的 3D 列印眼鏡，讓每個人都能擁有屬於自己的完美眼鏡，如圖 9.35 所示。

圖 9.35 個性化訂製的 3D 列印眼鏡

Protos Eyewear 是一家專注於 3D 列印鏡框的公司，想要訂製眼鏡的用戶需要發送兩張臉部照片到 Protos Eyewear，然後 Protos Eyewear 的程式設計算法就會對鏡框的設計進行修改，最後再把修改後的訊息發送給 3D 列印機。這樣一款適合消費者需求的 3D 列印的鏡框就出來了，完全實現了個性化、需求化、人性化，如圖 9.36 所示。

Protos Eyewear 公司的創始人 Mauriello 表示，他們的算法可以快速的調整 3D 模型，從而在提升靈活性的同時也減少生產時間。

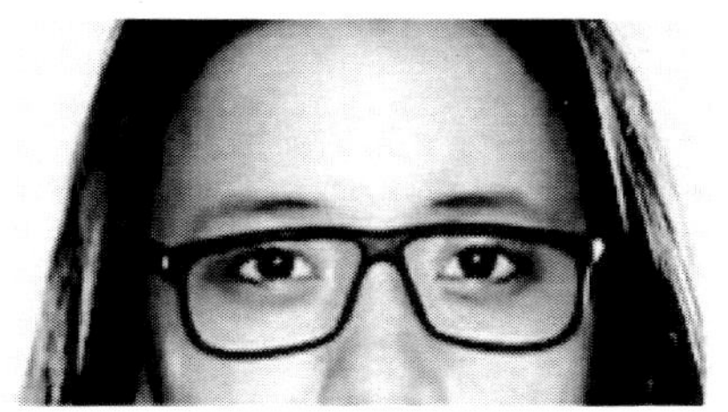

圖 9.36　對鏡框設計進行修改

目前，用戶只能透過郵件發送照片，但有了更多的資金後，Mauriello 希望可以讓用戶直接把照片上傳到他們網站上，這樣就可以即時進行處理，為了實現這一功能，他們正在設計一個網頁程式。

9.4　3D 列印與創意配件的案例

人們常說：美好的生活離不開創意，一些利用 3D 列印技術製作出來的創意配件和產品，可以為我們的生活增色不少。其實 3D 列印離我們很近，下面筆者蒐羅了幾種 3D 列印的小玩意供大家欣賞。

9.4.1【案例】3D 列印的骷髏手機外殼

近日，一個叫 Hugo Arcier 的 3D 列印愛好者，利用 3D 列印機列印了一組令人驚悚的骷髏手機外殼，這對於骷髏圖案愛好者來說，可說是非常炫酷，如圖 9.37 所示。

圖 9.37　骷髏手機外殼

這組 3D 列印的骷髏外殼，有著極其複雜的細節和極其華麗的視覺效果，毫不誇張的說，每一件都堪稱藝術品，而且還有多種造型可選，可見 Hugo Arcier 的設計功力非同一般。目前，購買這款外殼需要顧客先線上支付五十二美元，然後再選擇自己喜歡的圖案等待商家列印出貨即可。

9.4.2【案例】3D 列印 Siri 手機外殼

Siri 是蘋果公司在其產品 iPhone 上應用的一項語音控制功能。Siri 可以令 iPhone 變身為一台智慧化機器人，利用 Siri，用戶可以透過手機朗讀簡訊、介紹餐廳、詢問天氣、語音設置鬧鐘等。

Siri 可以支援自然語言輸入，並且可以調用系統自帶的天氣預報、日程安排、搜尋資料等應用，還能夠不斷學習新的聲音和語調，提供對話式的應答。

在 iPhone 上市之初，Siri 憑藉其甜美的嗓音而迅速被人們所喜愛。一個名為 saga design 的設計工作室不滿足於僅僅傾聽 Siri 的聲音，利用 3D 列印技術製作出了一款 Siri 手機外殼，如圖 9.38 所示。這款手機外殼目前售價為九十美元一個。

9.4.3【案例】3D 列印的鴿子書籤

如圖 9.39 所示為荷蘭工作室 Studio Macura 利用 3D 列印的鴿子書籤（Pero Bookmarks）。每一款這樣的書籤都是採用 3D 列印技術製造，逼真的模擬了鴿子的某個姿態，或是正在廣場漫步，或是正在埋頭啄食，視覺效果相當好，將其夾在書頁中，活脫脫就是一隻躍上枝頭的鴿子。而其材質採用了聚酰胺塑料，每隻「鴿子」，連同下面的絲帶，總重大概只在十公克左右。

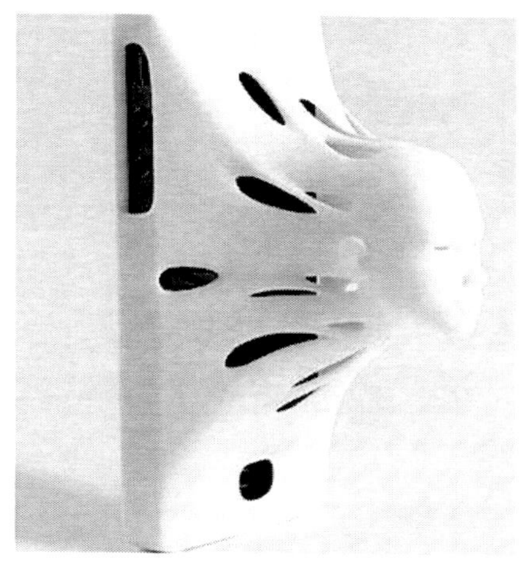

圖 9.38　Siri 手機外殼

圖 9.39　鴿子書籤

9.4.4 【案例】3D 列印義肢變身樂器

3D 列印的創意不僅應用在電子產品上，同樣也為音樂領域帶來了新鮮的創意。日前，加拿大麥吉爾大學的兩名學生利用感測器和無線資料收發器打造出了一款 3D 列印義肢音樂器。當舞者移動或觸摸樂器時，資料就會被傳送到一個開源對等的軟體系統中，軟體就會將資料合成音樂，如圖 9.40 所示。

圖 9.40 義肢音樂器

這兩位名為 Joseph Mallock 和 Ian Hattwick 的學生在 Marcelo Wanderley 帶領的監督下，花了三年時間完成輸入設備和音樂交互實驗室（IDMIL）這個專案，他們和舞蹈家、音樂家、作曲家及編舞者緊密合作，開發出作為人體延伸的樂器，與傳統的和演奏者相分離的樂器不同，它是穿戴在身上的。

專·家·提·醒

這些樂器包括鉸接式的脊柱、彎曲的護目鏡和肋骨等，透過 3D 列印和雷射切割來製作，而且可以用內部的 LED 燈點亮。每一件義肢樂器內部都有多種感測器、電源及無線資料傳輸器，使得穿戴者可以透過觸摸、移動和轉向來創作音樂。

9.4.5 【案例】3D 列印小提琴

櫥窗裡的小提琴動輒上萬元，非常昂貴。但是圖 9.41 所示的這個小提琴，只需要花費十二美元建構費用及用一些紙、列印原材料、便宜的琴絃線就能擁有。雖然小提琴外觀看起來不是那麼美觀，但是絕對能彈出悅耳的音樂。

這個小提琴是由 Alex Davies 製作的，首先她利用 ABS 3D 印刷材料列印了小提琴模型。這個模型看起來表現得不錯，雖然比不上正統絃樂器的精湛，但是效果也非常不錯，聲音方面表現完全超出預期。而且將來隨著 3D 技術的成熟只會變得越來越精密，讓我們真正以低廉的價格獲得了以前昂貴的音樂器材，不再對標價上萬元的樂器望而生畏。

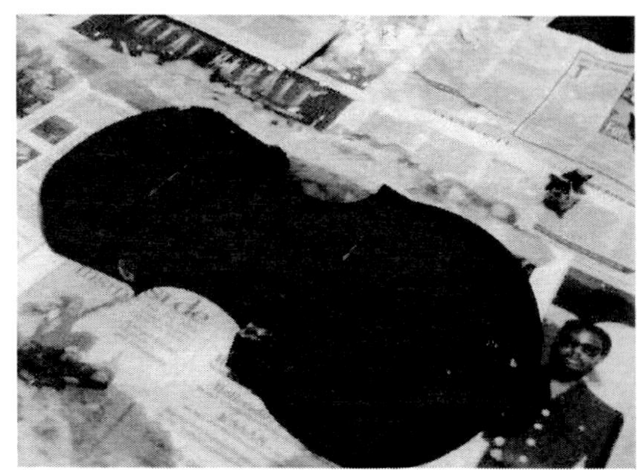

圖 9.41　3D 列印小提琴模型

9.4.6 【案例】3D 列印的烏克麗麗

傳統的烏克麗麗的設計，從塑造到形成通常需要幾個月的時間。然而在羅徹斯特理工學院，在短短的一個晚上就列印出一把 3D 列印的烏克麗麗，這是由 Makerlele、Thingiverse、ErikJDurwoodII 這三位工程專業的學生設計的，如圖 9.42 所示。

圖 9.42　3D 列印烏克麗麗

9.4.7 【案例】超酷蒸汽龐克吉他

Olaf Diegel 是紐西蘭梅西大學的機電一體化專業的教授，他同時又兼具搖滾樂迷和 3D 列印愛好者。近日，Olaf 終於有機會把自己的兩大愛好結合起來：他用 3D 列印技術設計製造了一把非常獨特的吉他——蒸汽龐克（Steampunk）3D 列印吉他，如圖 9.43 所示。

圖 9.43　3D 列印蒸汽龐克吉他

蒸汽龐克 3D 列印吉他並不只是看上去很炫，它擁有全功能的 Steampunk 引擎和驚人的電吉他音效。蒸汽龐克吉他有一個 3D 列印的琴體，上面帶有可活動的齒輪和活塞。值得一提的是，這些都是作為一個整體一次性列印出來的，而不是分別列印然後再組裝。吉他的油漆工作是由紐西蘭噴繪藝術家 Ron van Dam 完成的。

9.4.8 【案例】3D 列印高音質吉他

這款蒸汽龐克吉他使用的3D列印技術是選擇性雷射燒結（SLS）。「3D 列印使得人們有可能製造出以前難以置信的形狀。」Diegel 說。他使用的是 3D Systems 的 sPro 230 SLS，材料使用的是 Duraform（尼龍）材料，列印層厚度為零點一公釐。

Scott Summit 是預訂創新工作室（Bespoke Innova-tions）的創建者之一，小時候就有一個夢想，就是擁有一台屬於自己的吉他。幼年時他就曾試圖自製吉他，但是價值一百美元的木材製作出的吉他聲音很不理想。

如今，他利用 3D 列印技術實現了兒時的夢想。雖說這個 3D 列印的吉他是塑料的並且造價高達三千美元，但結果令他興奮不已，因為這個塑料吉他的聲音非常出色，如圖 9.44 所示。

圖 9.44 3D 列印塑料吉他

如今，Summit 正致力於塑料吉他的列印工作，並設想可以透過程式讓用戶精確的選擇想要的高音、低音和延音，然後據此訂製樂器，送貨上門。這讓人很期待 3D 列印在樂器領域的未來，將來應該不只是吉他，還將有其他樂器產生。

9.4.9 【案例】3D 列印美麗的陶瓷工藝品

如圖 9.45 所示為來自英國設計師 Michael Eden 的美麗 3D 列印陶瓷藝術作品，絢麗的色彩，立體感十足的造型，十分特別。

圖 9.45　3D 列印陶瓷藝術品

9.4.10 【案例】3D 列印唯美的藝術作品

一直以來，世界著名的藝術家 Masters 和 Munn 在雕塑、Lifecasting 和建模等領域很有聲望。二〇〇四年，Masters 突然產生一個想法，假如神話人物伊卡洛斯有一個妹妹，而且她又活在二十一世紀，她會怎樣製造屬於自己的翅膀？他想以此為主題創作一個作品，將傳統的雕塑方式與最先進的製造技術相結合。

於是，Masters 於二〇〇四年創建了一個真人大小體態優美的女性，但是在她的翅膀製作上，Masters 一直沒有找到合適的製造技術能夠體現現代科技結晶的翅膀。直到二〇一三年早些時候，兩人才確定使用 3D 列印技術，於是與一家名為 Industrial Plastic Fabrications（IPF）的 3D 列印公司合作，為這個等待了九年的作品製作金屬羽毛。

每個羽毛都是獨一無二的，有自己的特點和缺陷。使用 Stratasys 公司的 Objet Connex 多材料 3D 列印機，IPF 製作了各種材料的羽毛——剛性的 Vero White Plus 材料、Vero Clear 材料和可達三十微米精度的 Vero Black Plus 材料。這些都是 Stratasys 的專有 3D 列印材料。這些羽毛被貼上銅質的飾片，然後藝術家們手工為其刷上銅綠，使其顯現出一種古色古香的韻味，如圖 9.46 所示。

圖 9.46　3D 列印的唯美藝術品

Masters 說：「我們幾乎沒有損失最初設計的任何細節，這件作品是如此美麗，上面令人難以置信的細部處理除了使用 3D 列印，傳統的雕塑手法根本無法完成。」

9.4.11 【案例】3D 列印卷球齒輪系統雕塑

總部位於紐約的「代理設計工作室」打造了一個令人難以置信的 3D 列印 Mechaneu 卷球齒輪系統雕塑。Mechaneu 卷球是在一個旨在探討 3D 列印的極限動能對象時，由代理設計工作室的設計師兼合夥人長谷川徹設計的，如圖 9.47 所示。

圖 9.47　Mechaneu 卷球齒輪系統雕塑

設計者表示，「透過自然形狀獨自解決了許多問題，只把材料用在需要的地方，從而做出了複雜的幾何形狀，如骨性結構，我們用同樣的邏輯在每個可以用 Mechaneu 的一部分，這樣感覺像是一個多孔狀的固體。」

Mechaneu 是用精細的 3D 建模工具自行定義創建，特點是環環相扣的齒輪和支撐結構及精細的網格狀形態，自旋齒輪和整個球體轉動的效果非常棒。

我們可以在 Proxy 的 Shapeways 店得到 Mechaneu，售價為一百九十九美元，目前有白色、紫色、紅色、粉紅色和藍色等。

第十章
教育創業：
用 3D 列印創造未來

章節預覽

3D 列印顛覆的不僅有製造業，同樣深受影響的還有教育領域，3D 列印的出現可以說是未來教育模式改革的第一步；同時，在 3D 列印的背後，藏著無限的商機，許多由 3D 列印衍生的創業機會，讓人們看到了 3D 列印隱含的財富。

重點提示

- 3D 列印顛覆傳統教育
- 3D 列印帶來團隊創業機會
- 3D 列印的創業與機遇
- 3D 列印小成本創業的誤區

10.1 3D 列印顛覆傳統教育

經過近三十年的探索和發展，3D 列印技術成為當今全球最受關注的新興產業技術之一，被譽為引領第三次工業革命最具標誌性的生產工具，正在進入「高歌猛進」的發展新階段。

這項全新的技術不僅影響著傳統產業的發展，同時也影響著人們的思維觀念，尤其是對傳統教育，更有顛覆性的衝擊，理論加實體模型的教學方式是未來教育發展的趨勢。

10.1.1 3D 列印對傳統教育的影響

一直以來，傳統的教育模式都「飽受抨擊」，大家普遍認為：傳統教育是應試教育，沒有開設培養學生「創新精神和創造力」的課程，純粹的理論學習使學生的大腦僵化。

事實也證明，一些在傳統教育中表現不好的學生，主要是因為所學的課程理論性太強，沒有興趣，死記抽象概念讓學生通過了考試，但考試過後就很快忘記了。

然而，3D 列印機卻可以讓枯燥的課程變得生動起來，它是一種同時擁有視覺和觸覺的學習方式，具有很強的誘惑力。在觸覺學習中，學生不是在黑板或顯示器上簡單的看文字或圖形，而是透過他們的觸覺抓住核心概念的立體模型，這樣能夠吸收和消化知識，使學生不再遺忘所學的課程。如圖 10.1 所示為生物教學模型，十分生動。

圖 10.1　生物教學模型

英國著名教師戴夫懷特曾經說過：如果你能抓住學生的想像力，你就能抓住他們的注意力。因此學校應開設集設計和 3D 列印於一體的「邊學邊做 」的課程，把數學、物理課中的許多抽象概念，透過讓學生動手設計一些由 3D 列印組件組成的小電路和小裝置，變成有趣的課程。

10.1.2 3D 列印對教育的價值

3D 列印對於教學和學習的重要價值體現在，它能夠更加真實的呈現特定的事物，並讓學生獲得深刻的感知體驗，對於那些學校沒有的標本或物體更是如此。

儘管 3D 列印在基礎教育中廣泛應用尚需要四五年時間， 但是要推斷其未來可能發展的實際應用並不難。例如，在科學課、歷史課上，學生可以製作像化石、文物之類的易碎品。透過快速原型設計和生產工具，學習化學的學生可以列印出複雜的蛋白質和其他分子模型，這些與我們看到的 3D 分子設計模型庫中的展示十分類似。

雖然對於教師和學生來說，用這些模型進行工作已經比較容易，但是 3D 列印技術在基礎教育中最引人注目的應用，卻在於學生可以利用技術創造出完全屬於自己的東西。如某 3D 列印網站允許用戶從他們所拍攝的照片中創建自己的 3D 形象，當然還能在更廣泛的範圍內選擇圖像。如圖 10.2 所示為 123D Catch 網站模擬圖像。

例如，在美國密西根格蘭德瑞佩茲高中，一位教師使用 123D Catch 設計了一個基於數位全像投影技術的夏季暑期班專案。而在紐西蘭，一項新課程標準將會給基礎教育的學生提供一個能夠列印他們自己設計的象棋棋子的機會。以上案例顯示：3D 列印技術還將進一步發展從設計到生產、展示和參與機會的探索，在未來幾年中，這些探索將為開發出新的學習活動提供可能性。

圖 10.2　123D Catch 網站模擬圖像

10.1.3 3D 列印開啟 DIY 教學時代

DIY 是英文 Do It Yourself 的縮寫，又譯為自己動手做，3D 列印的訂製服務便是一種用戶的 DIY 活動。在現實的教學活動中，生動的 DIY 及立體化的授課方式正受到學生們越來越多的歡迎，全面激發了學生 DIY 的興趣並可以利用 3D 列印技術使教學擺脫枯燥的課本。如圖 10.3 所示為 DIY 製作的手鏈。

圖 10.3　DIY 製作的手鏈

應該說，在科技和資訊化越來越發達、完善的今天，DIY 教學將是未來的一種趨勢，並且隨著教育界對課堂生動性呼聲的不斷提高，3D 列印技術也將在未來越來越廣泛的被加以應用，屆時 3D 列印技術將得以普及。

10.1.4 【案例】SMART 3D 互動教學工具

加拿大 SMART 科技公司是世界上著名的生產互動智慧觸控螢幕的專業公司，其在一九九一年首先向市場推出第一塊互動智慧白板。

Smart Board 互動智慧白板由面板、電子感應彩色筆、筆擦、電路板連接電纜和軟體所組成，和電腦、投影機相連，形成觸控式大螢幕——具有互動功能的多媒體系統。目前有前投掛牆式、背投立櫃式、背投鑲牆式、等離子觸控螢幕式、液晶觸控螢幕式等多種裝配模式可以提供選擇。

近期，SMART 科技公司推出了 SMART Notebook 軟體 3D 工具，它提供各種用於導入、查看和操作 SMART Notebook 軟體中 3D 內容的工具，而且無須添加任何硬體。透過使用這些工具，學生可以從各種角度立體的操作 3D 模型和物件，從而增強對各門學科中的理解，尤其是科技、工程和數學（STEM）領域，如圖 10.4 所示。

圖 10.4　SMART 互動教學工具

作為 SMART Notebook 軟體的一部分，3D 物件可以被輕鬆的整合到現有的 SMART Notebook 課程中。SMART Notebook 軟體 3D 工具支持五十六種語言，支援多種主流操作系統。3D 物件可提供詳細的圖像，讓複雜的概念變得更加直覺，沉浸式場景等特性可以讓學生進入、探索和瀏覽某個圖像的內部。

10.1.5 【案例】MakerBot 3D 列印寓教於樂

目前桌面產品市場占有率最高的 MakerBot，在其轄下營運的 3D 列印用戶社群 Thingiverse 舉辦了數學工具模型大賽，如圖 10.5 所示為 MakerBot 3D 列印機。

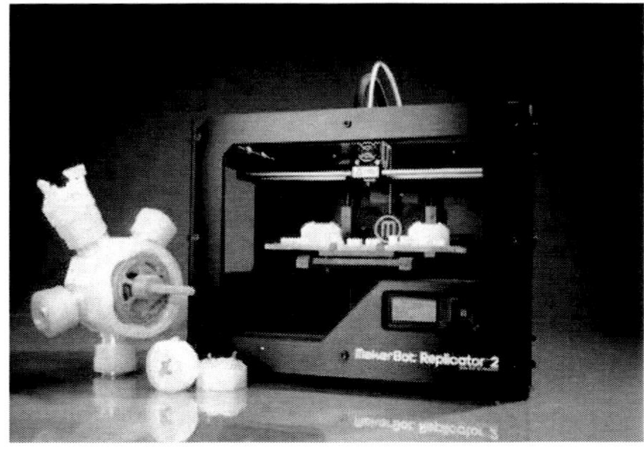

圖 10.5　MakerBot 3D 列印機

大賽邀請了愛好者使用 3D 列印機設計並製作輔助數學教學的教具，並為老師和學校捐贈 3D 列印機用於輔助教學。優秀的獲獎作品被 MakerBot 公司放在其紐約、格林威治和波士頓三家零售店展覽。

獲得第一名的是 Gyrobot 的數學蹺蹺板，將蹺蹺板與數學完美結合在一起，可以隨時隨地教小孩子加減乘除，可玩性很強，只有結果正確的時候才會平衡。

獲得第二名的是 SSW 的數學齒輪，這個工具不僅適用於學生，也是為老師設計的。用這個教具可以教會學生比率的問題，同時還可以輔助做一些簡單的練習。

獲得第三名的是 Christinachun 的加減乘除轉筒。學生可以旋轉每一層來組合得到加法、減法、乘法和除法等式。

這幾個數學小工具每一件都是新奇創造力的體現，3D 列印把每一個新奇的創意點實現成具體的事物，在教學應用上，3D 列印已經發揮了它的優勢。

10.1.6 【案例】英國發展 3D 列印體驗活動

二〇一三年九月二十五日至二十六日，英國快速新聞傳播集團（RNCG）、3D Systems 公司和 Black County Atelier 共同合作，在英國伯明罕為中學生提供了為期兩天的 3D 列印體驗。該倡議邀請了三百名學童在教室裡學習使用 CAD 及 3D 列印技術，Black County Atelier 提供相關課程安排，而 3D Systems 則提供所需的相應設備。

RNCG 營運長稱在二〇一三年與巨頭的新合作夥伴關係，使他們能夠更好的宣傳 TCT 活動，為英國的學生免費提供 3D 列印技術和軟體的培訓。

此次活動可以使幾百名師生累積相關的技術經驗，為將來 3D 列印技術搬進課堂做準備，更為新的設計和工業革命做準備，真正激發新一代的設計和工程師。

10.1.7 【案例】BotObjects 免費提供 3D 列印機

二〇一三年八月二十日，BotObjects 宣布為美國和英國的部分高中免費提供它開始預售的 3D 列印機，這是世界上第一個真正的全彩色 3D 桌面列印機，名為 ProDesk3D，如圖 10.7 所示。

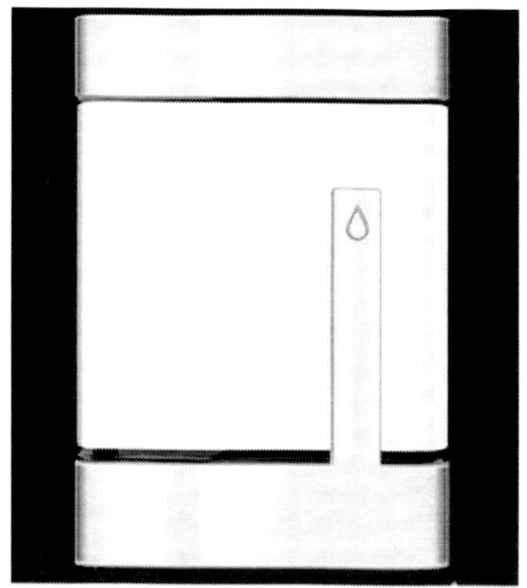

圖 10.7　ProDesk3D 列印機

ProDesk3D 採用了專有的五色 PLA 墨水匣系統，透過雙噴嘴對 3D 列印物件進行渲染，形成豐富多彩的顏色。使用的 PVA 材料可以將精度誤差控制在二十五微米以內，不需要校正和複雜設定，

ProDesk3D 列印機配套的製圖軟體也極力簡化，提升了在企業和家庭中使用的體驗。

美國和英國的高中可以在 BotObjects 網站上註冊申請，大約每一百五十至兩百個班級可以獲得一個 ProDesk3D 列印機和一個專門為學生設計的課程。聯合創始人 Martin Warner 表示，在這次活動之後，他們會為所有有興趣購買的高中打三點五折。

這對於孩子們來說再好不過，畢竟他們的想像力是天馬行空的，能夠親手打造出自己設計的東西，將或多或少改變他們的思維方式，而這在幾年前還是天方夜譚。

10.1.8 【案例】3D 列印為孩子留住記憶

天性活潑的小孩子們最喜歡的活動之一就是塗鴉，他們拿著蠟筆，在沙發、冰箱、餐桌、牆壁上隨手塗畫，到處都留下了他們珍貴的記憶。西班牙設計師 Bernat Cuni 聯想到了最新流行的 3D 列印技術，可以將孩子們的畫作做成真實的雕塑永久珍藏，於是推出了 Crayon Creatures 的服務，如圖 10.8 所示。

Crayon Creatures 是一家致力於將孩子的信手塗鴉 3D 列印成彩色實物的線上平台。該公司透過 3D 建模，將平面上的各種塗鴉轉換為空間形態，製作出來後寄給用戶。這樣既可以將孩子的畫製作成實物玩具給孩子一個驚喜，同時實物也更容易保存，孩子長大之後這些物品會成為他記憶的財富。

該公司透過定義繪畫的繪製輪廓線等技術做法創建一個 3D 空間形態，完成圖紙製作之後使用 3D 列印的方法製作出繪畫實物。產品材質是砂岩，具有類似陶瓷的剛性性質。據公司表示，產品大小大概是十公分左右。

圖 10.8　Crayon Creatures 製作的模型玩具

10.1.9 【案例】第一部 3D 列印的兒童書問世

在一部名為《Leo the Maker Prince》的圖書中，3D 列印成為主題，一個名為 Leo 的 3D 列印機器人能夠將故事主角的畫作變成實體的物品。這是世界第一部以 3D 列印為主題的兒童圖書。

這本書的作者 Carla Diana 是設計公司 Smart Design 副總監，她本人非常推崇 3D 列印技術。在新書中，她不僅教授兒童 3D 列印的概念，而且讓他們親自嘗試 3D 列印的樂趣，並且書中的物品都可以用 3D 列印機製作出來，如圖 10.9 所示。

圖 10.9　3D 列印的圖書人物形象

Leo the Maker Prince 講述了一個溫暖的故事，不過核心主題是其中的物品。每一件物品都經過精心設計，不僅用來推進情節，也用來向兒童講授列印機的各種能力。遵循書中的指導，孩子們能夠列印出主角的塑像、樂器、象棋，甚至一個供倉鼠休憩的小窩。

在設計物品的過程中，Diana 儘量將其簡化，保證能夠被快速列印出來，即刻滿足孩子們的心理需求。另外，這些物品都很好看，容易辨識，而且能夠展示 3D 列印機的不同用途。

10.2 3D 列印帶來團隊創業機會

二十年前，人們還在爭論數位相機到底能否替代底片相機，如今數位相機已經完全占據著市場霸主地位，並創造了不計其數的創業機會。十年前，比爾·蓋茲第一次提出智慧型手機概念並不被認可，如今智慧型手機市場已被傳奇般的引爆，遍及生活的每個方面。

專·家·提·醒

3D 列印無疑是一場深刻的變革，雖然說它是「第三次工業革命」還為時過早，但成功列印出飛機、房子及賽車之類的物品後，已經讓我們看到這項技術的潛力和市場。

因此說，所有新的事物都是需要時間來驗證其價值的，對於創業者來說，新技術意味著新機會。那麼 3D 列印可以帶來哪些創業機遇呢？

10.2.1 零件維護

對於許多在市場上幾近絕跡的產品，不僅沒有售後的保修服務，在零件損壞之後想尋找合適的備件更是踏破鐵鞋無覓處。可是對 3D 列印從業者來說卻完全不是問題，無論多麼老舊的產品，只要擁有產品設計檔案，就能製造出符合用戶需求的產品，而且完全不受數量的限制。如圖 10.10 所示為 3D 列印製造的零件。

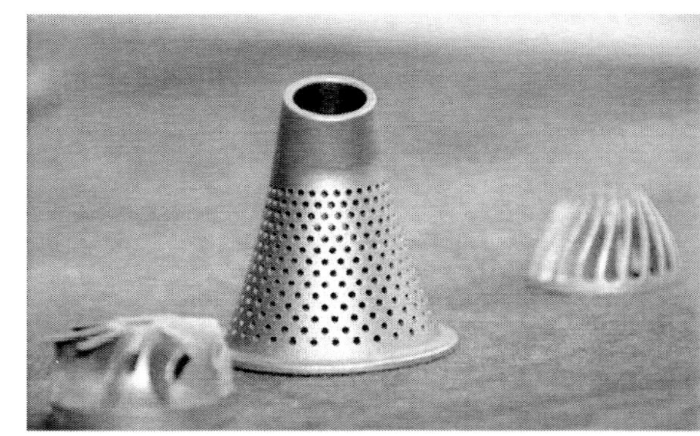

圖 10.10　3D 列印製造的零件

10.2.2 醫學合作

在過去的一年，我們看到了被 3D 列印出來的器官、血管乃至骨骼組織，可以預想的是，如果 3D 列印技術成熟的話，醫學發展的面貌將煥然一新。如果創業者擁有足夠的技術儲備，與醫院建立起合作關係，向其提供包括設備、技術在內的支援和維護，並進行相應的培訓，那麼這必將成為一個極具前景和潛力的巨大市場，如圖 10.11 所示為 3D 列印的醫療產品。

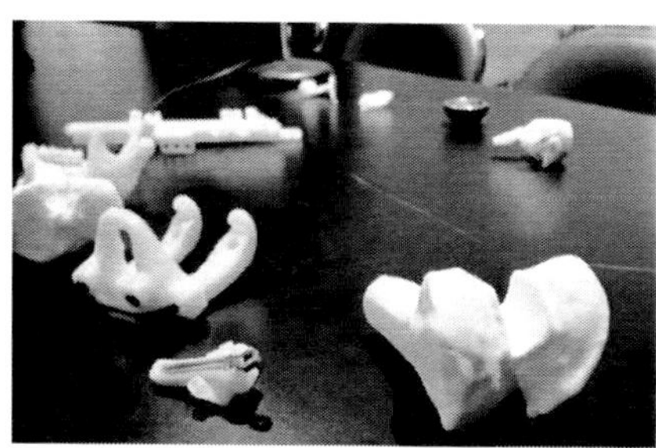

圖 10.11　3D 列印醫療產品

10.2.3　原料提供

如果是有著深厚政府人脈的創業者，那麼建設或者購買管道和基地台，向一些住家區域銷售 3D 列印原材料和服務也是一條不錯的創業之道。無論是像桶裝飲用水服務一樣設立社區水站，還是像寬頻營運商一樣將管道接入住家，都需要高等級技術的技術服務和資源整合，這無疑是一個新的創業機會，如圖 10.12 所示。

圖 10.12　3D 列印原材料

專·家·提·醒

在 3D 列印時代，主要原料分為三種，分別是樹脂類（玉米粉末或者膠質）、金屬類（國外目前以鋁合金為主）、凝固劑及填充劑（也是一種農副產品），而輔助材料成千上萬，這種需求除了依靠垂直 B2C 網站之外，社區營運商是個非常不錯的來源。

10.2.4　版權生意

不少人之所以並不看好 3D 列印技術，很重要的原因在於其涉及的設計版權問題。對普通用戶而言，要進行 3D 列印也必須先獲得原件生產商的設計檔案和授權，但是對多數人來說這是一項極其繁瑣的流程，那麼創業者是否可以介入其中呢？透過和廠商的合作，可建立一個相對完善的設計檔案和授權平台，為用戶提供足夠的便利。

10.2.5 3D 掃描儀

如果是有相當豐富的資源、管道、完整上下游鏈條的團隊進行二次創業或者內部創業，那麼最應該做的是與 3D 列印機搭配的 3D 掃描儀。

3D 掃描儀無疑是家用 3D 列印機的上游，因為從「想製造什麼就製造什麼」到「人人都可以製造」，缺失了一個自動建模的環節，普通用戶不懂得如何去寫一個立體的向量方程組，他們需要的是把現成的東西變成圖紙輸出到3D列印機中，這就是 3D 掃描儀，如圖 10.13 所示。

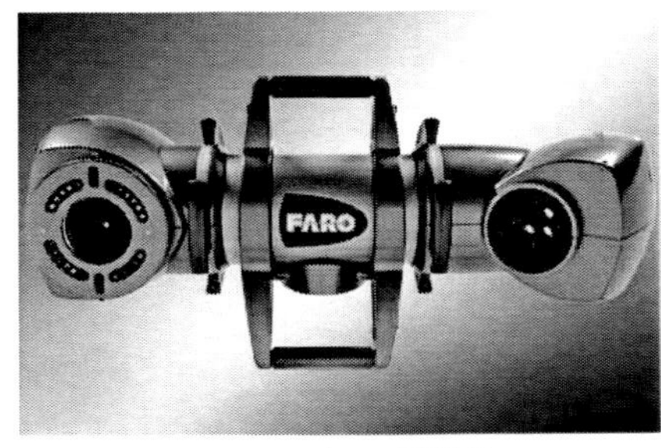

圖 10.13　3D 掃描儀

10.2.6 3D 列印專門店

在線下連鎖布點採用雲端管理，計時租賃 3D 列印機是一項非常有前途的創業項目。基於上述對技術和原料的要求，3D 列印專門店需要整合資源統籌管理，並且需要技術等級較高的運維服務。這同樣不僅僅是一個消費項目，圖紙、原料、機器租賃都是值得建立新商業模式的細節。無疑，個體經營的 3D 列印專門店一定會先於連鎖品牌出現，但連鎖直營的 3D 列印專門店會成為一種主流，前景廣闊，回報豐富。

10.2.7 小眾工藝品

雖然小眾產品注定不會大規模流行，但現在越來越多的事實表明，有需求的用戶願意為小眾產品花費更多。以前和工廠合作需要不菲的開模、組件等費用，並且必須達到一定的訂貨量才會開動機床，另外由於製作方不能完全領會設計者的意圖，總會造成產品品質的瑕疵，使用 3D 列印技術則可以避免上述問題。

對創業者來說這是一個好機

會，如果有足夠精緻的創意，並有一流的製造工藝，形成小市場的壟斷，利潤也很可觀，如圖 10.14 所示為 3D 列印的檯燈。

圖 10.14　3D 列印工藝檯燈

10.2.8　專業圖紙社群

3D 列印現在正處於萌芽期，讓更多的用戶加入進去，提供一個可以進行技術支援及討論、團購的線上社群，並能組織有價值的線下活動，這樣就會形成一個成熟的專業性社群，不僅可以推動整個 3D 列印市場的發展，還能以此實現收益。

目前國外也只有個位數，無疑這是機械社群的一個努力方向，畢竟在專業化、系統化方面，其他技術論壇還欠點火候。

10.2.9　垂直化 B2C 電商

有人估計，3D 列印機的市場規模到二〇一五年將達三十七億美元，而 3D 列印設備的配件、組裝及售後維修服務，也將形成一個相應規模的龐大市場。

無論是家用 3D 列印機的器材原料銷售還是圖紙銷售，這類 B2C 電商必然會變得非常熱門，尤其是後者。一個細分的專門針對 3D 列印用戶和市場的垂直電商平台，必然是這項技術發展到一定成熟階段的產物，誰能在這塊領域儘早立足，誰就有可能從中獲得前所未有的機會。

10.2.10 標準圖紙外包商

3D 列印圖紙的玩法和現在的桌面桌布服務商的玩法不同。相對於消費品，圖紙作為生產資料的屬性要更濃厚一些。因為拿到圖紙可以生產出可銷售的產品，可實用的物件，所以即使是家庭用戶，對於 3D 列印圖紙的付費習慣也非常好培養。

而圖紙設計與目前的平面設計又有所不同，個人開發者的力量將遠遠遜色於專業的圖紙設計團隊。3D 列印時代，這種標準化工程的接包服務商地位將變得前所未有的重要。

10.3 3D 列印的創業與機遇

早在二十世紀八〇年代中期，3D 列印技術就已經開始了研發和應用階段，隨著市場對它的關注越來越多，3D 列印市場的價值開始受到大家的重視，從早期昂貴的專業設備逐漸變得低廉，提供給家庭和個人使用。

對相關從業者來說這是一場深刻的變革，對創業者來說同樣如此，在諸多方面，他們都可以借助這項新穎的技術創造出更多的機會。但是有機遇就有風險，3D 列印高額的使用費用也為創業增加了不少風險。

10.3.1 【案例】什麼是 3D 照相館

3D 照相，是指運用專業的 3D 掃描設備掃描人的臉部和身體的立體資訊，再經由 3D 列印儀器「列印」出一個逼真的立體人物塑像的技術。所謂 3D 照相館，就是運用這種 3D 照相技術的新型照相館，如圖 10.15 所示為 3D 照相的基本流程示意圖。

首先，顧客需要花十五分鐘將自己的全身外形掃描至電腦，工作人員透過電腦得出數據資料並經過處理得出立體模型，利用 3D 列印機將模型列印出來，從而得到個人的 3D 實體。經過兩小時的 3D 列印，3D 立體模型就能出來，顧客後期還可以按照自己的愛好對其進行上色。

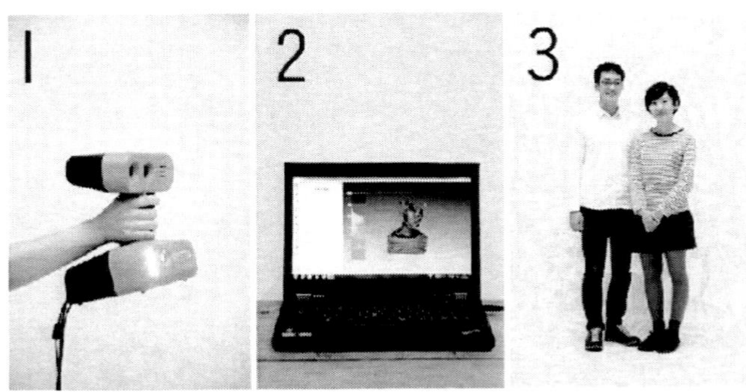

圖 10.15　3D 照相的基本流程示意圖

專·家·提·醒

目前，列印的原料可以是有機或者無機的材料，例如塑料、人造橡膠、鑄造用蠟等，不同的列印機廠商所提供的列印材質不同。

10.3.2 【案例】ProtoShop 3D 列印商店

最近，在法國巴黎市中心蒙巴納斯車站附近，新開了一家名為 ProtoShop 的 3D 列印商店。這家商店銷售多種 3D 列印機和 3D 列印服務，消費者可以根據自己的設計，選擇不同的機器或者材料進行列印，如圖 10.17 所示。

圖 10.17 ProtoShop 3D 列印商店

在這家列印商店裡，顧客可以有很多種不同的選擇，包括購買組裝版的 EXTRU 3D 列印機和列印機套件或 TOUCH PRINT 及 Solidscape 3D 列印機等。店內有各種不同列印精度的 3D 列印機，以及為 CAD 軟體提供各種成像、渲染設備。同時商店還售賣一些二手的快速成型機，比如二〇〇九年的 EDEN 260V，售價就非常低。

消費者也可以在 ProtoShop 購買手機殼、珠寶首飾和燈飾品等。喜歡設計的顧客也可以購買 ProtoShop 的 3D 列印服務，只需要把自己的設計檔案上傳至官方網站，然後等待 3D 列印好成品送到消費者手中即可。當然，列印的設計品價格取決於顧客的材料使用量。目前，列印商店的顧客主要來自學術界或者工業設計局等。

10.3.3 【案例】建立 3D 列印實體店

著名桌面 3D 列印機製造商 Solid-oodle 日前宣布，該公司將在俄羅斯、烏克蘭、哈薩克斯坦及白俄羅斯建立 3D 列印實體店。Solidoodle 與國際貿易商 Ed Kantor 合作，在這些國際地區建立 3D 列印店，店面以銷售、展示 3D 列印機和列印作品為經營項目，定位於高檔的時尚購物體驗。如圖 10.18 所示為 Solidoodle 3D 列印機製作的塑料模型。

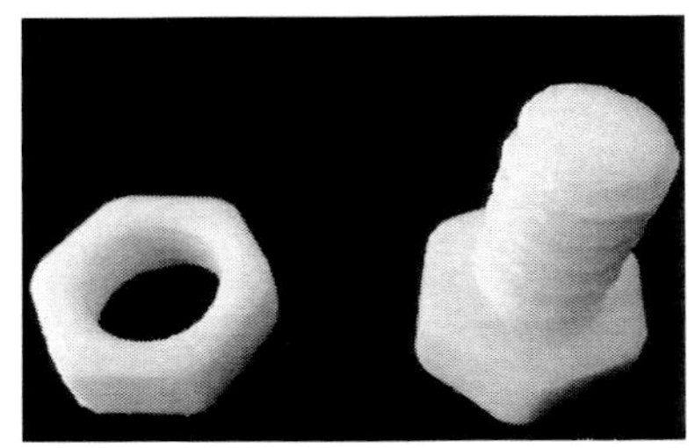

圖 10.18　3D 列印塑料模型

據悉，第一家 Solidoodle 3D 列印店已經在俄羅斯正式營業。同時 Solidoodle 公司還宣布計劃透過與國際分銷商合作，在巴西、加拿大、韓國、日本銷售 Solidoodle 3D 列印機，在巴西與 Linotech 3D 列印公司合作，使巴西消費者隨時可以購買 Solidoodle 3D 列印機。

Solidoodle 是著名的低價桌面 3D 列印機提供商，Solidoodle 側重於機器的耐用性和易用性，並且讓其價格足夠便宜；MakerBot 的價格高達一千七百四十九美元，這讓不少人望而止步，Solidoodle 正是要吸引這群人的目光。第二代 Solidoodle 最低版僅售四百九十九美元，而最貴的版本也僅比它多了九十九美元。

10.3.4 【案例】英國第一家 3D 列印店 iMakr

iMakr 占地兩百三十多平方公尺，有上下兩層，是目前全球最大的 3D 列印店，也是英國第一家 3D 列印店。與 Staples 只銷售 3D Systems 公司的 Cube 系列 3D 列印機，以及 MakerBot 的自營 3D 列印店不同，iMakr 銷售的產品相對廣泛，包括目前幾款非常主流的桌面型 3D 列印機，分別有 3D Systems 公司的 Cube 和 CubeX Trio 等。

走進 iMakr 的店裡，看到這些設備有序排列著，感覺像極了一個小型的 3D 列印機展會。除了 3D 列印機和列印材料，iMakr 還銷售 3D 掃描儀和 3D 列印的創意商品。部分 3D 列印商品是在裡面直接創作和列印出來的，而另一部分則是由 Bathsheba Grossman 這樣的藝術家提供的，如圖 10.19 所示。

圖 10.19　iMakr 店內的模型

iMakr 同時還提供 3D 列印和 3D 掃描人像服務。除此之外，還有培訓課程及工作坊 Workshop 可供選擇。目前可選的課程有兩種，培訓時間大概幾個小時，而費用大概在五十英鎊左右。其中一門課程是針對 3D 列印零基礎的學員，這些學員之前基本沒有任何 3D 列印知識，經過該培訓後能對 3D 列印有比較全面的認識，最後離開店裡的時候，還能帶走他們自己設計並 3D 列印出來的模型。另一門課程是針對有 CAD 建模技能基礎的學員，教會他們如何更好的將立體模型設計的知識應用於 3D 列印中。

10.4 3D 列印小成本創業的誤區

3D 列印無疑是現今全球最熱門的話題，3D 列印行業逐漸被世人認知，越來越多的創業者希望能儘早進入此行業以搶占市場先機，然而夢想是美好的，現實是殘酷的，面對表面大熱的 3D 列印行業，小成本創業同樣存在著不少誤區。

10.4.1 行業熱，市場冷

我們毫不懷疑 3D 列印目前的熱門度，透過媒體輿論、各類展會的資訊傳播，3D 列印概念逐步為大眾所認識。在工業領域，3D 列印技術其實早已經不是新興技術，一些企業在很早以前就已經在使用，只是近年經過熱炒後才出現所謂的「第三次工業革命」，其中更多的是資本市場的概念炒作。

而在大眾市場，普通消費者對 3D 列印概念目前是被動的接受媒體輿論的影響，所了解的程度只限於概念了解，基於對一種新興技術的好奇和熱情。對於一個只在網路上了解 3D 列印技術而從來沒有看到實際應用的普通消費者而言，你想向他推銷人像列印目前還比較困難。

因此，較小城市的媒體傳播力度與觀念接受程度無疑比一線大城市更少，對於 3D 列印技術的熱度轉化為消費熱度需要更長的時間，現階段進入較小城市開店創業，更多的是搶占先機、跑馬圈地，打造區域第一的品牌效應。

10.4.2 客戶體驗度差

3D 列印技術目前在大眾市場最大的瓶頸是模型的建立，大眾市場最大的消費項目就是人像列印。想列印人像必須先進行人像立體數據資料採集，同時在人像列印市場上，萬元左右的桌面級列印機只是一個傳說，彩色人像列印通常使用 Zprinter 450 以上型號的設備，起步價在五十萬元左右，立體人像掃描儀基本起步價也在十萬元左右。投資兩萬元加盟，買一台桌面列印機，使得列印店給消費者一個誤導：3D 列印不過如此，大大降低了消費熱度。

目前 3D 列印加盟通常分為兩種情況，如果是簡單的列印業務依靠自身完成；如果是複雜列印，如彩色人像列印且需要使用工業級設備的，則由加盟店進行資料採集，上傳至總店，等總店列印完成後，快遞至加盟店。這使得加盟店大大降低了列印設備的投資成本，但基本的設備如 3D 掃描儀是必須的，總不能將客戶也帶到總店去掃描，而十萬元左右的掃描儀器費用也大大提高了創業成本，可以算是開店最大的投資。沒有工業級列印設備，沒有 3D 掃描儀，只靠桌面級列印機維持店面形象，基本算是空手套白狼。

10.4.3 主推體驗式消費

3D 列印屬於一個新興市場，消

費群體對於新興事物的認知需要有個過程，需要消費者在觀念上逐步接受，這就需要創業者創造一個良好的體驗式消費場所，前期聚集少量對新生事物接受程度高的消費群體，逐步透過口碑傳遞產品與品牌資訊，目前並不適合設定固定商店銷售。

對於較小城市而言，3D 列印創業需要營造一個良好的互動場所。可以選擇交通相對便利的辦公大樓、住宅大樓，室內環境布置優雅，有桌椅可以提供消費者坐下來喝茶聊天，認真了解 3D 列印或者親手操作 3D 列印。還可以定期舉辦一些免費活動，透過網路、宣傳單邀請想了解 3D 列印的客戶做定期的交流與互動，逐步開拓一批高端客戶，帶動整個區域的消費熱情。

國家圖書館出版品預行編目（CIP）資料

3D 列印：萬丈高樓「平面」起 ,21 世紀必懂的黑科技 / 徐旺編著 . -- 第一版 . -- 臺北市：清文華泉 , 2020.07
面； 公分

ISBN 978-986-99209-2-6(平裝)

1. 印刷術

477.7 109008874

書　　名：3D 列印：萬丈高樓「平面」起，21 世紀必懂的黑科技
作　　者：徐旺 編著

發 行 人：黃振庭
出 版 者：清文華泉事業有限公司
發 行 者：清文華泉事業有限公司
E-mail：sonbookservice@gmail.com
粉 絲 頁：https://www.facebook.com/sonbookss/
網　　址：https://sonbook.net/
地　　址：台北市中正區重慶南路一段六十一號八樓 815 室
Rm. 815, 8F., No.61, Sec. 1, Chongqing S. Rd., Zhongzheng Dist., Taipei City 100, Taiwan (R.O.C)
電　　話：(02)2370-3310　　傳　真：(02) 2388-1990

定　　價：420 元

發行日期：2020 年 7 月第一版